河北省农业用水效率测度及提升路径研究

◎ 刘晓东　著

中国农业科学技术出版社

图书在版编目(CIP)数据

河北省农业用水效率测度及提升路径研究 / 刘晓东著. --北京：中国农业科学技术出版社，2023.12

ISBN 978-7-5116-6667-3

Ⅰ.①河… Ⅱ.①刘… Ⅲ.①农田水利-水资源管理-研究-河北 Ⅳ.①S279.2

中国国家版本馆 CIP 数据核字(2023)第 254201 号

责任编辑 李 娜 朱 绯
责任校对 马广洋
责任印制 姜义伟 王思文

出 版 者 中国农业科学技术出版社
北京市中关村南大街 12 号 邮编：100081
电 话 (010) 62111246 (编辑室) (010) 82106624 (发行部)
(010) 82109709 (读者服务部)
网 址 https://castp.caas.cn
经 销 者 各地新华书店
印 刷 者 北京建宏印刷有限公司
开 本 170 mm×240 mm 1/16
印 张 15.75
字 数 256 千字
版 次 2023 年 12 月第 1 版 2023 年 12 月第 1 次印刷
定 价 68.00 元

序

河北省属于极度资源型缺水省份，水资源供需矛盾非常突出，农业用水作为河北省水需求的主要驱动因素，年均用水量占总用水总量的68%。由于地表水资源有限、客水资源严重不足，农业用水长期以来依靠开采地下水维持，造成了地下水的严重超采，由此引发了地面沉降、地裂、海水倒灌等一系列生态环境问题，华北平原已经成为世界最大的“地下漏斗区”。但作为全国产粮大省，河北省肩负着粮食安全的重大责任，要毫不动摇地把保证粮食安全生产放在首要位置，如何实现粮食安全、水资源安全和生态安全的协调发展是当前急需解决的重大问题。河北省农业用水既存在客观的节水潜力，又面临着巨大的农业用水上行压力，内生需求与外在压力同时倒逼农业用水效率的提升，大力提高农业用水效率是解决农业用水过程中经济-资源-生态协调发展的根本路径。因此，研究河北省农业用水效率及影响因素，找准农业水资源高效利用的核心问题和提升路径，在当前河北省水资源日益短缺和保障粮食安全的背景下，具有重大研究意义。

本书通过分析农业用水的驱动力、压力、状态、影响和响应，对河北省农业用水需求、供给和平衡状态以及节水政策实施等进行客观评价，在此基础上，利用SBM-DEA模型测算农业用水经济效率、环境效率和生态效率，并利用空间TOBIT模型，论证影响河北省农业用水效率的主要因素，提炼出产业结构和技术进步两大核心要素，并针对两大要素的调整和改善，提出效率提升路径。首先，基于结构调整的农业用水效率提升路径，利用带精英策略的非支配排序遗传算法（NSGA-Ⅱ）对河北省农业种植结构进行多目标模拟优化，最终确定河北省适水种植结构和主要农作物的最优种植面积；其次，基于技术进步的农业用水效率提升路径，利用结构模型SEM分析农户节水技术采纳的影响因素，并利用动态演化博弈模型分析小农户个体非合作行为，提出“集体行动”的技术推广路径。

本书的主要结论是：第一，河北省农业用水经济、环境和生态效率差异大，且存在空间自相关，邢台、保定、衡水及邯郸农业用水效率具有较大提升潜力，应适当考虑周边地区的潜在影响，制定相邻地市之间的协同策略。第二，结构变动和技术创新是影响河北省农业用水效率的核心要素，且空间溢出效应显著。第三，随着节水技术的进步，节水灌溉面积的增加，河北省农业用水效率呈现下降趋势，出现了“农业用水效率悖论”。第四，农业种植业结构调整是水资源优化配置的主要驱动和关键步骤，河北省农业结构调整的方向是减少小麦、玉米、棉花和蔬菜种植，增加杂粮、杂豆、油料和瓜果种植，黑龙港流域和坝上地区可以根据空间的相邻整体推进。第五，集体行动有助于农业节水技术推广，在公共水权下，推进农业节水的最有效的方式是集体行动，小农户加入专业化合作社、龙头企业、家庭农场或者实施农村集体经济，在实现规模化生产的基础上，实现节水技术的推广和应用。

本书的创新点主要包括：（1）拓展了农业用水效率的内涵。依据农业水资源的属性特征，提出反映经济效率、环境效率及生态效率不同诉求的农业用水效率概念框架。在此基础上，一是结合 SBM-DEA 模型进行了河北省农业用水效率测度；二是运用空间杜宾-TOBIT 模型进行了影响因素分析和关键因子识别。（2）对河北省适水农业结构进行了动态多目标优化模拟。基于经济-资源-生态三方综合约束，采用带精英策略的非支配排序遗传算法（NSGA-Ⅱ），对河北省农业种植结构进行多目标优化模拟，明确了在粮食安全、水资源安全、生态安全约束下河北省农业结构调整的方向，为系列政策瞄准提供参考依据。（3）提出河北省农业用水效率悖论。通过对河北省农业用水效率、影响因素及节水灌溉技术投入产出分析，提出河北省农业用水效率的悖论。究其原因：技术进步与农户节水行为不协调；作物种植结构与水资源条件不相匹配；灰水足迹和地下水开采量的递增。

目　　录

图索引

表索引

1 引言

1.1 研究背景和意义

1.1.1 研究背景

粮食安全是关系国运民生的“压舱石”，是维护国家安全的重要基础。我国是拥有 14 亿人口的农业大国，粮食供求虽然已经实现基本平衡，但品种结构矛盾仍然突出。2018 年我国进口粮食 1.08 亿吨，其中，大豆高达 8 803 万吨，其他谷物 2 046 万吨，美国、加拿大、澳大利亚三国约占我国粮食进口总量的 54%。在错综复杂的国际形势下，粮食安全是国家安全的基本保证，尤其是面对各种灾害和突发事件的严峻考验，我国更应该毫不松懈地保障粮食安全生产。2020 年，习近平总书记对全国春季农业生产工作作出重要指示强调，“越是面对风险挑战，越要稳住农业，越要确保粮食和重要副食品安全”。河北省是全国 13 个粮食主产区之一，是优质小麦的主产区和玉米生产大省，在全国粮食安全生产中占据举足轻重的地位。稳定粮食生产和确保粮食安全，既是我们的政治责任，也是维持社会稳定和保障人民生计的大事。

农田水利是国家粮食安全的命脉，在农业稳定发展中具有不可替代的作用。河北省属于极度资源型缺水省份，根据《2018 年河北省水资源公报》，全省水资源总量 164.04 亿米^3，人均水资源量 218 米^3，为全国平均水平的 1/10，更是远低于国际上公认的人均 500 米^3 的“极度缺水标准”。但作为农业大省，河北省用全国 0.6%的水资源量生产了全国 5.6%的粮食，支撑了全国 4.4%的国内生产总值，农田灌溉水有效利用系数由 2000 年的 0.48 提高到 2019 年的 0.674，除略低于北京、天津和上海三个直辖市外，在省（区）中排名第一。

河北省利用极其有限的水资源肩负了国家粮食生产大省的重任，这是河北省对我国粮食安全的一个重大贡献。

农业水资源短缺与地下水开采给生态环境带来巨大挑战。农业用水作为最大的用水主体，河北省年均用水占总用水总量的68%。由于没有过境（入境）的大江大河，客水资源严重不足，农业用水长期以来不得不靠开采地下水维持，造成了地下水的严重超采。根据《河北省水资源承载力评价报告》，河北省整体水资源处于严重超载状态，全省共有101个县（市、区）处于严重超载状态，占比68%；8个县（市、区）处于超载状态，占5%。目前，河北省地下水资源累计开采总量达到了1 500亿米^3，华北地区地下水以浅层（0.46 ± 0.37）米/年，深层（1.14 ± 0.58）米/年的速度下降，成为世界上面积最大的地下水漏斗区，由此引发了地面沉降、肥力下降、海水倒灌等一系列生态环境问题。

提高农业用水效率是保障粮食安全、水安全和助力农业绿色发展的重要战略。缓解水资源短缺和农业用水增加导致的生态环境问题，迫切需要降低农业用水量，然而盲目减少灌溉用水量将导致农业产能下降，威胁国家粮食安全和农产品有效供给。同样，为了保障粮食安全和农产品有效供给，靠扩大农业用水总量规模增加粮食产能，则绝不可持续。因此根据水资源承载力发展适水农业、推进科技节水技术推广应用，进而提升农业用水效率，成为破解农业用水短缺与粮食持续稳产高产矛盾的关键。习近平总书记在2014年就提出了要节水优先的治水新思路：节水优先、空间均衡、系统治理和两手发力。节水优先是中华民族永续发展的关键选择，空间均衡是要考虑不同区域的水资源环境刚性约束，以水定城、以水定地、以水定人、以水定产；系统治理是要统筹山水林田湖草各要素，涵养水源、修复生态，采用工程与非工程措施相结合治理；两手发力是主要充分发挥政府作用和市场机制。2019年9月18日，在郑州主持召开黄河流域生态保护和高质量发展座谈会上习近平总书记又谈到要推进水资源的节约集约利用，提出要大力推进农业节水，实施全社会节水行动，推动用水方式由粗放向节约集约转变。

总体来看，在经济—资源—生态三方综合约束下，大力提高农业用水效率是解决农业用水短缺与粮食持续稳产高产的根本路径，研究河北省农业用水效率，探索农业用水效率时空演变规律，揭示影响农业用水效率的因素及传导机制，找准适水农业和农业水资源高效利用的核心问题，在当前河北省水资源日益短缺和保障粮食安全的背景下，具有重大研究意义。

1.1.2 研究目的与意义

（1）研究目的

本书的目标主要有两方面：第一，是从理论层面来解释分析提升农业用水效率的内在逻辑，明确农业用水效率的内涵、影响因素以及提升路径，有利于实现保障粮食供给的目标，提高农业用水的经济效益，增加灌区农民的收益，实现农业水资源的可持续利用和生态平衡；第二，是从实践层面通过实地考察和具体案例，分析农业节水灌溉的典型作法和实施过程，提炼河北省农业用水效率的实践模式和成功经验，寻求实现粮食安全、水资源安全和生态安全的协调发展。

（2）研究意义

本书在分析河北省农业用水现状的基础上，对河北省农业用水效率进行测算，明确影响河北省农业用水效率的主要因素和提升路径进行论证，提出针对性的对策建议，以期为缓解河北省农业节水内生需求和保障粮食安全的外在压力协调发展提供政策决策参考依据。

第一，分析河北省农业用水效率的影响因素。通过揭示结构因素、技术因素和环境规制因素等关键因素的影响效应，为农业用水效率的提升提供理论支持。

第二，提出河北省农业用水效率提升路径。通过优化农业种植结构、明确农业节水技术推广方式，可以提高水分物质生产力和经济生产力，提高农业用水经济效益；通过研究政府的激励机制和支持节点，可以有效提高用水主体的节水意识和节水行为，推进农业节水化发展，为农业用水效率的提升提供实践思路。

第三，解决经济—资源—生态三方协调发展问题。通过研究农业水资源效率和提升路径，可以更好地解决农业用水紧缺与配置不协调，有利于维护粮食安全生产，减缓、逆转生态环境退化的进程，对促进资源、经济和生态环境的协调发展具有重要的意义。

1.2 国内外研究综述

1.2.1 国外研究现状

（1）农业用水效率测算研究

国外学者在研究农业用水效率时，使用的方法主要是随机前沿分析法（SFA）和数据包络分析法（DEA）两种方法。如 Kaneko 等（2004）[1]应用随机前沿分析（SFA）对中国农业用水效率进行研究，研究结果认为玉米被认为是提高经济和水资源效率的最重要的作物之一；Dhehibi 等（2007）[2]使用随机生产前沿方法，应用于突尼斯纳比尔的 144 个柑橘农场的样本，获得特定农场的技术和灌溉用水效率估计值；Massimo Filippini（2008）[3]采用几种不同的随机前沿方法，对 1997—2003 年斯洛文尼亚供水设施的成本低效率和规模经济进行了估算；Boyd W（2009）[4]运用 SFA 方法研究分析了加州农业发展基金海湾三角洲项目（CALDED）召集的两个多方利益相关者的合作过程，目的是分析一些水行业的效率等问题。相对于随机前沿生产函数方法，数据包络分析（DEA）无需设定基本的函数形式，而且在选取指标层面，可以考虑多种投入和多种产出，因此在效率测度方面具有明显优势，作为一种重要的效率评价方法，已经被广泛应用于用水效率评价等领域。MoS（2004）[5]使用非参数的 DEA 方法，将一个中等复杂的作物生长模型与一个 SVAT 方案相结合，研究发现如果有足够的灌溉水供应，该地区有增加产量的潜力；Lilienfeld 和 Asmild（2007）[6]利用传统的 DEA 方法对 1992 年至 1999 年美国堪萨斯西部用水效率进行测算，认为 DEA 效率容易受到异常年份投入产出的影响；Yilmaz（2009）[7]建立了一个以投入为导向的数据包络分析模型，以投入的有效利用为重点，并将该方法应用于土耳其布约克门德尔斯盆地具有相似农业类型的灌区；Byrnes 等（2009）[8]使用 DEA 分析法，对澳大利亚新南威尔士州和维多利亚州区域城市供水设施效率进行测度与分析。

（2）农业用水效率影响因素

R. Martinez-Lagunes（1998）[9]认为墨西哥的水资源利用效率不高，其改革应该通过水资源和基础设施的利用、水资源的有效管理、水工业组织结构的现代化等方面来实现影响用水效率的因素研究。Omezzine & Zaibet（1998）[10]根据得出的数据分析认为农民要么用水不足，要么用水过度，农民没有充分利用灌溉用水，利用随机前沿分析方法揭示了农场规模和单位取水成本相关的重要因素。Hatfield 等（2001）[11]认为水利用率和生物量生产的分布揭示了实施土壤管理做法的潜力，这将对水利用效率产生积极影响。Meinzen-Dick 等（2002）[12]认为参与式管理的成功很大程度上是作为改善系统的一种手段，水资源短缺、灌溉效率低下等问题大部分是由于政府管理的无效率。S Kaneko 等（2004）[13]基于第一阶段估计的水效率结果，使用 Tobit 模型通过关于水效率的经济和物理变量来评估影响水效率的因素，中国农业部门的用水效率受到物理变量以及化学肥料、价格指数和人均净收入等经济变量的显著影响。Lankford 等（2006）[14]基于需要处理影响水管理和生产率的具体问题，探讨了 13 个影响当地效率或受其影响的案例，认为传统的灌溉效率具有显著的效用，因为它反映了灌溉专业人员和农民的观察结果；Hussain I 等（2007）[15]通过研究在微观、中观和宏观层面影响水价值的各种层面和潜在关键因素，认为地区资源因素、作物结构、技术因素、管理因素等其他方面因素能够影响农业灌溉水利用效率并制定了评估农业用水价值的框架和一套指标。J. C. Poussin 等（2008）[16]模拟了滴灌的广泛应用及其结果，模拟了灌溉面积的扩大，结果显示在区域范围内没有节约用水。水资源需求工具需要关注技术、经济或制度的影响变化和农民的选择。Mahdhi Naceur（2016）[17]研究了突尼斯东南部的水效率，提出了集体灌溉的意义和作用。

（3）农业用水技术采纳研究

国外学者较多地研究了农业节水技术的效果、农户采纳意愿和实施现状。Caswell（1985）[18]指出现代灌溉节水技术在节水效果、农户收入等方面均比传统灌溉方式优越；Dinar C 等（1992）[19]对以色列滴灌、喷灌等七种灌溉技术选择的研究表明，水价、作物的收益和补贴对节水灌溉技术的选择具有较大影响；Ariel Dinar（2002）[20]提出，水价、种植作物的收益和政府对灌溉设施的补贴对新技术在农户中的扩散有显著影响；Thompson T L（2009）[21]提出以色列在国内农业方面把节水理念贯彻始终，节水灌溉技术在以色列农业的应用接近 100%；Berbel J（2015）[22]提出西班牙对种植的果树采取滴灌技术，节水增产效果明显；宫下昌子（2016）[23]等认为日本在旱地灌溉面积中，喷微灌占旱地灌溉面积的 90% 以上；Muhammad Sajid（2017，2018）[24-25]对巴基斯坦的高效节水技术扩散的因素进行研究，认为人口因素、电力可得性、技术援助、农民支付能力等因素高度影响节水节能灌溉技术的使用。在实施效果方面，Julie Reints（2020）[26]提出加州鳄梨种植者为了缓解水资源短缺和盐渍化，采用节水技术和管理实践。

（4）水资源优化配置研究

国外水资源优化配置的研究最早要追溯到 20 世纪 40 年代，Masse 提出的水库优化调度问题；1955 年哈佛大学开始了流域水资源配置模型研究；J. L. Cohon 和 D. H. Marks（1974）开始对水资源多目标问题进行研究；美国麻省理工学院（MIT）于 1979 年完成了阿根廷河 Rio Colorad 流域的水资源开发规划，提出了多目标规划理论、水资源规划的数学模型方法。此后，针对不同地域的水资源配置问题开始深入研究，Raju 和 Kumart（1992）[27]针对印度的灌溉用水情况，研究了一种多标准决策模型。Shang 等（2002）[28]提出了一种基于灌区充分灌溉量供给的水资源优化配置模型。Annavarapu Srinivasa Prasad，N V Umamahesh，G K Viswanath（2011）[29]提出优化灌溉战略，通过彭曼-蒙蒂思方法利用蒸散模型计算每周作物需水量，使用单作物季节内分配模型为所有季节的每种作物分配水量，通过确定性动态规划，在季节和季节之间进行面积和水的分配。Ajay Singh（2016）[30]利用多目标模糊线性规划（MOFLP）方法，为印度多条运河下种植作物的高效运作制定最佳的作物规划；Arunkumar，V Jothiprakash（2016）[31]对巴基斯坦的一个地区进行水资源优化模拟，通过线性规划模型来优化每种作物的种植面积和地下水的数量，在劣质地下水和有限的优质运河水的情况下，模型决定了在每个时间段提取并应用于每个作物用水数量。Rossella（2019）[32]基于水-能源-粮食关系框架的灌溉可持续性和评价。

（5）水权水价问题研究

国外关于水权水价方面的研究，开展较早且相对成熟，Colby（1993）[33]认为，水权转让能促进水资源定价，水资源定价更有利于水权转让。Renato（1996）[34]认为，可交易的水权可以刺激水使用者充分考虑外部成本和机会成本，对水价的变动具有灵活的适宜性，但交易成本较高可能对水权交易的范围有所限制。Grimble R J（1999）[35]认为，通过市场机制使水资源在不同用户或用途之间进行分配，有利于提高效率解决水短缺问题；Perry（2001）[36]认为，灌溉用水价格政策的实施在一些国家或地区仍然受到较大的限制，水价的效果因各地自然、经济、政治等影响没有得到广泛的认识和重视。Arid Dinar（2003）[37]提出水价作为调节水资源供需关系的工具是提高水资源使用效率的众多方法之一；Hellegers（2006）[38]提出交易成本在很多情况下可以大到足以妨碍市场定价和可交易水权的引入。Mahero et al.（2009）[39]估计了一个以水价、灌溉土地面积、农场收入和灌溉频率为函数的回归模型，研究了水价对农业用水和农业利润的影响，研究表明试图提高图勒凯尔姆地区灌溉水价可能会危及农业可行性。

1.2.2 国内研究现状

（1）农业用水效率测算研究

农业用水效率测算方法研究。国内学者对农业用水效率的测度的研究也非常丰富，部分学者（王学渊，2008；黄莺，2011；耿献辉，2014）[40-42]同样运用SFA方法对中国或各省份农业生产的技术效率和灌溉用水效率进行测度；也有的学者（钱文婧，2011；马海良，2012；杨扬，2016；沈家耀，2016；俞雅乖，2017；罗冲，2017；赵良仕，2017；张云宁，2020）[43-50]选取传统DEA模型，对水资源利用效率进行了测算及分析，结果表明我国水资源效率存在较大的地区差异；部分学者（刘双双，2017；方琳，2018；张玲玲，2019；韩颖，2020）[51-54]运用超效率数据包络分析方法对我国各省份农业用水效率值进行了测算，认为农业用水效率整体提升明显，但区域间不平衡。为了更好地考察生产过程中污染物的排放、环境的破坏对水资源利用效率产生的负面影响，部分学者引入非期望产出分析，丁绪辉等（2018）[55]利用非期望产出 SE-SBM 模型估算我国 2003—2015 年各省市水资源利用效率，结果发现水资源利用效率总体上呈现先下降后上升的“U”形发展趋势；孙才志等（2018）[56]在考虑非期望产出的基础上运用 SBM 模型和 Malmquist 全要素生产率指数模型，对中国 31 个省（区、市）水资源绿色效率进行了测度，结果认为总体上中国水资源绿色效率呈缓慢下降的趋势；李俊鹏等（2019）[57]考虑非合意产出的 SBM 模型，基于省级面板数据，估算了我国 2002—2016 年的水资源利用效率；邓兆远（2019）[58]选择环渤海地区城市作为研究对象，考虑非期望产出的三阶段超效率 SBM-DEA 模型对用水效率进行测算；黄程琪（2019）[59]分别从宏观和微观角度选取新疆 14 地（州）和典型区域农户作为研究对象，运用超效率数据包络分析法和 Tobit 模型探究各地州用水效率差异及影响因素。

（2）农业用水效率测度指标选取

农业用水效率测度指标选取。现有水资源利用效率的测度研究在投入产出要素的选取上存在一定的共性，对于使用 SFA 模型的研究者，他们需要选出拟合效果好的投入产出变量来求前沿面，通常选用的指标里面产出指标一般都是农业产值或者农产品产量，投入指标有劳动力投入、农业机械投入、农业用水消耗量、化肥消耗量、种子投入等等，可以看出他们选择的投入指标是农业投入里面的主要投入。比如，王学渊（2008）[40]选取了代表资本的农业机械总动力、劳动力、化肥、农药和水等直接生产投入要素研究中国农业用水效率，结果显示拟合效果良好，只有劳动力对产出产生负影响，且并不显著；黄莺（2011）[41]以农户的小麦单位面积产量为产出变量，选取种子投入、化学投入、机械投入、劳动力投入和灌溉用水投入为投入指标，结果发现五个投入指标都对产出具有促进作用，有利于产出水平的增加。耿献辉等（2014）[42]选取土地、灌溉用水、人工和其他中间要素投入考察棉花灌溉用水效率，结果发现劳动力弹性为负，说明在棉花种植过程中劳动投入过多，未得到相应的边际报酬。使用数据包络分析法测算水资源利用效率的学者一般选取的决策单元数量要比投入产出指标数量多，现有的文献选取投入指标基本为水要素、资本、土地和化肥等投入指标，但在产出指标的选取上却存在一些不同。早期一些学者将农业增加值或 GDP 作为产出指标，如在测度水资源利用效率时仅考虑了“好”的产出，以农业增加值表示，而未考虑污染排放等“坏”的产出（钱文婧，2011；马海良，2012；杨扬，2016；刘双双，2017；刘涛，2017；罗冲，2017；张玲玲，2019；黄程琪，2019；张云宁，2020）[43-48,50,53,59]，这可能导致相应研究的计算结果不能反映出水资源利用效率中的水环境污染影响，不能很好地体现真实水资源利用现状。在考虑非期望产出的基础上测算水资源利用效率的学者一般选取废水排放或废水中化学需氧量（COD）排放量和氨氮物排放量作为非期望产出指标，比如姜坤（2018）[60]用农业、工业和生活灰水足迹总和作为非期望产出测度水资源绿色效率。方琳（2018）[52]等人选取农业 COD 和面源污染两项指标作为非期望产出，对我国各省农业用水效率进行测度，多角度分析效率改善的动力因素。郜晓雯（2019）[61]在测度中国水资源绿色效率时，沿用 SBM-DEA 模型，把各地区资本存量作为资本投入，将灰水足迹作为非期望产出纳入水资源利用效率测度体系中；李俊鹏等（2019）[57]采用各省废水总排放量作为非合意产出，重新测算了各省 2002—2016 年水资源利用效率；由以上可以看出，现有研究也逐渐向水资源管理与水污染防治角度靠近；邓兆远（2019）[58]将废水排放量定义为非期望产出，以环渤海地区 44 市地区 GDP 作为期望产出进行测算。

（3）农业用水效率影响因素研究

关于农业用水效率影响因素的研究，研究的角度不同，选取的指标不同，影响因素的结果也有很大差异。刘渝等（2007）[62]认为灌溉节水技术、工程节水技术、水权制度、水价制度、水资源管理是影响农业用水的重要因素；李文和于法稳（2008）[63]认为节水灌溉面积、水费、渠衬长度和农灌投资对于农业用水效率呈正向相关性；许朗和黄莺（2012）[64]认为农户种植经验的提高、农业的规模化生产、农户节水意识的增强、井灌方式的推广、节水灌溉技术的采用、灌溉水价的改革等都对提高灌溉用水效率产生积极的影响；佟金萍等（2014）[65]研究发现降水量、农产品进出口以及供水结构中地下水所占比例对于农业用水效率呈正向相关性，人均水资源量、灌溉费、制度因素对于农业用水效率呈负向相关性；张雄化和钟若愚（2015）[66]

指出灌溉条件改善中技术效率提高缓慢，全要素水资源效率中经济效率明显高于生态效率和环境效率；廖冰等（2016）[67]认为农业灌溉用水的单价、农田经营类型、是否接受过农业灌溉技术培训、劳动力占家庭总人口比重对于农业用水效率呈正向相关性，农业灌溉工程措施价格、农田细碎化程度对于农业用水效率呈负向相关性；徐丽芸和鹿翠（2016）[68]认为作物种植结构与技术、耕地灌溉技术、农业水资源拥有量、农民节水灌溉行为因子对山东省灌溉用水效率有重大影响；赵姜等（2017）[69]研究发现地下水占供水结构比例和农业生产资料价格指数对京津冀地区农业用水效率有正向作用，水库容量、牧渔业占农业总产值比例、户均耕地面积、农村家庭人均纯收入和农村劳动力素质有负向作用。杜根和王保乾（2017）[70]则将年均日照时间、农田水利建设、农业生产布局和灌溉费用、年均降水量、水资源禀赋水平、产业结构和经济水平作为影响农业用水效率的因素。李玲，周玉玺（2018）[71]研究中国大多数省（区、市）粮食生产用水效率，粮食生产技术进步是影响用水效率的关键因素；从区域分布特征来看，中国粮食生产用水效率与区域经济发展水平及地理空间分布有关，与区域水资源丰沛程度呈负相关。孙付华等（2019）[72]测算我国31省（区、市）2011—2015年农业用水利用效率，指出水资源禀赋、经济水平及有效灌溉面积和农业用水冗余值呈正相关，政府财政支出和农业用水冗余值呈负相关；许朗，陈玲红（2020）[73]从农民自身及家庭特征、农业生产特征、灌溉特征以及用水管理情况4个维度分析农业灌溉用水效率的影响因素。赵敏，刘姗（2020）[74]认为第一产业增加值所占地区生产总值比重、节水灌溉面积、农业用水量对于农业用水效率呈正向相关性，而水资源禀赋（人均水资源量）、地区教育水平对于农业用水效率呈负向相关性。

（4）水资源优化配置研究

水资源配置现状研究。国内对水资源配置现状的研究文献也很丰富，研究主要集中在不同地区农业结构和用水结构的协调性研究。王小军和张建云等（2011）[75]运用信息熵原理，指出榆林市用水结构趋向无序的同时用水系统的均衡程度有所上升；蒋桂芹和于福亮等（2012）[76]通过比较水资源生产率指标，区域产业结构与用水结构协调度综合分析发现，安徽省

2002—2009年产业结构和用水结构处于较不协调状态；钟科元、陈莹等（2015）[77]基于福建省数据，发现福建省地区间用水结构与产业结构的相关性存在显著差异；贾程程、张礼兵等（2016）[78]以山东省为例，分析发现山东省用水结构逐渐呈现均衡发展，但仍处于不合理状态；刘洋、李丽娟（2019）[79]基于成分数据的线性回归模型，利用2002—2016年京津冀产业结构和用水结构数据，采用产业结构与用水结构协调度等指标对京津冀地区产业结构和用水结构进行评价。李欢、李景保（2019）[80]运用灰色关联度模型寻求湖南产业结构与用水结构间的影响因素，发现湖南省产业结构和用水结构处于高关联水平。苏喜军、纪德红（2020）[81]构造协调度评价模型和基于成本数据的线性回归模型，对河南省各地区的产业结构和用水结构的协调性进行定量分析。

水资源优化方法研究。水资源优化的主要特征是由单目标优化逐步发展到多目标优化。现实中，水资源优化目标会受到经济、社会、资源、生态等多方面的影响，只考虑单一经济目标不符合可持续发展要求。越来越多的学者开始研究多目标条件下农业灌溉用水的优化配置问题，同时也涌现出了各种各样的优化方法，主要有线性规划、遗传算法、粒子群算法等。王宝玉（2010）[82]利用多目标混沌粒子群优化方法对黑河农业种植结构进行优化，指出优化后种植结构可以提高作物产量、净产值、生态效益以及水分生产效益，实现种植业灌溉用水的大幅消减；赵永刚（2011）[83]采用Matlab的线性规划求解模型得到石羊河流域小麦、玉米、果树和油料4种作物的优化种植面积；张金萍（2012）[84]分析了宁夏平原种植结构调整对农业用水的影响，认为水稻和套种最为耗水，两者面积的大幅减少有助于水资源取用量和消耗量的减少；辛彦林（2018）[85]利用遗传算法（GA）模拟大荔县农业作物的最优种植面积，并对现状优化前后结果进行对比；李明辉（2019）[86]预测山东粮食生产未来将存在灌溉用水缺口，通过多目标优化模型设计粮食生产水资源优化配置方案，以期节约粮食用水资源；李凯（2019）[87]利用多目标遗传算法，模拟了不同气候变化情景下疏勒河流域农业结构优化和水资源配置情况。

（5）高效节水技术应用研究

国内关于高效节水模式的研究，主要包括两个方面，一是高效农业节水技术的采纳及意愿研究，二是集中在高效节水灌溉补贴政策的研究。影响农户节水灌溉技术选择的因素众多，农户认知程度、个人特征、家庭特征都是影响农户节水行为选择的重要因素（李丰，2015；李曼，2017；郭格，2018；张彦杰，2018；罗文哲 等，2019）[88-92]，社会网络也成为关键影响因素之一（王格玲、陆迁，2015；雷云；2017；乔丹，2018；贺志武 等，2018；张益，2019）[93-97]，研究影响农户采纳节水意愿的因素，可以为政府制定激励政策提供有效依据，当节水灌溉技术的成本超出我国农户的理性支付能力，节水灌溉技术补助政策对提升农户节水灌溉技术认知的效果显著，科学合理的补贴标准是保障补贴政策高效运行的核心（刘红梅，2006；刘军弟，2012；廖春华，2016；徐涛，2018）[98-101]。

（6）农业用水管理研究

农业用水管理模式研究。用水管理模式的研究主要集中在不同地区，有针对性的管理模式。刘杰（2002）[102]针对我国水资源权属不清、农户小而分散的实际情况，提出自主管理灌排区（SIDD）模式，通过组建供水机构、成立用水者协会，实现用水者自主管理灌区水利设施和有偿用水；常红（2004）[103]提出农业用水制度和管理模式向“用水户参与灌溉管理”方式改革，构建“供水管理机构+用水户协会+用水组+用水户”管理模式；武华光（2006）[104]提出“供水公司（单位）+农业用水者协会+用水农户”新型灌溉管理形式的自主管理灌排区，使农户参与灌溉管理来解决当前灌区中存在的管理问题；孟德锋和张兵（2010）[105]分析参与式灌溉管理模式下不同层次的农户参与行为对农业生产技术效率的影响；刘红梅等（2010）[106]提出公众参与是提高农业用水管理绩效的重要措施和必然要求，通过借鉴国际经验，提出了农户参与度和参与绩效改善建议；陈杰（2013）[107]研究了新疆农业高效节水模式，提出 8 种用水户广泛参与的高效节水建设管理模式；王哲（2014）[108]分析了张家口地区“总量控制、定额管理、综合收费、阶梯计价、协会管理、设立基金、普惠于民”为核心的高效节水模式机制。吴立娟（2015）[109]对河北省井灌区农业节水管理模式和机制进行了研究，重点以衡水桃城区和张家口市张北县的农业用水管理为例，提出农户参与式用水管理模式；汤美娜（2015）[110]对上海农业灌区节水管理对策及机制进行了研究，梳理出4种上海农业用水灌溉管理模式和机制。

关于农业水权的研究。2000年浙江省金华地区的东阳和义乌之间签订有偿转让水权的协议，成为全国水权交易首例，此后水权制度和水权运行受到越来越多的关注。初始水权分配是水权交易制度建立的基础和关键（郑航，2009；王克强，2009；陈艳萍，2010；吴丹，2012；胡洁，2013；王婷，2015；刘毅，2020）[111-117]，水权交易的运行需要靠市场机制和政府机制的协同作用，市场交易机制能实现水资源的优化配置，政府参与能够使水资源优化配置更有效果（沈满洪，2005；陆文聪，2012；张戈跃，2015；牛文娟，2016）[118-121]。近年来，很多学者开始深入研究水权交易定价问题（吴凤平，2017；刘钢，2017；田贵良，2019；李丹迪，2020；王兴，2020）[122-126]，只有定价既符合农户的承载力，又能促进农户节水积极性，才能真正地推动农业水权改革的实现。

关于农业水价的研究。农业水价是提高水资源利用效率的有效途径，但在农业水价推行过程中，存在着水价偏低（何刚，2006；杨振亚，2017；杨艳霞，2020）[127-129]、试点范围小（邹涛，2020）[130]、计量设施建设不完善（周雨露，2019；王凤，2019）[131-132]等诸多问题，其中农户的水价承受能力（陈丹，2007；陈菁，2008；刘甜甜，2014；王亮，2019）[133-136]和参与意愿（尹小娟，2016；李颖，2017）[137-138]是农业水价顺利实施的重要影响因素。为了制定了更合理的农业水价，不同学者利用不同的测算方法，对农业水价进行了测量（赵永，2015；景金勇，2015；陆秋臻，2018；易福金 等，2019）[139-142]。

1.2.3 文献研究评述

关于水资源经济效率测算与影响因素、水资源优化配制、农户技术采纳等相关研究文献非常丰富，研究不断深入，这些文献从研究视角和研究方法等方面为本书提供了大量有价值的参考。但现有文献中，缺少对农业用水的经济效率、环境效率和生态效率的比较研究，针对河北省农业用水效率的研究文献也并不多见。河北省作为产粮大省和地下水超采的典型区域，农业用水及其效率问题是学术界和社会关注的焦点。河北省农业用水效率究竟处于什么样的水平？影响农业用水效率的因素有哪些？地下水开采和水污染从多大程度上影响了农业用水效率？在经济—资源—生态三方综合约束下，如何提升农业用水效率？这些都是我们当前亟须解决的问题。本书以河北省农业用水效率为研究对象，充分考虑了粮食安全以及水资源极度缺乏的限制条件，测算并比较了河北省农业用水的经济效率、环境效率和生态效率，分析影响不同效率的主要因素和影响效应，并从产业结构优化模拟和节水技术集体行动等方面，提出河北省农业用水效率的提升路径和具体方案。

1.3 研究内容与研究方法

1.3.1 研究内容

（1）河北省农业用水现状分析

分析河北省农业用水的驱动力、压力、状态、影响和响应，对河北省农业用水的现状进行了客观分析和评价。

（2）河北省农业用水效率及影响因素研究

分别测算了河北省农业用水经济效率、环境效率和生态效率，对河北省农业用水效率进行综合判断，并利用空间计量模型，论证影响河北省农业用水效率的主要因素，提出制约用水效率的关键是作物种植结构与水资源条件不相匹配、高效节水灌溉技术与用水管理不配套。

（3）基于结构调整的农业用水效率提升路径

对河北省农业产业结构的偏水度、用水结构的粗放度和两者的协调度进行分析，并利用带精英策略的非支配排序遗传算法（NSGA-Ⅱ）对河北省农业种植结构进行多目标模拟优化，最终确定了河北省适水种植结构和主要农作物的最优种植面积；并针对黑龙港流域和张家口坝上地区，提出了农业结构调整的方向和具体方案。

（4）基于技术进步的农业用水效率提升路径

在分析节水技术效果和农业用水效率悖论的基础上，利用结构模型分析影响农户节水技术采纳的因素，并利用动态演化博弈模型分析小农户个体非合作行为，提出水资源公共产权下“集体行动”的有效性。

1.3.2 研究方法

（1）实地访谈法

通过河北省农业用水现状及实施政策的调查问卷，对河北省农业用水过程中的农户节水技术采纳、种植结构调整意愿、节水效果等情况进行全面调研，获取了大量一手原始资料。

（2）SBM-DEA 模型

引入非期望产出变量，对河北省农业用水的经济效率、环境效率和生态效率进行测算与比较；并利用全局自相关的 Moran's *I* 指数、局部空间自相关的 Moran's *I* 指数和 LISA 图，分析河北省农业用水效率的空间效应。

（3）空间 TOBIT 模型

在获取大量调研数据资料的基础上，运用空间计量模型和面板 TOBIT 模型相结合，对农业用水效率的影响因素进行分析，并且分析了不同情形下农业用水效率的空间溢出效应及空间传导机制。

（4）带精英策略的非支配排序遗传算法（NSGA-Ⅱ）

利用 NSGA-Ⅱ遗传算法对河北省农业种植结构和水资源分配进行优化，模拟河北省适水农业的种植结构，提出不同作物调整路径。

（5）结构方程模型（SEM）

利用结构方程模型，分析农户采纳节水技术的意愿，提炼农户认知、种植规模和激励补贴等关键性影响因素。

（6）案例分析法

选取农业节水技术采纳中的集体行为案例，分析集体行动对节水技术采纳的带动作用和集体行动的实现条件，揭示政府在推动节水技术采纳中的作用，指出政府政策支持的关键节点。

1.3.3 研究思路与技术路线

（1）研究思路

本书的研究思路可分为以下四步：第一步，在分析面临的现实问题与梳理相关研究文献的基础上，提出本书要研究的主要问题，即河北省农业用水经济效率的测度与提升路径；第二步，在整理学习相关理论以及界定相关概念的基础上，构建本书的理论分析框架；第三步，在理论分析框架的指导下，运用经济学相关原理，深入分析河北省农业用水现状和问题、测算河北省农业用水效率、提取河北省农业用水效率的影响因素以及提升农业用水效率的路径；第四步，在相关理论分析与实证分析的基础上，总结提炼研究结论，并从农业结构调整和农户节水技术采纳角度提出如何提升农业用水效率的对策建议。具体如技术路线所示，如图 1-1 所示。

（2）技术路线

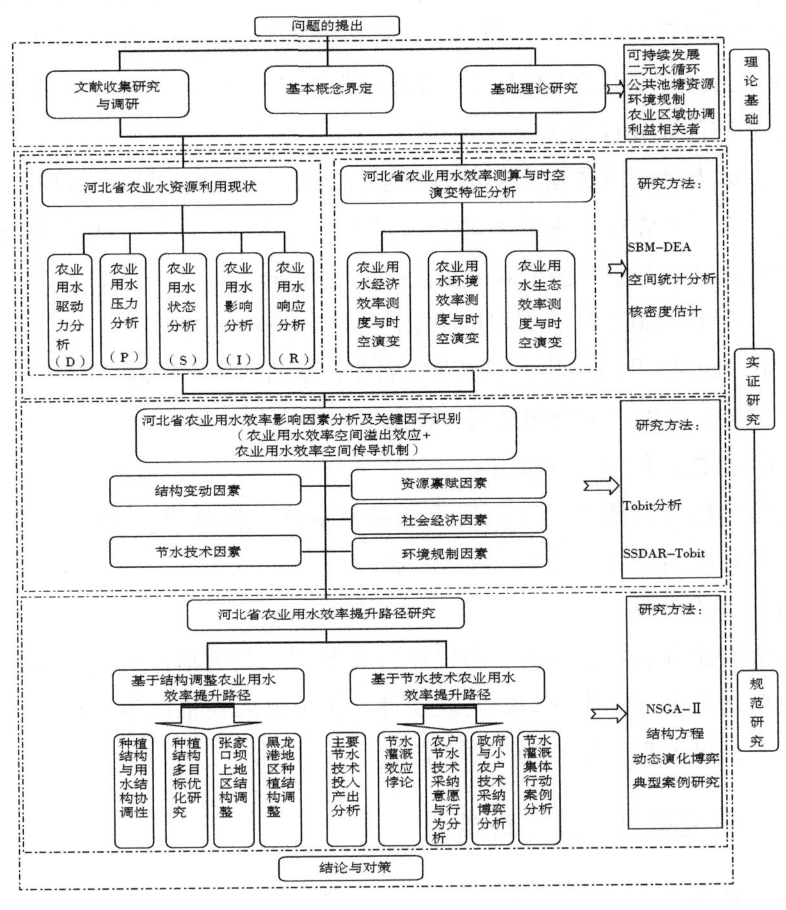

图 1-1 技术路线

2　研究界定与理论基础

2.1　相关概念

2.1.1　农业用水

《中华人民共和国水法》于1988年颁布，经过2002年、2009年和2016年三次修正，其中明确指出，“水资源由地表水与地下水二者组成”，在2004年1月1日起实施的《水利工程供水价格管理办法》规定，“农业用水就是指经济作物用水，粮食作物用水和水产养殖用水中通过水利工程设施直接提供的那部分水资源”。

（1）农业用水的含义

根据以上两部法规，本书中的农业用水是指为了满足农业生产过程中各种农作物所需要的，经由农田水利工程设施提供的水资源，用于粮食、纤维、燃料、油脂生产灌溉用水和用于渔业以及畜牧业的用水。农业用水贯穿农业生产全过程，几乎所有的环节都离不开水。雨养农业，农业生产所需水资源全部来自降水，受自然条件限制大，产量难以保障；灌溉农业，农业生产所需水资源来自人为灌溉，受自然条件限制较少，产量稳定。种植业的用水和林、牧、渔业的用水差异很大。其中，种植业中的灌溉用水，占总用水量的大部分，在其他条件不变的情况下，由于种植业的单位产值用水高于林牧渔业的单位产值用水，种植业占农业总产值比例越大，农业用水量越大；同样，在其他条件不变的情况下，单位种植业产值占用耕地越大，农业用水量越大；亩均灌溉用水量越大，农业用水量越大；灌溉面积越大，农业用水量越大。

（2）农业用水的特征

由于各地水源条件、作物品种、耕植面积不同，用水量也不尽相同，具有不可控性、非独立性、气候性、成本不确定性等特征。

一是具有不可控性、非独立性。农业用水涉及农林牧渔业的用水，在农业生产体系范畴内，而农业生产体系又是在更广泛的自然基础资源范畴内（包括土地、水、人类和生物多样性）。

二是具有气候性、成本不确定性等特点。农业用水量受用水水平、气候、土壤、作物、耕作方法、灌溉技术以及渠系利用系数等因素的影响，存在明显的地域差异，各地水源条件、作物品种、耕植面积不同，用水量也不尽相同。

三是具有农业、水资源、生态复杂巨系统多维因果关系。农业用水驱动农业产出增加，进而提升食物、健康营养、收入和就业的改善等生计水平，同时农业用水改变了自然资源的存量和分布，因此也影响了生态系统，这些后果可能是积极的也可能是消极的，还可以是双向的，这都取决于农业用水的最终决策响应，有一些干预措施提高了粮食产量，但却未提高粮食安全水平，还有一些干预措施是以牺牲环境的可持续性为代价，来实现粮食增产的。

因此，农业用水涉及的问题涵盖多领域的调查以及有关社会、经济、资源、自然环境及制度问题方方面面，需要一种多学科交叉和整合的方法。

2.1.2 农业用水效率

（1）农业用水效率含义

农业用水效率（Agricultural Water Use Efficiency-AWUE）是指农业水资源等相关生产要素投入和带来的产出的比率[143]。首先，农业水资源是一种自然资源，需要与其他生产要素相结合，才能充分实现水资源价值，真正带来产出，表现为农业水资源利用的效率和农业水资源产出效益，综合反映一个区域农业用水结构、农业产业结构以及二者协调度、农业用水的强度和农业节水水平的高低等。其次，经济快速增长的同时，引发了环境严重污染、生态持续恶化、资源面临枯竭等一系列的问题，环境保护与经济增长的矛盾不断激化，使经济增长模式的转型和升级显得更为迫切。

（2）农业用水效率概念框架

农业用水会受到自然条件、社会经济的影响（图 2-1）。

自然条件的影响主要表现在干旱的气候条件下，降水量少，取水量会受到限制，灌溉农业会进一步增加水资源需求量。

社会经济的影响主要表现为粮食需求的增加而造成对粮食生产需水量的增加，其主要影响因素有以下几点，一是人口的增长；二是膳食结构的改变；三是收入的增加；四是经济增长。随着城镇化和工业化进程加快，经济增长方式的转变，产业结构的变化，间接增加了粮食需求，进而增加了农业用水需求。另外，在国民经济核算体系中，消费、投资、政府支出和净出口四大部类之间结构的变化也会对用水需求产生影响。

农业用水效率的提升旨在实现粮食安全、农民增收及资源环境可持续利用的目标。影响农业用水效率多维变化的驱动力主要来自社会系统、经济系统和自然系统，通过直接和间接作用对农业用水需求产生压力。用水需求压力的增强通过直接作用改变农业水资源状态，进而影响农业生产系统以及各生产要素的状态，农业水资源状态及相关生产要素的改变通过再次作用导致农业生产的波动、农民生计安全问题、水分生产力问题及资源环境可持续性问题等，同时通过这些问题的反作用倒逼或激励农业用水状态的改善，参与主体通过响应对链条各节点进行反馈调节，具体表现为通过改善、替代增强或消除驱动力；通过消除、防止、减弱压力；通过恢复、影响、优化状态和补偿、减轻平衡影响[144]（图 2-1）。

在这些因素共同作用下，形成自然、社会和经济因素对农业用水过程的驱动演变路径。如图 2-2 所示。

2.1.3 雨养农业与灌溉农业

雨养农业即为无人工灌溉，仅靠自然降水作为水分来源的农业生产，包括人工汇集雨水，实行补偿灌溉的农业生产类型。根据雨量的多少，雨养农业可分为旱区雨养农业和湿润区雨养农业。旱作农业仅是雨养农业的一种，且仅指旱地农田作物种植生产。农业用水包括一系列的选项，从完全雨养下的种植到充分灌溉下的生产，再到支撑畜牧生产、林业和渔业生产，直到和其他主要生态系统相互促进。

灌溉农业泛指以水浇田的农业，是一种稳产高产的农业。其特点是通

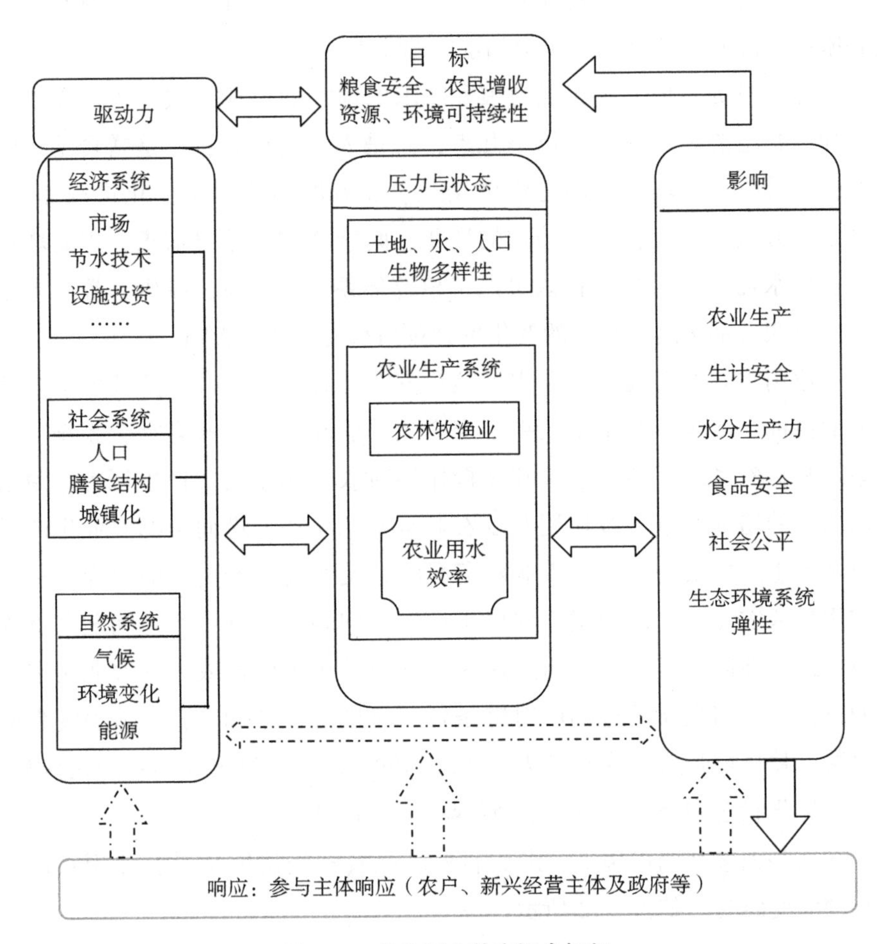

图 2-1　农业用水效率概念框架

过灌溉措施，满足植物对水分的需要，调节土地的温度和土壤的养分，以提高土地生产率。

农业用水的起点是完全依靠雨养的农田，田间保育措施重点是储存土壤里的水分；沿着这一连续谱系向前，则加入了更多的地表水或地下水以促进作物生产；加入的额外淡水资源为农业生产系统中水产养殖和畜牧生产提供了机会（图 2-3）。

二者的共同点就是灌溉。不同的是灌溉农业是作物全生育期都靠灌溉，

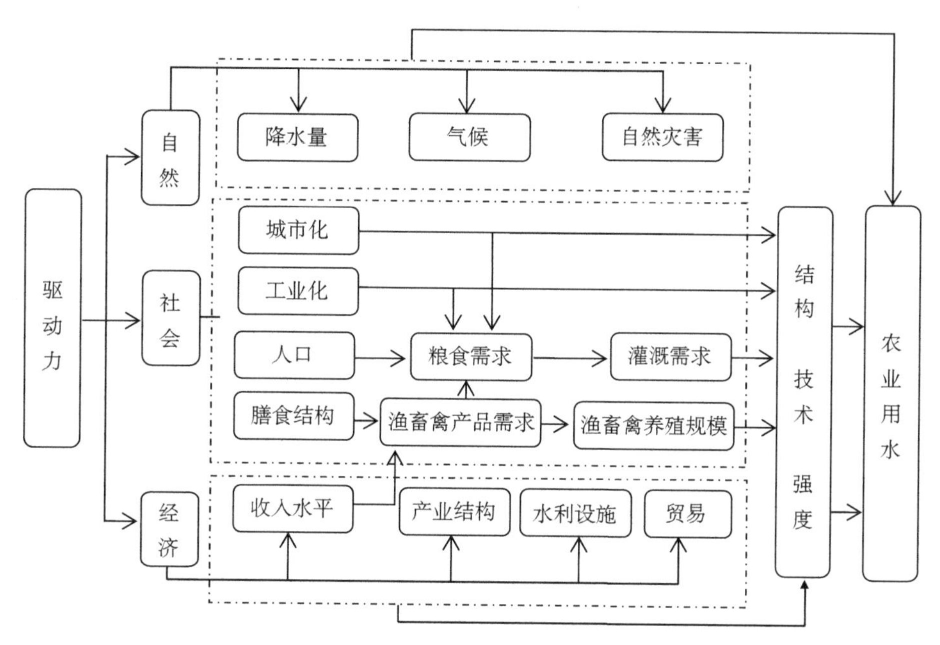

图 2-2　农业用水驱动演变路径

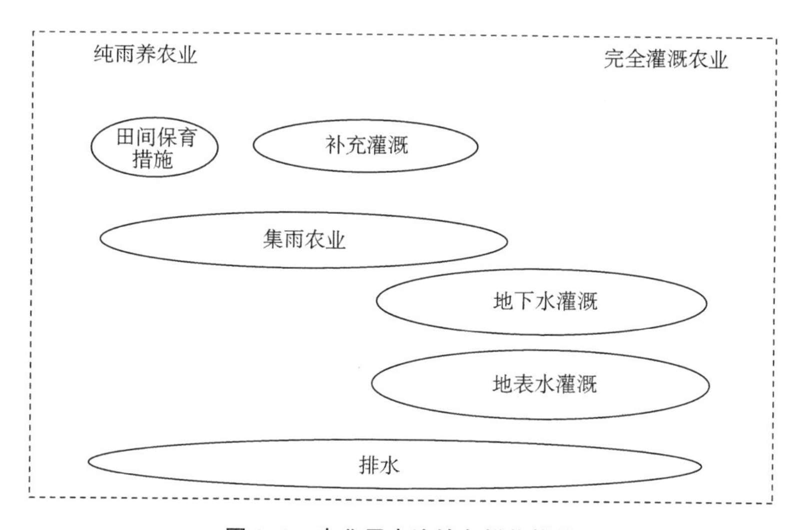

图 2-3　农业用水连续多样化措施

且灌溉水源主要靠外来水源，一般都建有大、中型工程水源和灌溉区域；雨养农业因为有一定雨水量湿润农田。灌溉属于补偿农田水分不足的性质，灌溉水量较小，水源主要靠当地降水形成的径流蓄积，表现为小型工程。因此，雨养农业是灌溉农业的基础，灌溉农业是对雨养农业的补充。随着干旱加剧和农业灌溉用水在整个水资源分配中比例减少，雨养农业在未来农业中的地位将越来越重要。

2.1.4 适水农业

为了贯彻落实党的十九大明确提出的“实施国家节水行动”。2019 年 4 月，由国家发展和改革委员会和水利部联合印发的《国家节水行动方案》，经中央全面深化改革委员会审议通过。同年 7 月 3 日，国家发展和改革委员会、水利部、教育部等 20 个部门联合印发《〈国家节水行动方案〉分工方案》共同推动全社会节水。在农业节水方面，提出农业节水增效行动及大力推进节水灌溉和优化调整作物种植结构两项节水重点任务。这些措施的落实迫切需要推动我国适水农业发展，推动绿色高效节水。

适水农业是以康绍忠院士为代表的一些工程院专家根据我们国家干旱半干旱地区特殊的水资源分布条件，在过去节水农业、旱作农业等农业类型的基础上归纳提出的。

所谓适水农业就是秉承可持续发展的理念，坚持适水发展和节水优先战略，遵循以水定需的原则，根据不同区域地表水、地下水的水资源特点，通过系统设计、科学规划、协同推进，实现农业种植规模适当、种植结构的优化，加强农业节水科学研究工作，实现节水灌溉技术与农艺节水技术相结合，实现节水节肥节药一体化，由单一节水高产向节水提质高效转变，完善农业节水技术推广与服务、农业节水试验与用水监测网络、农业节水补偿机制、农业节水产品市场准入机制等农业节水保障体系建设，保障水资源可持续利用和农业可持续发展。

2.2 研究范畴

本书研究的地域范围是河北省，河北省作为农业大省，是我国 13 个粮食主产省份之一，是小麦和玉米的主要输出省份，在全国农业生产中具有举足轻重的地位；同时河北省水资源极度匮乏，水分生产力、地下水开采和水污染指标都很高，水资源供求矛盾突出。因此，河北省水资源问题研究具有典型代表意义。

本书研究的对象是河北省农业用水效率。河北省农业用水效率具体包括农业用水经济效率、环境效率、生态效率，对不同效率进行测度和影响因素分析。

本书研究中的农业结构主要是指农业种植业结构，河北省种植业用水占河北省农业用水量的90.74%，对河北省用水驱动为60.23%，除了种植业外的其他农业用水对河北省用水驱动仅有6.15%。因此，种植业结构及其调整的研究对农业节水意义重大。

2.3 理论基础

2.3.1 可持续发展理论

（1）可持续发展理论的提出

可持续发展概念的提出来源于生态学，在20世纪70年代，联合国教科文组织科技部门首次使用，在公开国际文件中，最早则出现于《世界自然资源保护大纲》（The World Conservation Strategy），是1980年由国际自然保护同盟（ICUN）在世界自然基金会（WWF）的支持下制定的。1983年联合国在世界环境与发展委员会（World Commission on Environment and Development，WCED）上，为了解决日益关注的“关于人类环境和自然资源加速恶化而造成经济和社会发展的后果”，正式成立布伦特兰委员会（Brundtland Commission），认为资源环境问题是全球性的，建立可持续发展政策是所有国家的共同利益。1987年，格罗·哈莱姆·布伦特兰在联合国大会上发表题为《我们共同的未来》报告（又称为布伦特兰报告）。正式定义“永续发展”：永续发展是一发展模式，既能满足我们现今的需求，同时又不损及后代子孙满足他们的需求，强调的是一种过程或状态的持续，包括经济的可持续性、社会的可持续性及生态的可持续性。

(2) 可持续发展理论的研究内容

查尔斯·D. 科尔斯塔德 (Charles D. Kolstad) 认为可持续发展理论的主要研究内容包括环境承载力、环境价值及协调发展三方面理论[145]:

①环境承载力理论。环境承载力又称环境承受力或环境忍耐力，指在某一时期，某种环境状态下，某一区域环境对人类社会、经济活动的支持能力的限度，反映了环境与社会经济的相互作用关系。如果人类活动超过这个限度，它将导致许多环境问题。环境承载力是一个多维向量，每一个分量也可能有多个指标，主要分为三部分：一是资源供给指标。包括水、土地、生物量、能源供给量等。二是社会影响指标，包括经济实力（如固定资产投资与拥有量）、污染治理投资、公用设施水平、人口密度、社会满意程度等。三是环境容纳指标，包括排污量、绿化状况、净化能力等。在实际应用中可以进一步列出更加具体的指标，进行分区定量研究。以环境承载力为约束条件，对区域产业结构和经济布局提出优化方案，可以使人类社会经济行为与资源环境状态相匹配，不断改善环境，提高环境承载力，以同样的环境创造更多的财富。如图 2-4 所示。

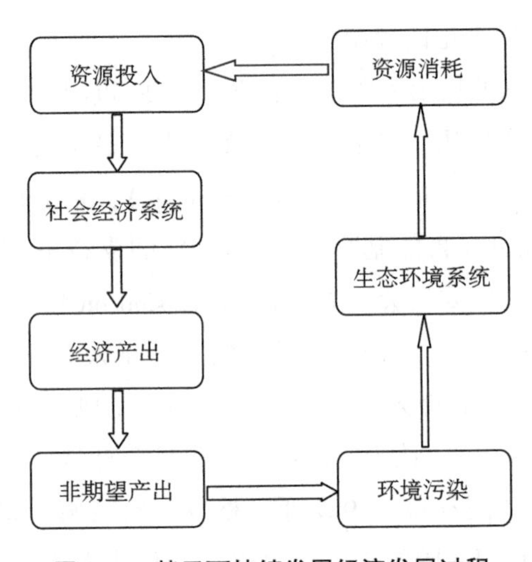

图 2-4　基于可持续发展经济发展过程

②环境价值理论。环境价值的构成有很多的分类方法，通常是将环境的价值分为使用价值和非使用价值。使用价值包括直接使用价值、间接使

用价值和选择价值。直接使用价值是环境资源满足支持人们生产和生活需要的价值，间接使用价值是从环境支持中间接得到的价值，选择价值是指为了保护环境而产生的支付意愿。环境的非使用价值是指一种内在价值，是环境本身的内在属性，无论人们是否使用，这种价值均存在。

③协调发展理论。协调发展理论是指经济发展与生态环境之间的“协调”和“匹配”的过程和状态，二者存在辩证统一的关系。经济发展与生态环境之间的关系可以用“发展域”与“环境状态域”的关系来表达。

可持续发展是社会经济发展、资源开发及生态环境协调发展的内在要求。实现可持续发展的最终目的就是处理好资源问题、环境问题与发展问题，做到人与自然和谐相处，构建人类命运共同体。

2.3.2 二元水循环理论

（1）二元水循环理论内涵与特征[146]

二元水循环理论是指随着社会经济活动的不断演变和加强，增强了对水资源在自身演变过程中天然水循环的影响，使得水资源在受自然因素变化影响之外，同时也受到社会经济活动的影响，打破了原有天然水循环系统的规律和平衡，使原有的水循环系统由单一的受自然主导的循环过程转变成受自然和人工共同影响、共同作用的新的水循环系统，这种水循环系统称为天然—人工二元水循环系统。

二元水循环理论中的特征：①水循环服务功能的二元化。②水循环结构和参数的二元化。③水循环路径的二元化。④水循环驱动力的二元化。其中，水循环服务功能的二元化是其本质，水循环结构和参数的二元化是其核心，水循环路径的二元化是其表征，水循环驱动力的二元化是其基础。

（2）二元水循环理论的演进

“自然—社会”二元水循环的演变是导致水问题和水危机的本质原因。为了实现供用水、水环境、水生态安全的目标，必须清楚认知水循环与水资源演变的内在机理及其规律，如图 2-5 所示。

（3）二元水循环理论的相互作用机制

二元水循环演变规律具有高度复杂性，在驱动力、过程、通量三大方

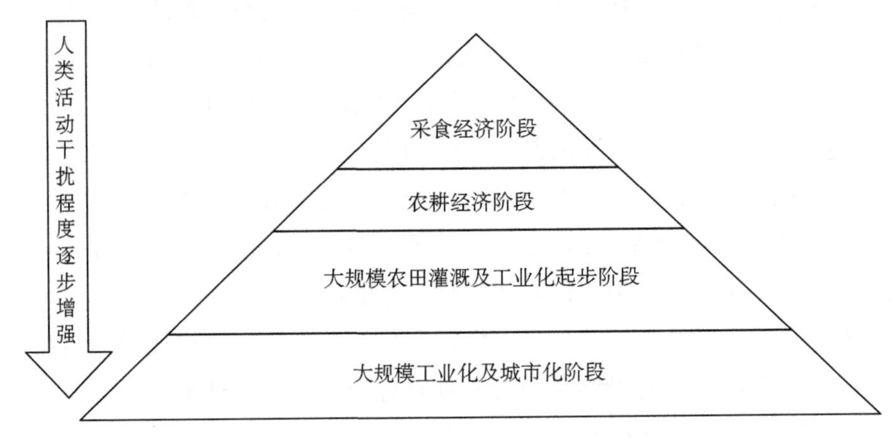

图 2-5　二元水循环演进阶段

面均具有耦合特性，并衍生出多重效应，是一个复杂的巨系统（图 2-6）。

具体耦合特征可分为以下几种。

①驱动力耦合。体现为自然和人工驱动力的耦合，自然驱动力是自然基础，使得流域水循环产生和得以持续，形成特定的水资源条件和分布格局，人工驱动力是实现水的资源价值和服务功能，影响水循环结构、参数、路径，进而影响自然驱动力作用的介质环境和循环条件。两种驱动力并存，相互影响和制约，存在动态平衡关系。

②过程耦合。体现为自然水循环过程与人工水循环过程的耦合。自然水循环过程可划分为大气过程、土壤过程、地表过程和地下过程。在过程耦合作用机制上，人工水循环过程较多体现为外在干预形式。自然水循环四大过程中的每个环节，人工水循环过程均有可能参与其中。

③通量耦合。自然水循环通量与社会水循环通量联系紧密，过程耦合是通量耦合的因，通量耦合是过程耦合的果。二元水循环系统中自然水循环的各项通量，如蒸散量、径流量、入渗量、补给量等，与社会经济系统的取水量、用水量、耗水量、排水量等既是构成系统整体通量的组成部分，又相互影响，此消彼长。

④反馈机制。在驱动力耦合、过程耦合、通量耦合的综合作用下，二元水循环系统产生五维反馈效应：一是水资源演变效应，表现为径流性水

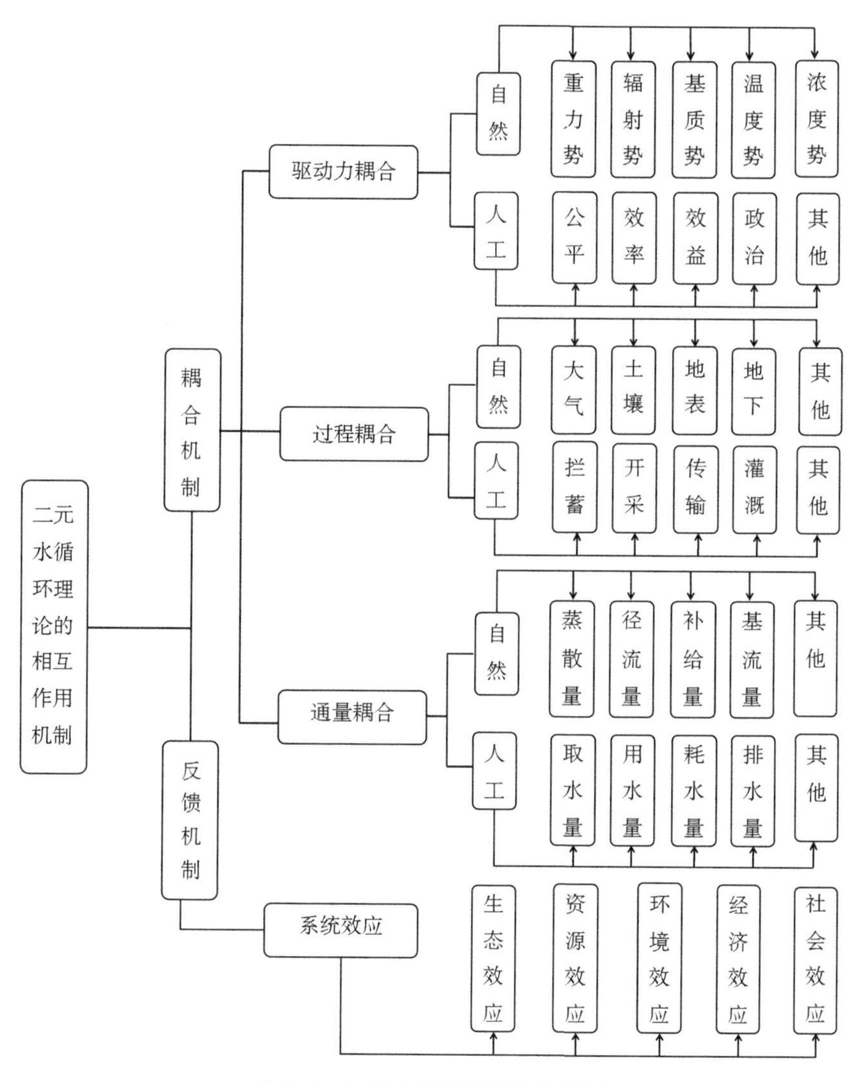

图 2-6　二元水循环相互作用机制

资源衰减；二是水环境演变效应，表现为水体污染和环境污染；三是水生态演变效应，表现为天然生态退化和人工生态的发展；四是社会反馈效应，表现为水价值观与水文化、科技水平、生产力布局、制度与管理等变化；五是经济反馈效应，表现为水的经济价值与流向、经济发展态势、产业结构调整等变化。

2.3.3 公共池塘资源理论

(1) 公共池塘资源的含义

公共池塘资源（Common pool resources-CPRS）就是同时具有竞争性和非排他性的物品，是一种人们共同使用整个资源系统但分别享用资源单位的公共资源。

(2) 公共池塘资源的困境

①“公地悲剧”模型[147]。

模型提出。1968 年，英国学者加勒特·哈丁（Garett Hardin）在 *Science* 杂志上发表题目为“公地悲剧”的论文，哈丁认为：“在共享共有物的社会中，所有人都追求个人利益最大化，这就是悲剧之所在。每个人被锁定在一个迫使他在有限范围内无节制地增加牲畜的制度中，那么最终结局就是毁灭，因为在信奉公地自由使用的社会中，每个人均追求个人的最大利益，公地中人的自由给所有人带来的毁灭。”

模型的前提假设。每个人都是理性自利的；每个牧羊人都是相互独立的个体；每个人的收益的多少都直接来自其牧养牲畜的数量；草场向每一个人开放；每个人都清楚自己所做选择可能带来的后果。

模型的应用。假设有 n 个农户共同使用一个池塘，每个农户都自由的从池塘中取水，且只是按照自己的使用需求取水，取水量为 w_i，$i=1, 2, \cdots n$，则 $W=W(w_i)$ 为农户总的取水量；Y 代表单位水资源带给农户的平均净收益，且 $Y=Y(W)$ 表示每个农户的平均净收益随总取水量的变化而变化；C 为取水成本，即单位水价；当 $W>W_{max}$ 时，$Y(W)=0$，当 $W<W_{max}$ 时，$Y(W)>0$，同时 $\frac{\partial Y}{\partial W}<0, \frac{\partial^2 Y}{\partial^2 W}<0, \frac{\partial w_i}{\partial w_j}<0$，即如果取水量较大，则会对农户的平均收益产生很大影响，并且第 i 个农户的取水量随其他农户取水量增加而递减，则农户的利益函数模型为：

$$\pi_i=(w_1, w_2, \cdots w_n)=w_iY(W)-w_iC(i=1, 2, \cdots, n)$$

最优化条件为：

$$\frac{\partial \pi_i}{\partial w_i}=Y(W)+w_iY'(W)-C=0 \quad (i=1, 2, \cdots, n)$$

显然增加一单位取水量可以产生正负两方面的效应，正效应是农户平均收益价值 $Y(W)$，负的效应是水资源价值的下降即 $w_i Y'(W)$。最优解满足边际收益等于边际成本，包含 n 个一阶条件等式即 n 个反应函数：

$$w_i^* = w_i(w_1, w_2, \cdots, w_n)(i = 1, 2, \cdots, n)$$

则 n 个反应函数交叉点，即反应函数相等时就是纳什均衡：

$$w_1^* = w_2^* = \cdots = w_n^*。$$

纳什均衡的取水量为：$W^* = \sum_{i=1}^{n} w_i^*$

社会最优目标就是社会总剩余价值（S_T）最大化：

$$S_T = Max(WY(W) - C)$$

最大化一阶条件为：

$$Y(W^{**}) + W^{**}Y'(W^{**}) = C$$

显然，$W^* > W^{**}$，可得出：每个人都追求个人利益最大化，但最后的结果可能是社会利益受到破坏。

②“囚徒困境”模型[148]。

模型的提出。“囚徒困境”模型，是 1950 年美国兰德公司的梅里尔·弗勒德（Merrill M. Flood）和梅尔文·德雷希尔（Melvin Dresher）提出相关困境的理论，后来由阿尔伯特·塔克（Albert W. Tucker）正式建立博弈模型，并命名为“囚徒困境”，反映个人最佳选择并非团体最佳选择，即在一个群体中，个人做出理性选择却往往导致集体的非理性结果，是博弈论理论中非零和博弈的典型代表。

模型的前提假设。在“囚徒困境”模型中，包含以下六个前提假设：两个囚犯都是理性自利的；两个囚犯是两个完全没有关系的独立个体，且都希望追求自身利益的最大化；两个囚犯都希望坐牢时间越多越好，即博弈过程中对所涉及目标资源具有一致地偏好；两个囚犯在博弈过程中双方不能交流沟通；双方都清楚自己的选择可能带来的结果；两个囚犯只能做一次博弈选择。

模型的应用。假设一个开放的、公共流域水资源就像哈丁描述的“开放的牧场”一样，由于每个人都可以自由的取水，而每个人都只需要承担因流域水资源的再生性功能被破坏、水资源枯竭的部分成本。表 2-1 为以

“囚徒困境”模型进行博弈分析的策略矩阵。

表 2-1 甲在公共流域中取水策略选择矩阵

		其他人	
		不增加	增加
甲	不增加	双方收益情况均不发生变化	甲：因其他人增加水量过度行为，造成水资源枯竭而带来的额外成本； 其他人：享受增加取水量带来的收益，而且将自己行为成本的一部分转嫁给了某甲，而获得较高收益
	增加	甲：享受因增加水量而带来的收益，仅承担可能因过度取水而导致的水资源枯竭的部分成本； 其他人：收益受损，需要共同承担由于甲增加取水量过度而导致水资源枯竭带来的成本	双方共同面临因取水过量而带来的风险或成本

从表 2-1 可以得出：任何人增加取水量始终是他的占优策略，若不采取措施，改变上述取水策略结构对个人的行为选择的不良激励，那么这一开放、公共流域水资源最终会面临枯竭。基于上述“公地悲剧”模型和“囚徒困境”模型的结论分析，每一个对局人的占优策略为选择背叛战略，总会使他们的境况变得更好，但是，结果是来自每一个对局人选择最佳个人占用策略并不是帕累托最优结局。为了解决问题，破除困境，传统上存在以利维坦为“唯一”方案和以私有化作为“唯一”方案两种思路，后来产生两个具有启发意义理论：一是曼瑟尔·奥尔森的集体行动逻辑理论，二是埃莉诺·奥斯特罗姆的自主治理理论。

③ “集体行动逻辑”[149]。

模型的提出。首先，1965 年，曼瑟尔·奥尔森在其《集体行动逻辑》一书中提到，如果某一群体的成员具有共同的利益和目标，并且如果这一目标的实现会使所有群体成员的境况都比过去更好，那么已有的逻辑推论便是“只要在这群体中的个人是理性和自利的，他们将为这一目标的实现而行动。”其次，奥尔森对这一观点提出挑战，并提出自己观点：“除非一个群体中人数相当少，或者除非存在着强制或其他某种特别手段，促使个人为他们的共同利益行动，否则理性的、寻求自身利益的个人将不会为实现他们的共同的或群体的利益而采取行动。”并阐发主要观点认为：集体行动困境同时概括了群体理论的观点，并针对性提出集体行动达成的影响因素及其之间的关系。具有共同利益的个人会自愿地为促进他们的共同利益而进行集体行动。认为在影响集体行动的诸多因素中，集体的规模、成员对集体物品偏好的不平等程度和共同利益的性质（相容性或排他性），是决定集体行动达成的可能性以及集体物品提供数量与最优数量之间的偏差程度的重要因素。

集体行动达成的可能性：集体规模越小集体行动越有可能达成；集体成员的集体物品偏好的不平等程度越大，集体行动越有可能达成；追求相容性利益集体行动的可能性比以排他性利益为目标的集体行动达成的可能性更高。

2.3.4 环境规制理论

（1）环境规制内涵

环境规制属于公共规制下的社会型规制范畴，是针对环境污染的负外部性，对生态环境系统中的相关主体的经济活动进行调控，以实现生态环境保护与经济社会的协调可持续发展，是指政府实施环保政策所采取的一系列的法律、政策、措施和方法。

（2）环境规制的手段

主要分为两类：一是直接规制手段，即命令—控制型手段，主要包括污染许可证、配额使用限制和环境标准等；二是经济型手段，以市场为基础的经济型手段，主要包括污染权交易制度、押金—返还制度、财政信贷刺激制度等。环境规制的经济手段设计，是从清晰界定环境资源的产权出发的，并将环境资源产品化赋予价格意义，从而约束经济主体在环境资源市场中的交易行为，进而实现环境资源可持续利用的目的。

（3）环境规制的依据

①环境资源的稀缺性。资源稀缺不同于短缺，稀缺是永久的动态的，短缺是暂时的，是环境规制提出的首要依据。缓解资源稀缺的途径主要依赖于技术进步、基础设施投资、有效的制度安排和政策体系，以及利用国

际分工和比较优势。

②公共物品属性。具有非排他性和部分的非竞争性。非排他性指当某人使用或者消费某个物品时，不能排除其他人消费该物品，或者说因为排除其他人消费的成本很高而不会选择排除；非竞争性是指某个经济体使用或消费某个物品时，不会对其他人使用该物品获益的行为产生影响。

③市场失灵。形成的原因，包括公共物品、垄断、外部性，以及非对称信息等问题的存在。

④有限理性。对于环境保护问题，人们虽然有了这种意识，但在实际经济活动中，由于机会主义行为存在，最终还会做出对环境不利的决策。

2.3.5 农业区域协调发展理论

(1) 农业区域协调发展概念

农业区域协调发展是指从地域空间的视角，遵循发挥区域比较优势原则，对全国的农业发展统筹规划，统一协调，将国家的农业发展目标在不同区域间进行合理分工，规范农业发展的空间秩序，协调地区间的农业分工关系和利益关系，促进农业区际贸易和区际协作，建立区域主导功能明晰、区域人口与资源承载力相适应、区域公共服务均衡和区域发展差距趋于缩小的农业区域分工和协作体系，形成优势互补、良性互动、共同繁荣的农业区域协调发展的空间格局，实现农业整体效益提高，区域利益的帕累托改进，最终实现全面提高国家农业整体竞争力和农民的全面发展。

(2) 农业区域协调的内容

农业区域协调的核心内容是按照国家农业区域分工统筹，将各区域生产要素和发展目标在更大地域空间范围内进行优化重组，促进农业区域协调发展。

①自然资源要素的协调。由于自然资源要素具有较大的空间移动成本，可移动性差，自然资源要素农业区域协调的重点是适应和充分利用自然资源要素这种客观存在区域差异，因地制宜地布局农业生产，最大限度地发挥各地区自然资源禀赋优势。

②经济技术要素的协调。农业区域经济技术要素的协调主要是研究各

种经济技术要素的空间迁移规律和特点，包括各区域的资本、劳动力、技术等经济要素的空间可移动性。

③区域发展目标的协调。由于行为主体的多样化，进而导致利益取向的多样化。农业区域发展目标的协调就是以实现整体利益最大化为前提，对不同区域农业发展目标进行协调。但是在协调的过程中，既要避免地区间恶性竞争，也不能一味强调整体利益而忽视了地区自身发展的目标。

（3）农业区域协调发展的机制

①市场机制。在规模收益不变、生产要素的边际收益递减和生产要素自由流动的假设下，人均收入和资本的边际收入都取决于资本与劳动的比率，由于资本的边际收益率不断下降，在其接近零或低于某一贴现值时，资本积累的速度将不会超过劳动力投入的增长速度，即资本劳动比率趋于稳定，人均收入也将固定于某一水平。

②非均衡发展的机制。农业区域非均衡发展机制包括农业区域经济格局演变的非均衡、分工贸易的非均衡、农业区域内微观主体的有限理性、农业区际要素流动的非均衡、农业区域经济活动的外部性及农业区域利益主体的信息不对称等多角度分析论证不完全市场竞争条件下农业区域非均衡的形成机制。

③农业区域协调发展的政府调控机制。一是主体选择。中央政府的主要作用是引导各区域承担应有的农业发展目标和功能，保证国家农业发展战略的顺利实现，保障国家食物安全以及不断增长的人口和不断发展的经济对农产品的需求，消除阻碍市场经济发展的区域性行政壁垒，逐步实现在各区域间提供大致均等的农业公共服务，对贫困地区、自身发展能力弱的地区给予适当的扶持。地方政府的主要作用是在中央政府宏观指导下因地制宜地统筹本区域内农业发展，加强与其他地方政府之间的协作。二是路径选择。在市场经济条件下政府在协调不同农业区域发展的调控手段主要有财政、金融和保险等政策手段以及法律手段。三是重点关注的关系。正确处理不同区域间的利益关系，正确处理农业生产与生态环境保护的关系，正确处理农业区域调控与其他政策的相互关系。

2.3.6 利益相关者理论

(1) 利益相关者理论 (Stakeholder Theory) 的提出

20世纪30年代，西方国家企业界为了平衡企业各类利益相关者的矛盾冲突，打破传统的股东至上主义，对企业股东利益最大化经营目标的反思，认为公司的发展离不开各类利益相关者的贡献与参与。1963年，美国斯坦福研究院（SRI）首次提出“利益相关者”概念。1984年Freeman在《战略管理：利益相关者的方式》中提到：“利益相关者是能够影响一个组织目标的实现，或者受到一个组织实现其目标过程影响的所有个体和群体。”随后经过（Clarkson，1995；Mitchell等，1997；Frooman，1999；Rowley，2003等）[150-153]学者们的共同努力，形成了较为完善的利益相关者理论框架。

(2) 农业水资源利益相关者界定

1997年，美国学者Mitchell和Wood提出了米切尔评分法，对利益相关者进行了的界定与分类。提出“合法性、权利性以及紧迫性”三种属性中，企业所有的利益相关者必须具备至少一种。

①确定型利益相关者。拥有上述三种属性。具体可以包括股东、雇员和顾客。

②预期型利益相关者。拥有上述属性中的两种：具备合法性及权力性，具体包括投资者和政府部门等。

③潜在型利益相关者。只拥有上述属性中的一种。

1998年，Wheeler将利益相关者划分为四类：第一类是主要的社会性利益相关者；第二类是次要的社会利益相关者；第三类是主要的非社会利益相关者，与企业直接发生联系，但和具体的人没有关系；第四类是次要的非社会利益相关者，与企业不直接发生联系，与具体的人没有关系。

借鉴Mitchell和Wood（1997）的评分矩阵，以参与度、影响度、利益相关度为衡量标准，筛选农业用水过程中利益相关者，构建农业用水过程中的利益相关者界定矩阵（表2-2）。

表 2-2 农业用水过程利益相关者界定矩阵

利益相关者	相关度		参与度	影响度
	经济	非经济		
政府	低	高	高	高
灌区主管部门	低	低	高	高
供水单位	高	高	高	高
用水者协会	高	高	高	高
科研机构	低	高	高	高
金融机构	低	低	低	低
农户	高	高	高	高

资料来源：Mitchell R K，Agle B R，Wood D J（1997）。

（3）利益相关者冲突分析

为了避免利益相关者之间的矛盾冲突，确保政策制定和执行的可持续性，借助“利益—影响”矩阵，按照利益相关者的利益需求大小和影响力高低，确定利益相关者在决策中的位置，从而决定各类利益相关者的参与方式。

“利益—影响”矩阵中的“利益”是指某一利益相关者群体对其他群体的合法索取权；“影响”是指利益相关者群体影响某特定问题的发展或影响其他利益相关者决策的能力、资源和手段，如图 2-7 所示。

图 2-7 利益—影响矩阵

在“利益—影响”矩阵中，关键参与者拥有高利益需求和高影响力，其会积极地参与农业用水管理决策，而且他们的参与决定着管理目标的实现和政策发展方向；服从型参与者拥有高利益需求和低影响力，由于影响力有限，一般通过与其他利益相关者合作的方式来实现他们的利益需求；背景型参与者拥有高影响力低利益需求，不是管理决策的主要参与者，但其高影响力不容忽视；群众型参与者拥有低利益需求和低影响力，一般不需要这类利益相关者的普遍参与，也不需对其分配过多的资源。

2.4 本章小结

（1）界定了主要研究对象的概念

界定了农业用水及农业用水效率的概念，分析了农业用水的特征，列举了农业用水连续多样化措施，构建了农业用水效率的概念框架并基于此框架描述了农业用水驱动演变路径。

（2）梳理了农业用水效率研究的理论支撑

梳理了农业用水研究的理论支撑，具体包括可持续发展理论、二元水循环理论、公共池塘资源理论、环境规制理论、农业区划协调发展理论及利益相关者理论，结合农业用水的利用特征，应用不同理论进行深入剖析。

（3）厘清了论文理论研究脉络

根据以上理论的分析，结合农业用水效率研究的特点，明确了研究内容的主要研究节点，厘清了全文的研究理论分析思路。

3 河北省农业水资源利用现状分析

本章详细分析了河北省农业用水的驱动力、压力、状态，以及农业用水形成的影响和响应措施，对河北省水资源利用的现状进行客观分析和评价；为了克服压力、改变状态、降低影响、确保粮食安全和水资源可持续发展，解决农业用水短缺、地下水超采、水资源分配等现存问题刻不容缓，而在水资源总量约束下，只有提高水资源生产效率，才能真正实现粮食、水资源和生态协调发展。

3.1 河北省农业水资源利用分析框架

DPSIR 概念模型是一种基于因果关系链条组织信息的框架结构。包括经济、社会、环境、政策四大要素，不仅反映了社会、经济发展和人类行为对生态环境的影响，也阐释了人类行为及其最终导致的生态环境状态对社会经济的反馈，这些反馈是由社会为应对环境状态的变化以及由此造成的对人类生存环境不利影响而采取的措施组成。

DPSIR 概念模型包括驱动力（Driving-Force）、压力（Pressure）、状态（State）、影响（Impact）和响应（Response）五个方面。

（1）驱动力

描述社会、经济、自然的发展以及相应的人类生活方式、消费、生产形式的改变，产生的对生态环境的外在压力。主要的驱动力包括人口增长率、城市化需求变化和个人活动。

（2）压力

描述污染排放量、农药化肥化学物品使用量和水、土地等资源使用的相关信息，揭示出导致环境变化的各种直接原因。压力因素与驱动力因素的区别在于，前者是指人类活动对其紧邻的环境以及自然生态的影响，是环境的直接压力因子，而后者是造成环境变化的潜在原因。

（3）状态

描述了特定区域、特定时间内资源环境变化的水平、数量和质量。状态的改变对整个生态系统会产生环境、经济上的影响，并最终对人类健康、社会福利、社会经济产生影响。

（4）影响

描述了由于上述因素引起的环境状态改变，而反作用于社会经济表现出来的后果，反映了资源状态的变化给社会经济造成的最终结果。

（5）响应

描述政府、组织、市场和个人为预防、减轻、改善或者适应非预期的环境状态变化而采取的措施。

DPSIR 概念模型中驱动力通过潜在作用于资源系统产生压力，压力通过直接作用于资源系统改变资源系统的状态，状态通过反作用引起资源系统对社会、经济的影响，影响有引起激励、要求资源管理决策层的响应，同时人类系统通过响应对各链条节点进行反馈调节，通过法律、制度及政策，改善、替代、增强或消除驱动力，消除、防止或减弱压力，恢复、优化状态；补偿、减轻平衡影响[154-158]。

本章引用 DPSIR 概念模型，对河北省农业用水的基本情况进行概括与评述，其中河北省农业用水驱动力主要分析河北省农业用水的需求，具体包括人口自然增长率、城镇化率以及人均 GDP 增长率对河北省水资源的需求驱动，以及河北省粮食作物和蔬菜作物对农业用水的需求驱动；农业用水压力主要分析水资源供给和农业用水污染情况，水资源供给包括地表水资源供给和地下水资源供给，农业用水污染主要通过水足迹进行分析；农业用水状态分析包括水分生产力、用水强度、生产水足迹、农田灌溉系数和效率的空间差异；农业用水影响分析主要是描述农业水资源系统生态系统环境状态改变，主要反映在对地下水超采量、水资源承载力影响。农业用水响应是指制度、政策、市场以及农户行为选择，重点论述河北省为了提高水质、压减地下水所制定的一系列政策与措施，逻辑分析框架见图 3-1。

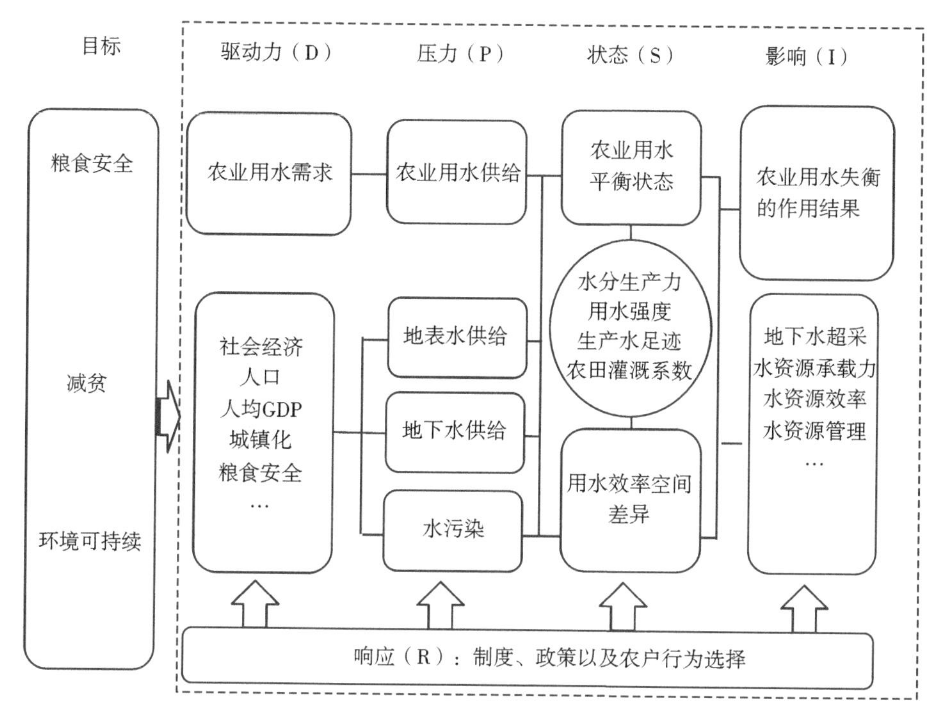

图 3-1 农业用水概念模型逻辑范式

3.2 河北省农业用水驱动力分析

3.2.1 河北省用水需求

根据用途的不同，水资源可分为农业灌溉用水、林牧渔畜用水、工业用水、居民生活用水、生态环境用水和城镇公共用水。2018 年河北省总用水量为 182.42 亿米^3，其中农田灌溉用水量 109.87 亿米^3，林牧渔畜用水量 11.21 亿米^3，工业用水量 19.08 亿米^3，城镇公共用水量 4.93 亿米^3，居民生活用水量 22.82 亿米^3，生态环境用水量 14.51 亿米^3，占比分别为 60.23%、6.15%、10.46%、2.70%、12.51% 和 7.96%。而从 2001—2018 年各种需求的平均占比来看（图 3-2），河北省农业灌溉用水平均占比 68.44%，其次是工业用水占比 11.82%，居民生活用水占比 9.34%，林牧渔畜用水占比 5.98%，生态环境用水占比 2.60%，城镇公共用水 1.82%。

由此可以得出结论：近 20 年来，河北省农业灌溉用水和工业用水呈现下降趋势，居民生活用水、林牧渔畜用水、生态环境用水、城镇公共用水呈现上升趋势，其中生态环境用水上和居民生活用水升幅度最为明显。

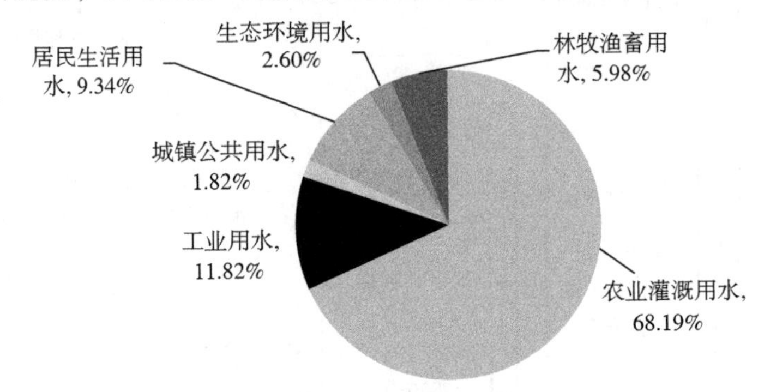

图 3-2　2001—2018 年河北省水资源利用结构

（资料来源：根据《河北省经济年鉴》《河北农村统计年鉴》

和《河北省水资源公报》相关数据整理而得）

3.2.2　社会经济发展

社会经济发展是水资源需求的主要驱动力，采用人口自然增长、城镇化率和人均 GDP 增长率来表示社会经济发展的基本指标。2001—2018 年河北省人口变化平缓，2001 年人口自然增长率为 4.98%，2018 年人口自然增长率为 4.88%，2018 年全省总人口达到 7 556.3 万人；2001—2018 年，城镇化率呈快速上升趋势，由 2001 年的 20.35%上升到 2018 年的 56.43%，增幅达到 177%；人均 GDP 增长率年际间波动幅度较大，2001 年人均 GDP 增长率为 3.89%，2004 年人均 GDP 增长率最高为 22.19%，2012 年以后呈低速增长，2018 年人均 GDP 负增长 11.06%。

随着城镇化的发展、GDP 的增长和工业化进程的加快，人口、经济、自然和社会等各种资源向城镇的高度集聚，非农业用水的需求不断增加，导致农业用水量和农业用水占总用水的比重出现下降趋势。曹小磊和周祖昊（2014）对北方地区城镇化和工业化进程与农业用水相关性进行研究，结果表明农业用水量与工业化率是负相关关系，相关系数分别为-0.92[159]，邵薇薇（2015）也得出类似的结论[160]。

从2001—2018年河北省的社会经济发展与用水需求来看，社会经济发展中人口的增长、城镇化水平的提高和GDP的增长，带动了居民生活用水、林牧渔畜用水、生态环境用水、城镇公共用水的不同程度的增加，但农业灌溉用水呈现下降趋势。从图3-3可以看出，农业灌溉用水与人口自然增长率和人均GDP的增长呈同方向变化，与城镇化率呈反方向变化，且农业灌溉用水总体呈现下降趋势。

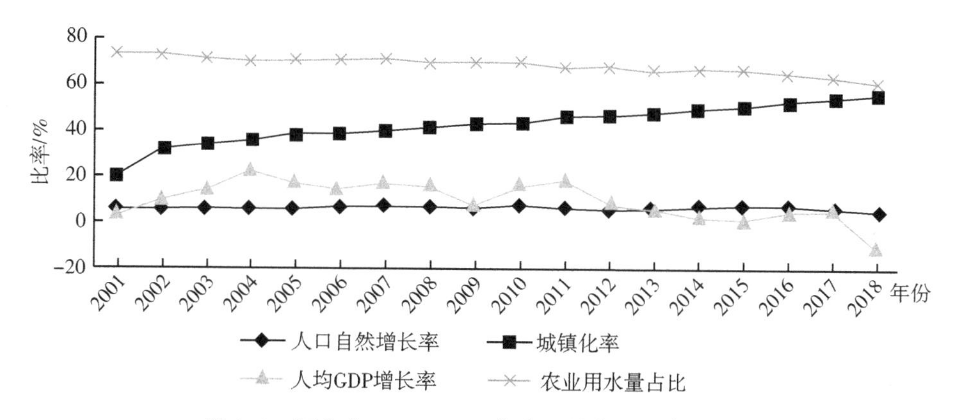

图3-3　河北省2001—2018年主要社会经济情况指标

（资料来源：作者根据《河北省经济年鉴》《河北农村统计年鉴》和《河北省水资源公报》相关数据整理而得）

从河北省各市的社会经济发展看，石家庄、秦皇岛和唐山的城镇化率偏高，分别为43.71%、42.07%和41.46%；衡水、邢台、保定、承德、沧州和邯郸的城镇化率偏低，分别为28.48%、29.26%、30.12%、30.24%、31.33%和32.09%；石家庄、邯郸、邢台和保定人口自然增长率相对偏高，分别为8.22%、7.20%、6.82%和6.55%，唐山、秦皇岛和张家口人口自然增长率偏低，分别为4.12%、4.27%和4.49%；廊坊、沧州和唐山人均GDP偏高，分别为11.79%、11.17%和9.425，秦皇岛和石家庄人均GDP增长率偏低，分别为4.43%和4.99%；从农业用水量占比趋势看，河北省各市的农业用水占比与城镇化率呈明显反向关系，城镇化率较高的石家庄、秦皇岛、唐山和廊坊农业用水占比较低，分别为66.13%、60.15%、60.01%和58.73%（图3-4）。

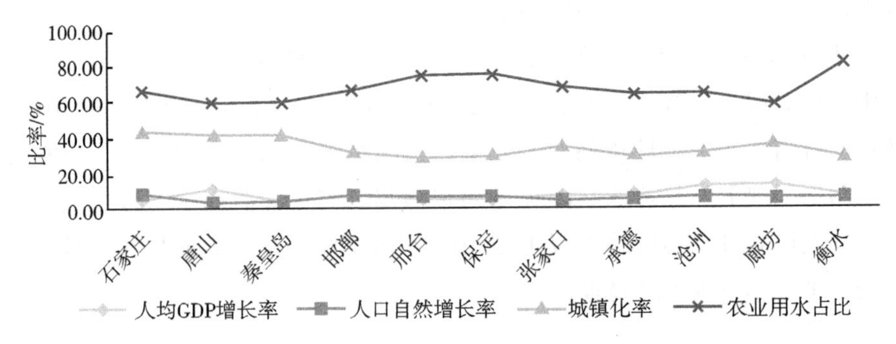

图 3-4　河北省各地区 2001—2018 年主要社会经济情况

（资料来源：作者根据《河北省经济年鉴》《河北农村统计年鉴》和《河北省水资源公报》相关数据整理而得）

3.2.3　粮食安全保障

河北省是我国粮食主产省之一，也是蔬菜大省。2018 年全省有效灌溉面积 449.51 万公顷，农作物总播种面积 819.71 万公顷，其中粮食作物播种面积 653.87 万公顷，占农作物播种面积的 79.77%，粮食总产量 3 700.86 万吨，人均粮食占有量 489.66 千克，为粮食调出省；蔬菜面积 78.76 万公顷，占农作物播种面积的 9.61%，蔬菜产量 5 154.5 万吨，主要供给京津冀。河北省粮食生产主产区主要有保定、邯郸、石家庄、邢台、沧州和衡水，粮食产量为 547.74 万吨、528.19 万吨、487.34 万吨、466.52 万吨、434.46 万吨和 413.90 万吨；蔬菜生产的主产区主要有唐山、石家庄、保定、张家口、邯郸和廊坊，蔬菜产量为 941.59 万吨、583.64 万吨、556.84 万吨、539.60 万吨、509.57 万吨和 505.60 万吨。保定、邯郸和石家庄既是粮食的主要产区，又是蔬菜的主要产区（表 3-1）。

表 3-1　2018 年河北省粮食与蔬菜产量

地区	农作物面积（万公顷）	有效灌溉面积（万公顷）	粮食产量（万吨）	蔬菜产量（万吨）
石家庄	91.17	48.78	487.34	583.64
唐山	71.07	46.29	278.17	941.59
秦皇岛	19.77	12.73	74.22	247.52

（续表）

地区	农作物面积（万公顷）	有效灌溉面积（万公顷）	粮食产量（万吨）	蔬菜产量（万吨）
邯郸	99.98	55.60	528.19	509.57
邢台	97.77	58.77	466.52	287.32
保定	109.82	65.01	547.74	556.84
张家口	67.04	25.94	182.84	539.60
承德	37.44	14.00	140.05	373.19
沧州	98.60	50.74	434.46	321.32
廊坊	40.09	22.75	147.42	505.60
衡水	86.96	47.87	413.90	288.32
全省	819.71	449.51	3 700.86	5 154.50

资料来源：作者根据《河北农村统计年鉴》2019年相关数据整理而得。

河北省农业用水主要包括种植业灌溉用水和其他农业用水，农业灌溉用水主要是粮食和蔬菜，粮食作物包括水田、水浇地。从2001—2018年农业用水量的主要变化来看，总用水量呈现下降趋势，由2001年的153.60亿米^{3}减少至2018年的109.87亿米^3，减少了43.73亿米^3，下降幅度为28.47%；其中水浇地用水量变化明显，由2001年的119.01亿米^{3}减少至2018年的85.07亿米^3，减少了33.94亿米^3，下降幅度为28.52%；水田用水总量相对较少，且呈现大幅下降趋势，由2001年的23.05亿米^{3}减少至2018年的9.39亿米^3，减少了13.66亿米^3，下降幅度为59.26%；菜地用水总量由2001年的11.54亿米^3，到2018年为19.40亿米^3，自2007年以来呈现逐年下降的额趋势（图3-5）。由此可见，近20年河北省农业用水量的下降主要来自于水浇地用水量的减少。

在水浇地粮食作物种植中，小麦和玉米是用水量最大的作物。2018年，河北省小麦播种面积235.72万公顷（3 535.8万亩），全生育期需要灌溉3~4次，亩平均灌溉用量160米^{3}左右，总用水量约56.57亿米^3，占农业用水量的51.48%；蔬菜播种面积78.76万公顷（1 181.4万亩），每亩平均灌溉用水量200米^{3}左右，总用水量23.63亿米^3，占农业用水量的21.50%。玉米播种面积343.77万公顷（5 156.55万亩），亩平均灌溉量40米^3，总用水量为20.63亿米^3，占农业用水量的18.78%；马铃薯种植面积16.31万公

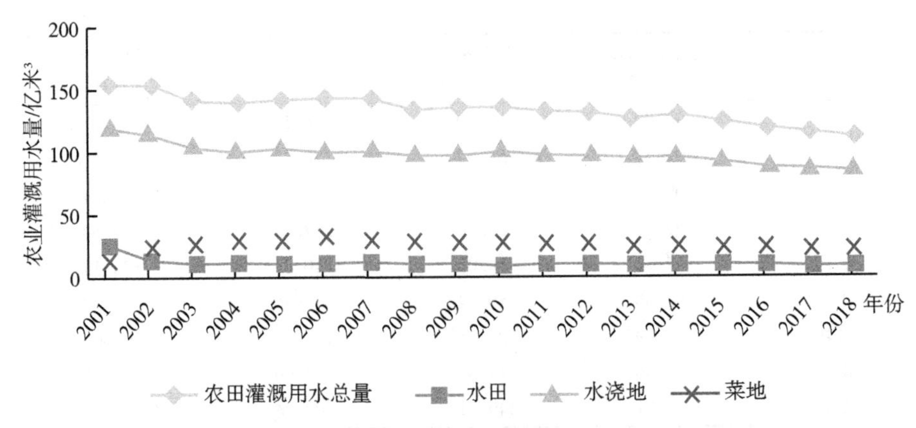

图 3-5 河北省农业灌溉用水量变化

（资料来源：根据《河北农村统计年鉴》2001—2019 年相关数据整理而得）

顷（244.65 万亩），亩平均灌溉量为 110 米³，总用水量为 2.69 亿米³；棉花种植面积 21.04 万公顷（315.6 万亩），亩平均灌溉量为 105 米³，总用水量 3.31 亿米³；高粱种植面积为 0.98 万公顷（14.7 万亩），亩平均灌溉量为 45 米³，总用水量为 0.066 亿米³；谷子种植面积为 11.84 万公顷（177.6 万亩），亩平均灌溉量为 45 米³，总用水量为 0.79 亿米³；大豆种植面积 8.76 万公顷（13.14 万亩），亩平均灌溉量为 40 米³，总用水量为 0.53 亿米³；花生种植面积 25.81 万公顷（387.15 万亩），亩平均灌溉量为 60 米³，总用水量为 2.32 亿米³。除小麦、玉米和蔬菜外，其他作物用水量占比 8%~9%。

由图 3-6 可知，河北省水资源利用的主要驱动因素是农业用水（66.38%），其次是生活用水（12.51%）和工业用水（10.46%），而农业用水的主要来源是种植业用水和林、牧、渔、畜用水，种植业用水的驱动作用为 60.23%。在种植业中，小麦、玉米和蔬菜是主要作物构成，其对河北省用水的驱动作用分别为 30.01%、11.31% 和 12.95%，均高于工业用水对河北省水资源需求的驱动。除小麦、玉米和蔬菜以外的其他作物对农业用水的驱动总和为 4.96%，也高于城镇公共用水对河北省水需求的驱动。

3.3 河北省农业用水压力分析

河北省水资源由地表水、地下水和外调水组成，目前全省可以利用的

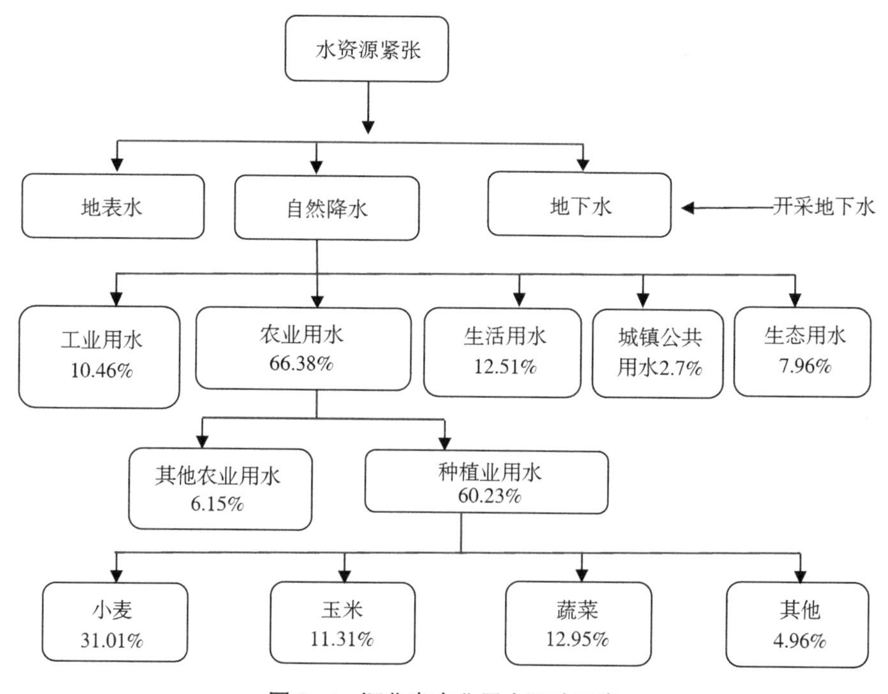

图 3-6 河北省农业用水驱动因素

地表水量 44 亿米³，地下水可开采量为 95 亿米³，2019 年南水北调中线引水量 22.4 亿米³，引黄水量 10.5 亿米³。河北省水资源紧张主要是因为供给压力太大，不得不通过开采地下水以满足水资源的需求。近些年来，河北省降水量年际确定性大、地表水资源量受限，加剧了地下水开采，水资源供给和需求的不匹配，给农业用水带来巨大的压力。

3.3.1 河北省降水量年际变化大

根据河北省 15 个代表站降水量统计，2001—2018 年河北省平均降水量为 496 毫米，年际间变化较大，多水年份与少水年份降水量相差悬殊。2012 年是降水量最大的年份，达到 606.4 毫米，2002 年降水量最小为 390 毫米，相差 216.4 毫米；从降水量的增长率可以看出，近二十年的降水量波动趋势非常明显，2001—2018 年河北省降水量最高增长率为 43.36%，最低增长率为-23.16%，见图 3-7。河北省不同地域间的降水量也有很大差距，河北省地处华北地区东南部，全省地貌类型多样，各个地区降水量有较大不同。坝上高原区降水稀少，冀北山区雨量较多，太行山区和冀东低山丘陵区夏季暴雨多，平原地区冬春季少雨、夏季降水集中，滨海地区降水量较大。

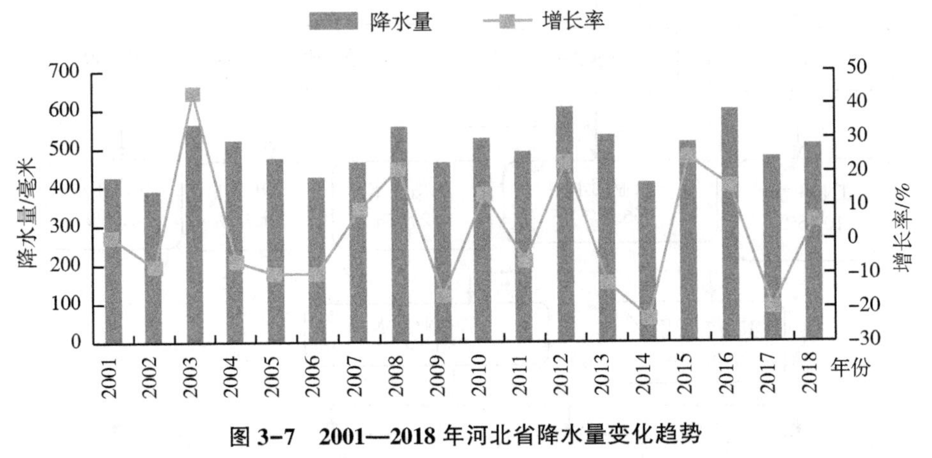

图 3-7　2001—2018 年河北省降水量变化趋势

（资料来源：根据《河北省水资源公报》2001—2018 年相关数据整理而得）

2018 年全省平均降水量 507.6 毫米，比多年平均值多 11.6 毫米，属偏丰年份。降水量年内分配不均匀，全年降水量的 80%集中在 6—9 月；降水量各地不均，2018 年全省降水量地区分布趋势是太行山迎风区、燕山迎风区降水量较多，张家口坝上地区北部及张家口东部、承德西南部、京津以南平原区中部、邯郸南部降水量较少。各市年降水量以唐山市 648.9 毫米为最大，张家口 421.1 毫米为最小，与多年平均值相比，衡水区为偏枯，其余各市为平水。

天然降水是水资源和农业用水得到主要来源，也是影响水资源年际间不断变化的主要因素之一。2001—2018 年的月降水资料显示，水资源和天然降水量具有较强的正相关关系（图 3-8），降水量较多的年份，地表水资源和地下水资源量也会随之上升，2012 年，河北省降水量达到最大，地表水资源量和地下水资源量达到较高水平；降水量偏少的年份，也会使得地表水和地下水资源总量下降，2002 年降水量和总的水资源量达到最低，因此，天然降水是地表水资源和地下水资源的主要补给来源。

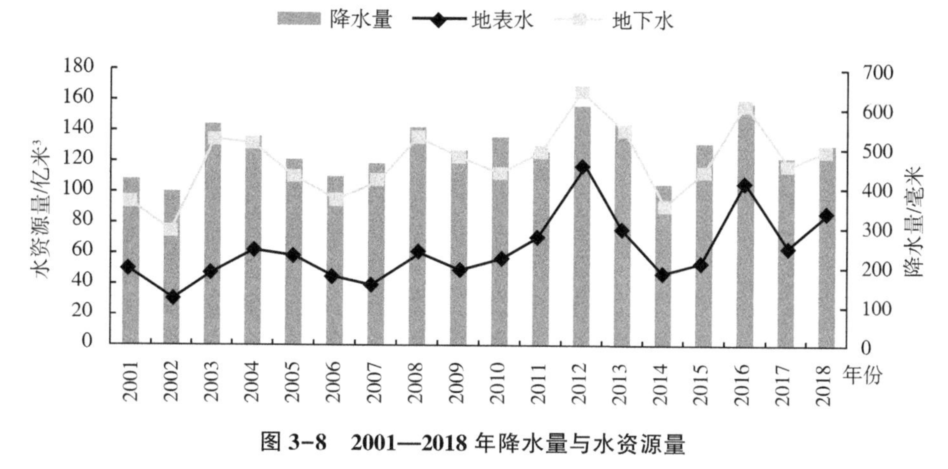

图 3-8 2001—2018 年降水量与水资源量

（资料来源：根据《河北省水资源公报》2001—2018 年相关数据整理而得）

3.3.2 地表水资源有限

地表水资源是指地表水中可以逐年更新的淡水量，包括河流、湖泊、冰川等水体的地表水量，通常用还原后的天然河川径流量表示数量。河北省河流分属海（滦）河、辽河、西北诸河（内陆河）流域。按照河川径流循环形式，可分直接入海的外流河和不与海洋连接的内陆河两大类型。海河、滦河、辽河等属外流河，坝上地区的安固里河等属内陆河。滦河（包括冀东沿海诸河）地处河北省东北部，省内流域面积 45 870 千米^2，占全省总面积的 24.4%。海河由潮白蓟运河、北运河、永定河、大清河、子牙河及南运河等六大河系组成，省内流域面积 12 5754 千米^2，占全省总面积的 67.0%。辽河在河北省境内面积 4 413 千米^2，占全省总面积的 2.4%。内陆河位于河北省坝上高原，省内流域面积 11 656 千米^2，占全省总面积的 6.2%。

2018 年河北省地表水资源量 85.32 亿米^3，比多年平均值少 34.85 亿米^3。其中承德地表水最为丰富，为 28.7 亿米^3，其次为唐山市、秦皇岛市和保定市，地表水资源量为 11.18 亿米^3、10.37 亿米^3 和 9.75 亿米^3，地表水资源量最少的为衡水市和廊坊市，分别为 0.08 亿米^3 和 0.88 亿米^3。各市地表水资源量与多年平均值相比均有不同程度减少，其中邢台市接近多年平均值，衡水市减少 89.0%，减少量为最多。

河北省与全国其他省份的地表水资源量相比，地表水资源贫乏（图 3-9），河北省地表水资源量高于山西（81.3 亿米^3）、上海（32 亿米^3）、北京（14.3 亿米^3）、宁夏（12 亿米^3）和天津（11.8 亿米^3），低于其他省份，相当于全国地表水资源量平均水平（817.8 亿米^3）的 10%，相当于西藏地区（4 658.2 亿米^3）的 1.8%。河北省地表水资源的短缺成为河北省水资源贫乏的一个重要原因。

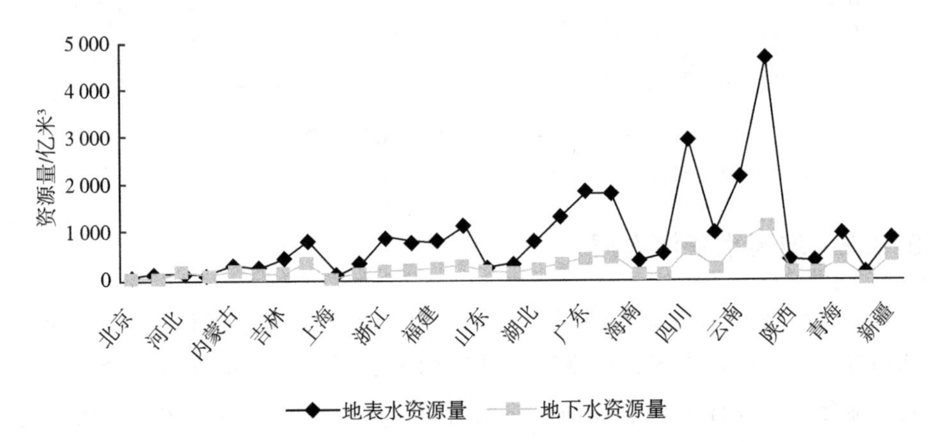

图 3-9　2018 年河北省与其他省份地表水资源量对比

（资料来源：根据《中国水资源公报》2018 年相关数据整理而得）

3.3.3　地下水资源开采严重

地下水资源量是指存在于地下可以为人类所利用的水资源，地下水资源主要是由于大气降水的直接入渗和地表水渗透到地下形成的。一个地区的地下水资源丰富与否跟地下水所能获得的补给量与可开采的储存量有关。在雨量充沛的地方，在适宜的地质条件下，地下水能获得大量的入渗补给，则地下水资源丰富；在干旱地区，雨量稀少，地下水资源相对贫乏。

2018 年河北省拥有地下水资源量 124.41 亿米^3，其中保定市地下水资源量 20.13 亿米^3 为最大，占全省地下水资源量的 16.2%。从水资源变化情况来看，平原区地下水资源量比多年平均值多 6.99 亿米^3，山区地下水资源量比多年平均值少 3.77 亿米^3。各市平原区地下水资源量与多年平均值相比，秦皇岛和衡水分别偏多 13.1%和 8.7%，邯郸、邢台分别偏少 15.3%和 9.8%。各市山区地下水资源量与多年平均值相比，邯郸市地下水资源量偏少 41.3%，秦皇岛和承德分别偏多 16.6%和 15.4%。

河北省地下水开采开始于中华人民共和国成立初期，在 20 世纪 50 年代至 70 年代地下水开采量处于采补平衡状态，到了 20 世纪 80 年代，随着农业生产对水资源需求的增加，以及开采技术的提高，全省地下水开采量逐年增加，出现地下水超采情况。地下水开采量从 50 年代平均 28 亿米^3，增加到 2001—2018 年平均 150 亿米^3；除了浅层地下水开采，深层承压水也逐渐被开采，到最近 10 年已平均超过 25 亿米^3。

2001—2018 年，河北省地下水开发利用率平均为 125%，整体处于超采状态，尤其是 2001—2011 年地下水开采严重，地下水开发利用率达到 150%。2012 以后，各行业节水意识增强，地下水开采量逐渐下降趋势，到 2018 年河北省地下水年开采量为 106.15 亿米^3，开采量是 2001 年的 62.08%（图 3-10）。

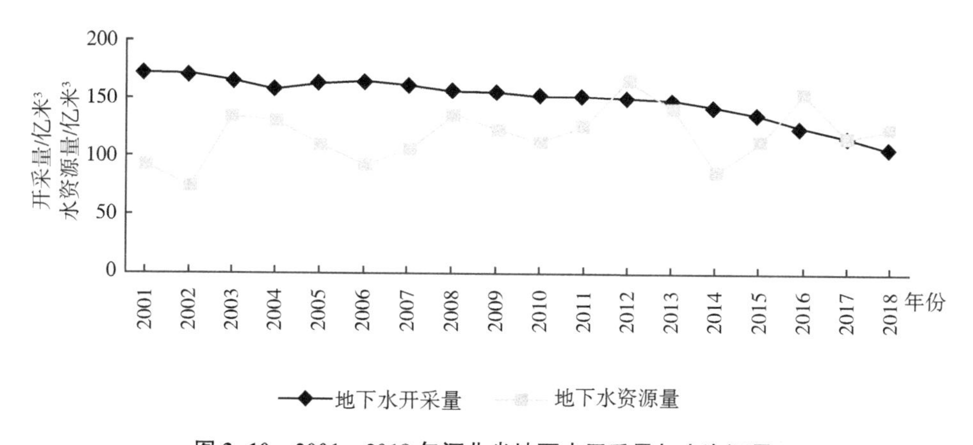

图 3-10 2001—2018 年河北省地下水开采量与水资源量

（资料来源：根据《河北省水资源公报》2001—2018 年相关数据整理而得）

3.3.4 农业水污染偏高

农业灰水足迹农作物在生长过程中，除了由植物吸收利用的化肥、农药外，部分残余伴随着灌溉和降雨进入水体，产生污染。在我国，化肥施用以氮、磷、钾肥和复合肥料为主。磷能和其他矿物质反应生成不容易溶解的化合物，所以磷不容易流动，钾在土壤中的流动性介于磷和氮之间，但是由于钾离子能被土壤胶体离子，吸引以至于钾不容易被过滤。氮很容易污染地下水和地表水，并且会形成对人体极其不利的亚硝酸根离子[161]。考虑以上因素，本章在测算农业灰水足迹时选取氮肥作为水污染物，具体计算公式为：

$$WF_{grey} = \frac{\alpha Appl}{C_{\max} - C_{nat}} \tag{3-1}$$

式中，WF_{grey} 为农业灰水足迹；α 为氮肥的淋失率；$Appl$ 为氮肥施用量；复合肥料中氮、磷的比重参考中国农业科学院土壤肥料研究所主编的《中国肥料》提出的复合肥料中氮磷钾的合理配比 1：0.5：0.4 确定[162]。$C_{\max}$ 为污染物标准浓度，C_{nat} 为收纳水体本底浓度。综合考虑《第一次全国污染源普查—农业污染源肥料流失系数手册》和《华北地区主要粮食作物生长水足迹及适水种植研究》（张瑀桐）将氮元素淋失率确定为 12%[163]；$C_{\max}$ 值根据《地表水环境质量标准》（GB 3838—2002）中的Ⅲ 类水标准确定为 0.01 千克/米^3；C_{nat} 值通常设定为 0[164-167]。

2001—2018 年，河北省农业灰水足迹计算如图 3-11 所示，2001—2007 年河北省农业种植业灰水足迹呈快速上升趋势，由 2001 年的 217.96×10^{8}米^{3}上升至 2007 年的 239.44×10^{8}米^3，2007—2014 年呈现平缓上升趋势，2014 年达到最大值为 250.25×10^8 米^3，2014 年以后灰水足迹逐渐下降，到 2018 年河北省农业种植业灰水足迹为 232.11×10^{8}米^3。总体来看，河北省灰水足迹普遍偏高，只是近几年来出现下降的趋势。

从各市的灰水足迹看，石家庄和保定灰水足迹最高，2001—2018 年平均值为 38.82×10^{8}米^3 和 34.81×10^{8}米^3；邯郸、唐山、邢台、沧州和衡水灰水足迹也处于较高水平，平均值分别为 30.46×10^8 米^3、29.83×10^{8}米^3、23.54×10^{8}米^3、23.10×10^{8}米^3 和 17.45×10^{8}米^3；廊坊、秦皇岛、承德和张家口的灰水足迹最低，平均值分别为 13.89×10^{8}米^3、9.72×10^{8}米^3、8.11×10^{8}米^3 和 7.47×10^{8}米^3（图 3-12）。

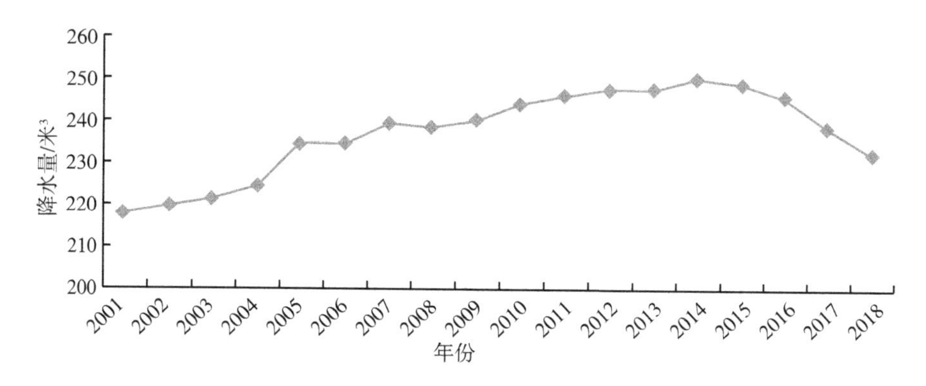

图 3-11 河北省灰水足迹变化

（资料来源：根据《河北农村统计年鉴》2001—2019 年相关数据计算所得）

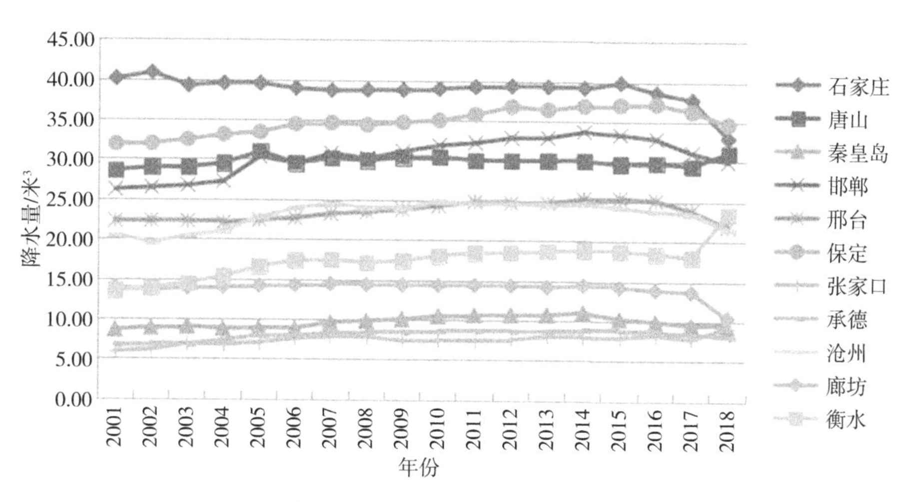

图 3-12 河北省各市灰水足迹

（资料来源：根据《河北农村统计年鉴》2001—2019 年相关数据计算所得）

3.4 河北省农业用水状态分析

3.4.1 水资源供求不平衡

水资源总量是地表水和地下水的总和，但由于地表水和地下水之间具有一定的联系，地表水和地下水可以相互转化，存在重复计算的部分。具体包括天然河川径流量中地下水排泄量和地下水补给量中来源于地表水的入渗补给部分，因此要扣除掉这部分水量来计算水资源总量。

从20世纪80年代以来，河北省水资源呈现衰减趋势，特别是近十年水资源总量减少了近1/4。随着经济社会发展，用水量还要增加，水资源缺口将越来越大。2018年河北省水资源总量为164.04亿米^3，占全国水资源量的0.6%（27 462.5亿米^3），与其他省份水资源总量相比，仅仅高于宁夏（14.7亿米^3）、天津（17.6亿米^3）、北京（35.5亿米^3）、上海（38.7亿米^3）和山西（121.9亿米^3），在全国排倒数第6位。从各行政区水资源量看，承德水资源总量最为丰富，地表水资源量28.70亿米^3，地下水资源量16.22亿米^3，保定、石家庄、唐山、张家口和秦皇岛水资源量相对丰富，水资源最为短缺的地区是衡水、廊坊、邯郸、沧州和邢台，其中衡水地表水资源量为0.08亿米^3，地下水资源量5.24亿米^3，扣除地表水和地下水资源的重复计算量，水资源总量只有4.89亿米^3（表3-2）。

表3-2　2018年河北省行政分区水资源总量　（亿米^3）

行政分区	计算面积（千米^2）	年降水量	地表水资源量	地下水资源量	水资源总量	总用水量
邯郸市	12 047	59.56	2.27	7.7	7.85	0.13
邢台市	12 456	66.24	5.42	10.26	12.46	0.19
石家庄市	13 126	60.71	6.04	13.85	15	0.25
保定市	20 838	99.06	9.75	20.13	22.42	0.23
衡水市	8 815	38.81	0.08	5.24	4.89	0.13
沧州市	14 056	79.21	3.31	5.56	8.7	0.11
廊坊市	6 429	33.39	0.88	5.54	6.33	0.19
唐山市	13 385	86.86	11.18	15.07	21.55	0.25
秦皇岛市	7 750	48.37	10.37	8.78	14.56	0.3
张家口市	36 965	155.66	6.95	12.19	14.91	0.10
承德市	39 601	207.64	28.70	16.22	31.74	0.15
定州市	1 274	5.61	0.01	1.04	1.05	0.19
辛集市	951	4.24	0	0.87	0.62	0.15
雄安新区	1 770	7.44	0	1.96	1.96	0.26
全　省	187 693	952.8	85.32	124.41	164.04	0.17

资料来源：根据《河北省水资源公报》2018年相关数据整理而得。

从人均水资源量来看，2001—2018 年河北省人均平均水资源量为 204.07 米³，2001 年人均水资源量为 164.60 米³，2012 年人均水资源达到最大 323.20 米³，2018 年人均水资源量下降为 217.09 米³。2018 年全国人均水资源 2 007.57 米³，河北省人均水资源量是全国的 1/10。从河北省各个地区的人均水资源情况看，承德人均水资源量平均值最大，为 556.07 米³，是河北省唯一脱离“极度缺水标准”的地区；邯郸、衡水、沧州、廊坊和邢台人均水资源量较低，分别为 114.48 米³、131.64 米³、132.12 米³、141.94 米³ 和 148.18 米³。

从河北省拥有的水资源总量和用水量来看，除了 2012 年和 2016 年个别年份外，2001—2018 年大部分年份河北省用水需求量都超过了水资源总量，出现供不应求的状态，但这种趋势在逐渐缩小（图 3-13）。

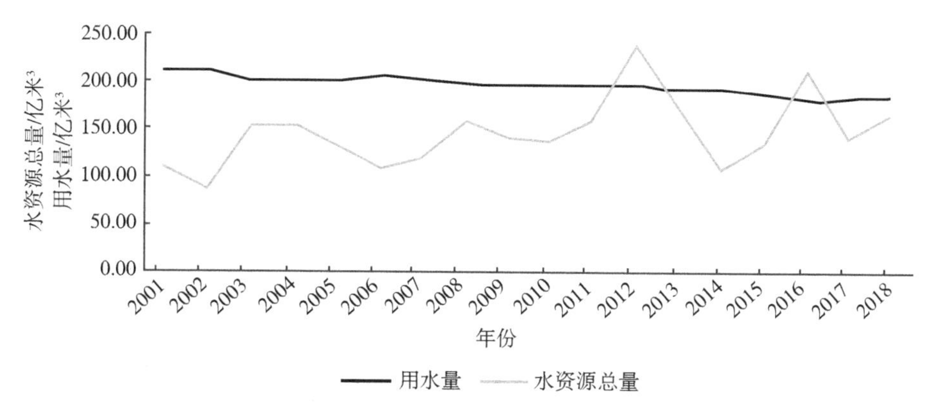

图 3-13 2001—2018 年河北省水量供求状态

（资料来源：根据《河北农村统计年鉴》2001—2019 年相关数据整理而得）

3.4.2 水分生产力偏低

农业水分生产力（Water productivity）是指从作物、森林、渔业和畜牧业，以及混合农业体系中获得的净收益与取得这些收益所需要的水量之比。水分生产力包括物质水分生产力和经济水分生产力，物质水分生产力是指农业产出量和用水的比例；经济水分生产力是指每单位用水所产生的经济价值[168]。

农作物的水分生产力主要是指在一定的作物品种和耕作栽培条件下单位水资源量所获得的产量或产值，单位为千克/米^3 或元/米^3。2018 年河北省主要作物的经济水分生产力看，水果的水分生产力最高为 39. 88 元/米^3，油料作物花生的水分生产力为 15. 99 元/米^3，蔬菜的水分生产力为 14. 54 元/米^3，粮食的水分生产力为 12. 61 元/米^3，棉花的水分生产力为 11. 28 元/米^3。作为种植面积占比 79. 75%的粮食来说，水分生产力偏低，影响了河北省整体用水效率。选取小麦、玉米、谷子、高粱、大豆和马铃薯等主要粮食作物进行对比，水分生产力的排名为谷子>大豆>马铃薯>玉米>小麦，小麦用水量占农作物用水量的 50%，但水分生产力是最低的（图 3-14）。

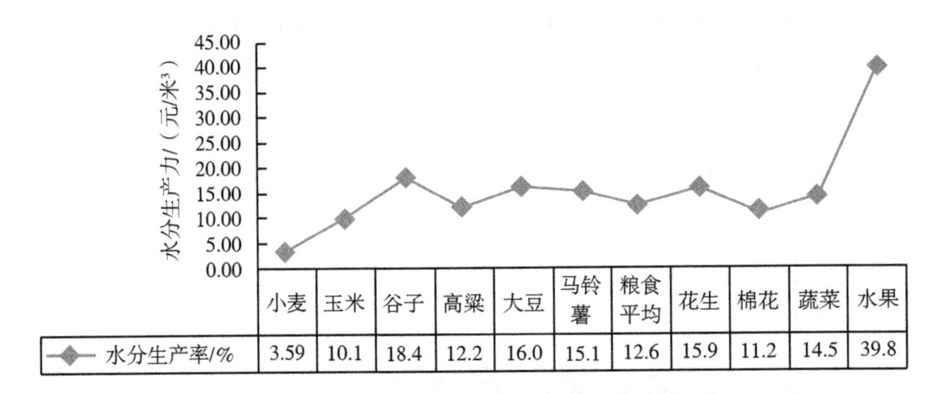

图 3-14　2018 年河北省主要作物的水分生产力

（资料来源：根据《河北农村统计年鉴》2019 年相关数据计算整理而得）

水分生产力在一定程度上反映了水量的投入产出效率，也是节水灌溉与高效农业发展的重要指标之一。农业所需要的水量的多少将主要依赖于水分生产力的提高，只有不断提高水分生产力，才能在水资源短缺的情况下，保障粮食安全，满足日益增长的、日益富裕的人口的增长的需求。从总体来看，河北省主要作物的经济水分生产力偏低，提高水分生产力的最重要途径就是提高蒸散量的水分生产力，目前对于部分作物（小麦、玉米）的收获指数的提高潜力已经发挥了一定程度，但高粱和小米这类作物的收货指数还存在更大的潜力，通过育种、有针对性地提高作物的生长活力以减少蒸发量、增加对干旱、病害或盐分的抵抗能力等方式都能有效地提高单位蒸散量的水分生产力。

3.4.3 农业用水强度较大

（1）万元农业产值耗水量

本章利用万元农业生产总值的耗水量表示农业用水强度，万元农业产值耗水量越大，说明用水强大越大。万元农业生产总值的耗水量的计算公式为：

$$I_W = \frac{C_W}{V_W} \tag{3-2}$$

式中，I_W 表示农业用水强度，C_W 表示农业耗水量，V_W 表示农业产值。2001—2018 年，万元农业产值的耗水量呈现显著下降趋势：2001 年万元农业产值耗水量为 1 707.86 米^3，2018 年万元农业产值耗水量为 356.04 米^3，降幅达到 78.63%。充分说明河北省农业用水强度在下降，这是农业产值的增加和农业用水量的减少共同作用的结果。与全国万元农业产值耗水量相比，2003—2005 年，河北省万元农业产值耗水量高于全国水平，2007—2014 年河北省万元产值耗水量与全国平均水平相当，其他年份河北省万元农业产值耗水量低于全国水平（图 3-15）。

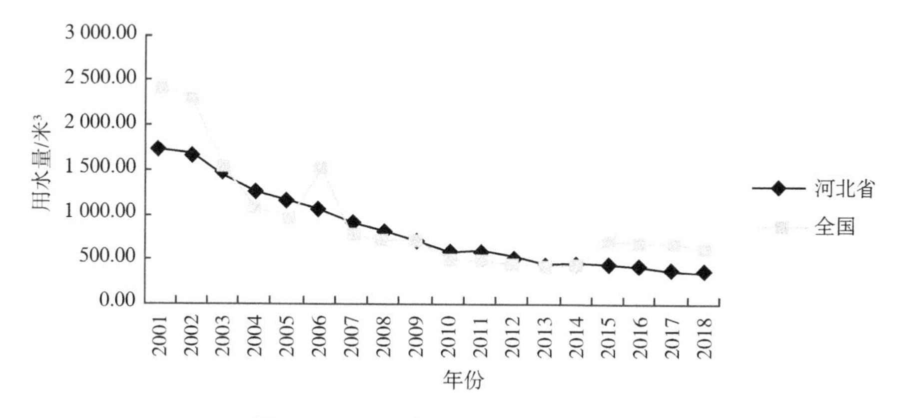

图 3-15　河北省万元农业产值用水量

（资料来源：根据《河北农村统计年鉴》2001—2019 年相关数据整理而得）

从各市的万元农业产值用水量来看，2018 年承德、廊坊和秦皇岛的万元产值用水量最低，分别为 186 米^3/万元、230 米^3/万元和 261 米^3/万元；

衡水、石家庄、邢台、邯郸和保定万元产值用水量偏高，分别为 523 米^3/万元、467 米^3/万元、398 米^3/万元、393 米^3/万元和 374 米^3/万元；张家口、沧州和唐山的万元产值用水量处于中等水平，分别为 328 米^3/万元和 324 米^3/万元。从变化趋势看，承德地区万元产值用水量变化最大，2001—2018 年，万元产值用水量降低了 92.39%，其次是张家口和秦皇岛，万元产值用水量降低了 87.50%和 83.32%；保定、邢台、廊坊和石家庄的万元产值用水量下降了 76.75%、75.94%、73.15%、70.41%；邯郸、衡水、唐山和沧州是河北省万元产值用水量下降幅度相对偏小的地区，分别下降了 64.56%、65.80%、66.27%和 66.86%（表 3-3）。

表 3-3　2001—2018 年河北省各地市万元产值用水量　（米^3/万元）

年份	石家庄	唐山	秦皇岛	邯郸	邢台	保定	张家口	承德	沧州	廊坊	衡水
2001	1 578	961	1 562	1 110	1 656	1 607	2 625	2 449	978	858	1 528
2002	1 741	1 278	2 419	1 329	1 909	1 982	2 403	3 322	1 388	1 008	1 738
2003	1 375	1 039	1 758	1 120	1 521	1 741	1 828	2 942	977	889	1 521
2004	1 131	991	1 411	934	1 364	1 386	1 430	2 163	765	691	1 372
2005	1 104	988	1 381	795	1 203	1 256	1 336	1 373	676	649	1 312
2006	1 125	983	1 358	744	1 140	1 131	1 172	1 211	653	623	1 260
2007	860	751	1 005	656	953	1 014	1 155	861	531	511	1 230
2008	751	636	862	561	870	921	843	724	442	458	1 027
2009	713	616	696	504	849	829	806	674	409	409	969
2010	596	434	542	405	694	683	594	514	356	336	757
2011	546	354	511	374	563	635	519	383	306	306	687
2012	481	302	455	371	508	571	414	348	287	258	581
2013	431	294	361	322	427	502	311	267	262	241	493
2014	440	318	355	351	425	481	299	250	283	241	511
2015	401	279	338	335	396	451	295	239	282	232	538
2016	590	383	291	456	455	562	324	270	363	256	611
2017	551	381	257	412	400	503	338	242	354	233	533
2018	467	324	261	393	398	374	328	186	324	230	523

资料来源：根据《河北农村统计年鉴》2001—2019 年相关数据整理而得。

（2）亩均用水量

亩均用水量是农业用水强度的另外一个重要指标，是指亩有效灌溉面积的农田用水量，计算公式为：

$$I_W = \frac{Q_W}{S_E} \tag{3-3}$$

式中，I_W 表示农业用水强度，Q_W 表示农业用水量，S_E 表示有效灌溉面积。

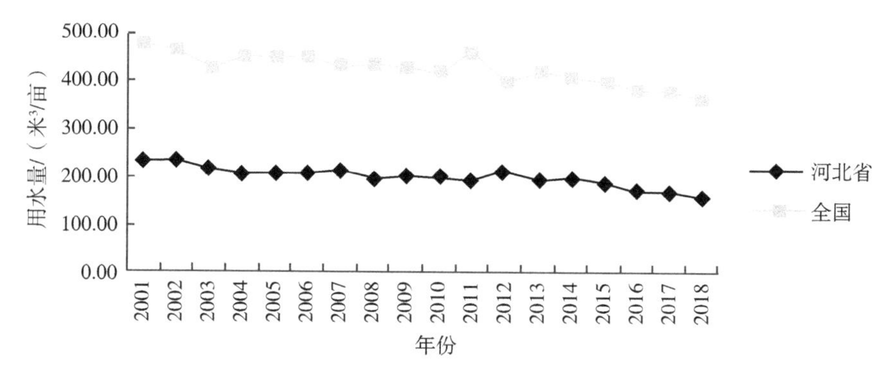

图 3-16　河北省亩均用水量

（资料来源：根据《河北农村统计年鉴》2001—2019 年相关数据整理而得）

2001—2018 年，河北省亩均用水量有较大幅度的下降，从 228.3 米³/亩下降到 2018 年的 162.95 米³/亩，下降幅度达到 65.35 米³/亩。与全国亩均用水量相比，河北省亩均用水量低于全国亩均用水量，用水强度大低于全国平均水平，2001 年全国亩均用水量是河北省的 2.09 倍，2018 年全国亩均用水量是河北省的 2.24 倍。

3.4.4　不同作物水足迹差异大

种植业水足迹是指作物的生产水足迹，即作物在生长过程中所消耗的水资源量，按来源不同可分为蓝水足迹和绿水足迹。蓝水足迹是指农作物生产过程中消耗的淡水水体的水资源量，主要是指农田灌溉用水量；绿水足迹是指农作物生产过程中所蒸发的储存在土壤中的雨水的水资源量；此外，作物生长过程中还会使用肥料和农药，因此造成水质的污染，为了使水质达标而用来稀释化肥和农药的水资源称为灰水。WF 为作物生产水足迹（米³/千克），WF_{green} 为作物生产绿水足迹（米³/千克），WF_{blue} 为作物生产蓝水足迹（米³/千克），WF_{grey} 为作物生产绿水足迹（米³/千克）。计算公式为：

$$WF = WF_{green} + WF_{blue} + WF_{grey} \tag{3-4}$$

（1）蓝水足迹

蓝水足迹由蓝水量决定，一般以灌溉用水表示，WF_{blue} 为作物生长蓝水足迹（米³/千克），CWU_{blue} 为作物生长过程中蓝水量，即灌溉水量（米³/公顷），Y 为每公顷作物产量（千克/公顷），计算公式为：

$$WF_{blue} = \frac{CWU_{blue}}{Y} \tag{3-5}$$

河北省主要农作物粮食、蔬菜和水果的蓝水足迹如图 3-16，主要作物的蓝水足迹的大小为：粮食作物>水果>蔬菜，2018 年粮食作物的蓝水足迹为 0.205 米³/千克，水果的蓝水足迹为 0.09 米³/千克，蔬菜的蓝水足迹为 0.06 米³/千克。从变化趋势上看，2001—2018 年，水果蓝水足迹下降幅度最大，下降了 64.16%，其次为粮食作物，蓝水足迹下降了 43.37%，蔬菜蓝水足迹相对变化不大，下降了 14.44%（图 3-17）。

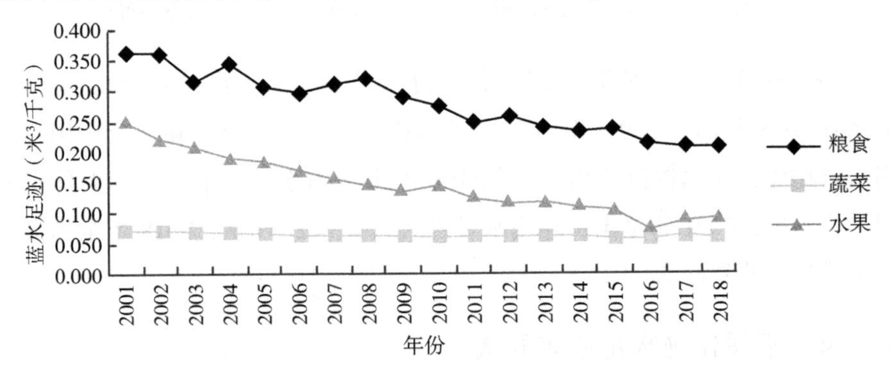

图 3-17　河北省大类作物的蓝水足迹

（资料来源：根据《河北农村统计年鉴》2001—2019 年相关数据整理而得）

（2）绿水足迹

绿水足迹由绿水量决定，作物绿水量即作物生长过程中所利用的有效降雨，WF_{green} 为作物绿水生长足迹（米³/千克），CWU_{green} 为作物生长过程中所需的绿水量，即有效降水量（米³/公顷），Y 为每公顷作物产量（千克/公顷）公式为：

$$WF_{green} = \frac{CWU_{green}}{Y} \tag{3-6}$$

有效降水量是指降水储存在土壤中可供作物生长有效利用的那部分降水量。本研究中的有效降水量采用 CROPWAT 模型中推荐的美国农业部土壤保持局（USDA-SCS）提出的计算方法，公式为：

$$P_{emonth} = \begin{cases} P_{month}(125 - 0.2P_{month})/125, & P_{dec} \leq 250mm \\ 125 + 0.1P_{month} & P_{month} > 250mm \end{cases} \tag{3-7}$$

式中，P_{month} 为月降水量（毫米），P_{emonth} 为月有效降水量。

河北省主要农作物粮食、蔬菜和水果的蓝水足迹如图 3-8 所示，主要作物的绿水足迹的大小为：粮食作物的>水果>蔬菜，2018 年粮食作物的绿水足迹为 0.725 米³/千克，水果的绿水足迹为 0.188 米³/千克，蔬菜的绿水足迹为 0.035 米³/千克。从变化趋势上看，2001—2018 年，水果蓝水足迹下降幅度最大，下降了 54.86%，其次为粮食作物，蓝水足迹下降了 24.33%，蔬菜蓝水足迹相对变化不大，下降了 16.85%（图 3-18）。

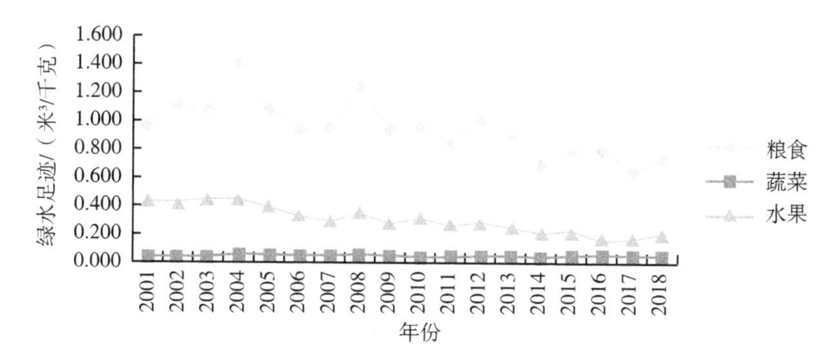

图 3-18　河北省大类作物的绿水足迹

（资料来源：根据《河北农村统计年鉴》2001—2019 年相关数据整理而得）

（3）灰水足迹

本部分灰水足迹是指具体作物的灰水足迹，WF_{grey} 为作物灰水生长足迹（米³/千克），CWU_{grey} 为作物生长过程中的灰水量（米³/公顷），Y 为每公顷作物产量（千克/公顷）公式如下：

$$WF_{grey} = \frac{CWU_{grey}}{Y} \tag{3-8}$$

河北省主要农作物粮食、蔬菜和水果的灰水足迹如图 3-19 所示，其中粮食作物以小麦、玉米作为代表进行分析，每亩主要作物的灰水足迹的大小为：蔬菜>水果>粮食，但由于粮食亩产量偏低，所以折合成每千克的灰水量大小为：粮食>蔬菜>水果。2018 年粮食作物的灰水足迹为 0. 044 米^3/千克，水果的灰水足迹为 0. 013 米^3/千克，蔬菜的灰水足迹为 0. 012 5 米^3/千克。从变化趋势上看，2001—2018 年，蔬菜灰水足迹波动幅度最大，下降幅度为 29. 57%；粮食作物灰水足迹变化相对平缓，下降了 13. 48%，水果灰水足迹虽然下降了 6. 09%，但年际间波动较大。

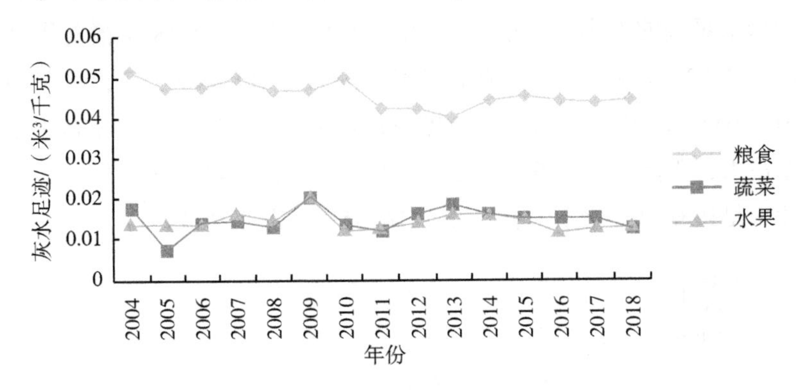

图 3-19　河北省大类作物的灰水足迹

（资料来源：根据《河北农村统计年鉴》2001—2019 年相关数据计算所得）

3. 4. 5　农田灌溉水有效利用系数较高

灌溉水利用系数是指在一次灌水期间被农作物利用的净水量与水源渠首处总引进水量的比值。它是衡量灌区从水源引水到田间用水的过程中利用程度的一个重要指标，也是集中反映灌溉工程质量、灌溉技术水平和灌溉用水管理的一项综合指标。农业灌溉用水除一部分被农作物吸收利用外，其余部分在输水、配水和灌水过程中损失掉[169]。

从全国来看，2011 年农田灌溉水利用系数为 0. 51，2019 年农田灌溉水利用系数为 0. 559（图 3-20），增长了 9. 6%，年均增长 1. 06%。河北省农田灌溉水有效利用系数增幅快于全国水平，2019 年农田灌溉用水有效利用系数提高到 0. 674，除略低于北京、天津和上海三个直辖市外，在省（区）中排名第一。河北省用全国 0. 6%的水资源量生产了全国 5. 6%的粮食，养活了全国 5. 4%的人口，支撑了全国 4. 4%的国内生产总值。

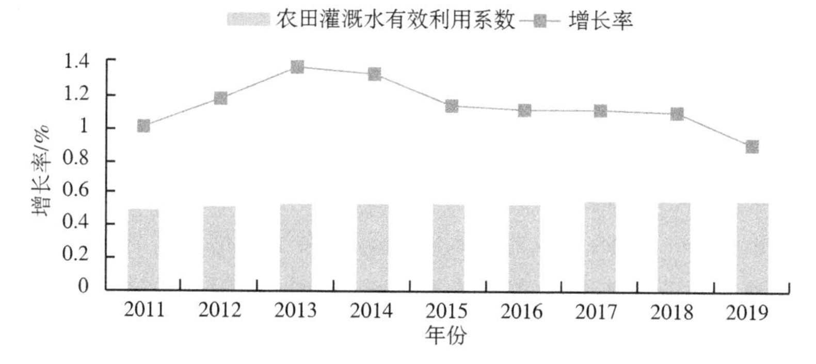

图 3-20　农田灌溉水有效利用系数及增长率

（资料来源：根据《中国农村统计年鉴》2019 年相关数据整理而得）

3.4.6　农业用水存在空间差异

从各市 2001—2018 年农业用水占比看，河北省平均农业用 133.29 亿米^3，用水占比为 68.06%；农业用水平均占比最高的是衡水，农业用水占比为 81.78%；其次为保定、邢台和张家口，用水占比达到 78.79%、75.04%和 69.63%，超过河北省平均水平；邯郸、石家庄、唐山、沧州和承德，农业用水均低于河北省平均水平，分别为 67.17%、66.60%、65.43%、64.75%和 64.02%；农业用水占比相对较低的是廊坊和秦皇岛，农业用水占比也达到了 58.73%和 59.75%（图 3-21）。

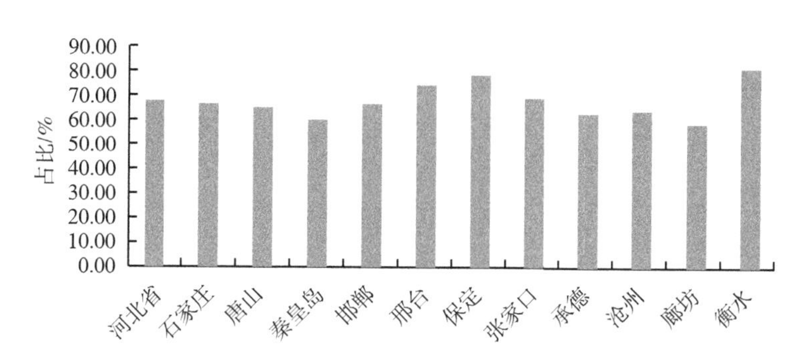

图 3-21　河北省各地市农业用水占比

（资料来源：根据《河北农村统计年鉴》2001—2019 年相关数据整理而得）

从各市2001—2018年农业用水年平均值看，保定和石家庄农业用水总量最高，分别为23.557亿米^{3}和21.594亿米^3，其次是唐山、邢台、衡水和邯郸，年平均农业用水为16.483亿米^3、13.933亿米^3、13.200亿米^{3}和12.762亿米^3，沧州、张家口、承德、廊坊和秦皇岛农业用水量为9.199亿米^3、7.237亿米^3、6.291亿米^3、6.236亿米^{3}和5.450亿米^3。

从各市2001—2018年农业用水结构看，除了承德地区外，其他地区水浇地用水量是农业用水量的主要来源。承德地区水田、水浇地和菜地的占比分别为36.21%、30.30%和33.49%，水田和菜地用水量多于水浇地；邢台水浇地用水比例最高，达到83.48%，菜地和水田的占比为15.99%和0.53%；石家庄地区水浇地、菜地和水田的占比分别为76.01%、22.54%和1.45%，水浇地用水量远高于菜地和水田；沧州、衡水、保定和邯郸用水结构相似，水浇地用水量在70%~75%，水田用水量为2%左右；唐山、廊坊、秦皇岛和承德地区，水浇地用水量相对较低，占比在30%~50%之间。水浇地用水量较大的区域，邢台、石家庄、沧州、衡水、保定和邯郸水资源比较短缺，说明种植结构影响水资源的利用和效率（图3-22）。

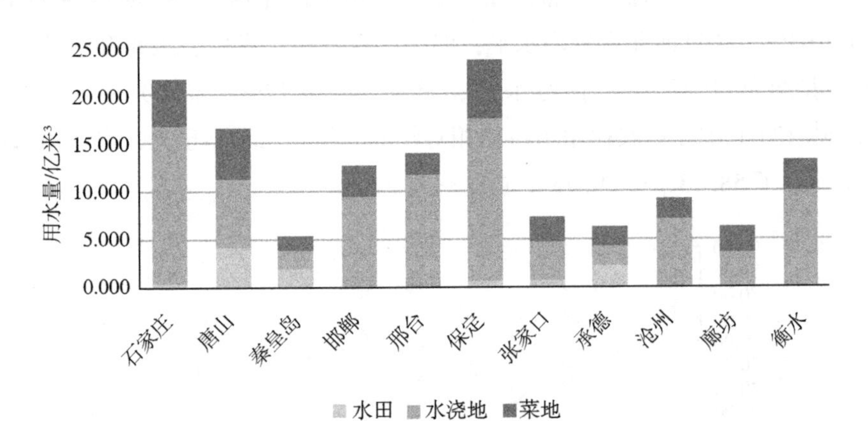

图3-22　河北省各地市农业用水总量及结构

（资料来源：根据《河北农村统计年鉴》2001—2019年相关数据整理而得）

从各市2001—2018年农业用水的来源结构看，保定市平均地下水用水量为21.01亿米^3，占比92%；石家庄平均地下水用水量为17.35亿米^3，占比17.35%；邢台、衡水和唐山平均地下水用水量为10.82亿米^3、10.76亿米^3 和 10.50 亿米^3，占比分别为 78.92%、82.25%和 65.63%；邯郸和沧州平均地下水用水量为 9.80 亿米^3 和 6.88 亿米^3，占比分别为 76.94%和 75.60%；张家口、秦皇岛和承德地下水用水量偏低分别为 4.11 亿米^3、3.63 亿米^3 和 2.41 亿米^3，分别占比为 57.76%、69.31%和 39.43%（图 3-23）。

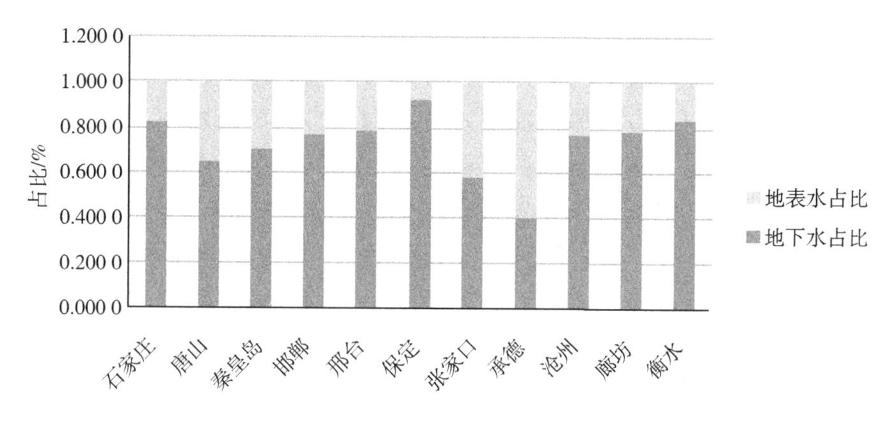

图 3-23　河北省各地市农业用水总量及结构占比

（资料来源：根据《河北农村统计年鉴》2001—2019 年相关数据整理而得）

3.5　河北省农业用水影响分析

3.5.1　地下水超采严重

目前河北省经济社会用水与水资源承载力严重失衡，由于长期大规模开采地下水，导致地下水严重超采，地下水开发利用率高到 150%以上，全省地下水年超采量 59.7 亿米^3，累计亏空来那个达 1 500 亿米^3，占华北地区的 80%，由于长时间的地下水开采，冀中南已形成 3.02 万千米^2 的地下水降落漏斗，涉及石家庄、廊坊、保定、沧州、衡水、邢台、邯郸和雄安新区等地区。漏斗面积超过 250 千米^2 的共 9 个，其中冀枣衡—南宫—沧州漏斗面积最大，达 2.58 万千米^2。长期如此会造成地面沉降、局部塌陷、海水入侵等一系列地质问题。

（1）浅层地下水漏斗

2018 年末，河北省平原区比较大的浅层地下水漏斗有宁柏隆漏斗、高蠡清—肃宁漏斗等。宁柏隆漏斗中心位于宁晋县李家营，漏斗中心埋深81.20米，较上年同期减少0.30米，50米地下水埋深等值线包围漏斗区面积为1 330千米^2。高蠡清—肃宁漏斗为原高蠡清漏斗、肃宁漏斗连通而形成，漏斗中心埋深37.70米，较上年同期减少0.83米，30米地下水埋深等值线包围漏斗区面积为1 160千米^2。

（2）深层地下水漏斗

2018年末，河北省平原区深层地下水漏斗有冀枣衡漏斗、南宫漏斗。冀枣衡漏斗中心位于景县八里庄，漏斗中心埋深103.92米，较上年同期增大1.76米，90米地下水埋深等值线包围漏斗区面积为508千米^2。南宫漏斗中心位于南宫市焦旺，漏斗中心埋深99.20米，较上年同期增长4.80米，90米地下水埋深等值线包围漏斗区面积为664千米^2（表3-4）。

表3-4　2018年河北省平原区地下水漏斗情况

漏斗名称	漏斗性质	漏斗中心位置	漏斗周边埋深/米	漏斗面积/千米^2	漏斗中心深埋/米
宁柏隆	浅	宁晋县李家营	50	1 330	81.82
高蠡清-肃宁	浅	蠡县南鲍墟	30	1 160	37.70
冀枣衡	深	景县八里庄	90	508	103.92
南宫	深	南宫市焦旺	90	664	99.20

资料来源：根据《河北省水资源公报》2018年整理而得。

3.5.2　水资源承载力超载

水资源承载能力是指可预见的时期内在满足合理的河道内生态环境用水和保护生态环境的前提下，水资源承载经济社会的最大负荷，通常选取用水总量指标、地下水开采量指标、水功能区水质达标率控制指标、污染物限排量等作为主要评价指标。

根据河北省水利厅2017年对河北省的水资源承载力评价，从用水总量上分析，全省整体处于超载状态。按照分市统计，其中，衡水处于严重超载状态；石家庄、保定、沧州、廊坊处于超载状态；唐山、邯郸、邢台处于临界状态；张家口、承德、秦皇岛不超载。按照分县统计，其中，有39

个县处于严重超载，占比25%；41个县（市、区）处于超载，占比28%；有28个县（市、区）处于临界状态，占比19%；有41个县（市、区）不超载状态，占比28%。从地下水开采量上分析，全省处于严重超载状态。按照分市统计，其中承德处于不超载状态；秦皇岛、张家口处于超载状态；石家庄、唐山、邯郸、邢台、保定、沧州、廊坊和衡水处于严重超载状态。按照分县统计，共有51个县（市、区）处于不超载状态，占比34%，4个县（市、区）处于超载状态，占比3%；94个县（市、区）处于严重超载状态，占比63%。

根据用水总量承载状况和地下水开采状况评价结果，综合评价各评价单元的水资源水量要素承载状况。评价结果表明，由于地下水超载，造成全省整体处于严重超载状态。按照分市统计，其中承德处于不超载状态；秦皇岛、张家口处于超载状态；石家庄、唐山、邯郸、邢台、保定、沧州、廊坊和衡水处于严重超载状态（表3–5）。

表3–5　河北省地级行政区水量水质承载状况综合评价结果

行政区	水量要素评价	水质评价	水量水质综合评价
石家庄	严重超载	不超载	严重超载
唐山	严重超载	临界状态	严重超载
秦皇岛	超载	严重超载	严重超载
邯郸	严重超载	超载	严重超载
邢台	严重超载	超载	严重超载
保定	严重超载	严重超载	严重超载
张家口	超载	不超载	超载
承德	不超载	不超载	不超载
沧州	严重超载	临界状态	严重超载
廊坊	严重超载	严重超载	严重超载
衡水	严重超载	超载	严重超载
全省	严重超载	不超载	严重超载

资料来源：根据《河北省水资源公报》2018年整理。

从水质要素评价结果看，河北省11个地级市中，保定、廊坊、秦皇岛属于严重超载状态；邯郸、衡水、邢台属于超载状态；沧州、唐山属于临界状态；承德、石家庄、张家口不超载。石家庄 COD 和氨氮入河量超限比分别为 0. 62 和 0. 55，评价等级均为不超载；唐山 COD 和氨氮入河量超限比分别为 0. 2 和 0. 48，评价等级为临界状态；秦皇岛 COD 和氨氮入河量超限比分别为 4. 58 和 16. 36，超过限排量，评价等级也为严重超载。邯郸 COD 和氨氮入河量超限比分别为 1. 22 和 2. 08，评价等级均为超载。邢台 COD 和氨氮入河量均超过限排量，超限比分别为 1. 92 和 1. 86，评价等级均为超载；保定 COD 与氨氮超限排比为 1. 18 和 4. 23，COD 评价等级为临界状态，氨氮评价等级为严重超载。因此，保定综合评价等级为严重超载；张家口 COD 和氨氮入河量均未超 2020 年限排量，超限比分别为 0. 72，0. 31，评价等级均为不超载；承德水功能区达标率指标和 COD、氨氮超限排评价结果均为不超载，超限比为 0. 5 和 0. 71；沧州 COD 和氨氮入河量超限比分别为 0. 26 和 0. 51，评价等级均为不超载；廊坊 COD 和氨氮入河量均超过 2020 年限排量，超限比分别为 3. 1 和 5. 73，评价等级均为严重超载；衡水氨氮、COD 超限排比分别为 0. 71 和 0. 53，评价等级为不超载。

3. 5. 3 粮食生产与生态环境矛盾突显

粮食安全生产问题，从国内供给来看，每年占全国耕地面积约 49%的灌溉面积上生产了全国总量 75%的粮食，以及占全国总量 90%以上的经济作物，主要产粮大省面临着巨大的压力；从供需平衡来看，我国是世界最大粮食进口国，2018 年进口 1. 08 亿吨，仅大豆高达 8 803 万吨，其他谷物 2 046 万吨，美国、加拿大、澳大利亚三国约占我国粮食进口总量的 54%，预计 2030 年前后我国粮食需求 7. 18 亿吨（饲料粮 5. 18 亿吨、口粮 2 亿吨），缺口 1. 18 亿吨。保持谷物基本自给、口粮绝对安全形势严峻。

农业水资源短缺问题严重。首先，农业用水非农化趋势明显。城市化和工业用水需求的增长，将会有更多的水资源从农业中转移出去，对农业用水和农村社区造成更大的压力。其次，各种农业补贴政策可以成为增加农村贫困人口收入和保护环境的有效工具，若运用不得当，这种补贴会扭曲水资源管理的节约初衷，造成更多水资源使用。再次，农业节水效率低下，由于水资源管理不善，农业在当前节水水平下，2025 年和 2050 年农田灌溉缺水量分别为100.9亿米^{3}和136.6亿米^3。最后，农业用水环境可持续性面临空前挑战。区域灌溉用水增加，导致越来越多的河流干涸，地下水位持续下降，土壤侵蚀、污染、盐渍化、养分耗竭和海水入侵造成土地质量和水质的退化，这种状况损害并威胁贫困人口的生计问题和淡水渔业生产问题。

粮食安全生产与农业水资源短缺之间的矛盾日益明显，在错综复杂的国际形势下，粮食安全是国家安全的基本保证，农田水利是国家粮食安全的命脉，在水资源总量有限的情况下，如何提高水资源效率，是当前解决好粮食生产、水资源和生态环境的关键步骤。

3.6 河北省农业用水管理响应

为了治理地下水水超采，提升农业用水效率，河北省实施了季节性休耕政策、旱作雨养政策和冬小麦春灌节水政策，取得了较好效果，2019年，河北省完成200万亩季节性休耕，30万亩旱作雨养已和536万亩小麦节水品种推广。为了更好地了解这些政策的执行情况和农户的响应，2018—2020年先后进行了四次问卷调查，共发放788份问卷，有效问卷729份问卷，有效率为92.51%。

3.6.1 季节性休耕政策

华北地区由于农业由一熟或者是两年三熟改为一年两熟以后，农业生产力度大幅度提高，同时耗水大幅度增加，导致了严重的地下水下降，使华北地区成为世界上面积最大的地下水漏斗。为了减少地下水压采，提高农业用水效率，河北省提出季节性休耕制度，在保障国家粮食安全和不影响农民收入的前提下，在廊坊、保定、衡水、沧州、邢台、邯郸等地下水超采区，大力调整种植结构，提倡耕地休耕，具体是指改冬小麦、夏玉米一年两熟种植，为一季自然休耕，一季雨养种植模式（只种植一季雨热同季的玉米、油料作物、杂粮杂豆等一年一熟作物。鼓励在休耕季种植“二月兰”、黑麦草等绿肥作物，不浇水、不收获、下茬作物播种前粉碎翻耕入田，培肥地力，涵养水分，既减少灌溉用水，又能增肥地力。

为了推进季节性休耕政策，河北省出台一系列列文件，包括：《河北省2016年度耕地季节性休耕制度试点实施方案》《河北省2017年度耕地季节性休耕制度试点实施方案》《河北省2018年度耕地季节性休耕制度试点实施方案》和《河北省2019年度耕地季节性休耕制度试点实施方案》。季节性休耕取得了显著的成效，2014年河北省实施季节性休耕73万亩，2015年实施26万亩，2016年实施82万亩，2017年实施季节性休耕总量达到200万亩，2018年、2019年持续保持年季节性休耕200万亩。通过休耕政策的实施，亩均节水150米^{3}以上，年减少农业灌溉用水3亿米^3。起到了减少农田用水，使耕地休养生息、恢复地力的作用。

从农户的响应来看，实施季节性休耕的农户、家庭农场、农民合作组织等可获得每年每亩500元补助，弥补小麦休耕的机会成本，农户对休耕补偿的满意度较高，并积极配合休耕整的执行。通过调研发现，95.83%的农户出于自愿参与土地休耕，在已经实施休耕的农户中，75%的农户对补偿标准满意，25%的农户表示不满意，但100%的农户愿意继续采用休耕政策。对于那些没有参与休耕的农户来说，65.71%的农户表示愿意休耕，但是村庄并不在政策实施范围之内，另外还有8.95%的农户进行小麦主动休耕行为，但是没有享受到政策补贴，询问休耕的原因，主要有：响应村委会的号召，改种其他作物；种植小麦的成本太高，农户选择休耕务工；为了倒地，用于改善土壤，提升土地肥力。

3.6.2 旱作雨养政策

旱作雨养是指所有直接利用雨水作为主要生产水源的农业生产系统。河北省推出旱作雨养政策，即在地下水超采区统一组织关停机井，变灌溉农业为旱作雨养农业，充分利用自然降水和旱作雨养种植技术发展生产，不再抽取地下水灌溉，减少地下水开采。农业部门推介适合本地旱作雨养种植技术和作物（品种），指导农民科学种植抗旱雨养作物，实施抗旱雨养种植方法，种植作物由农民自定，种植方式由农民自选。河北省在黑龙港深层超采区的武邑、故城、南皮、清河等县，整村推进，将水浇地改为旱地，实行旱作雨养种植，将原来的小麦等耗水作物改为高粱、谷子、大豆、花生等抗旱耐旱作物，实施面积30万亩，亩节约用水220米^3。张家口坝上地区“退水还旱”30万亩，张家口坝上地区重点针对井灌区蔬菜、马铃薯等作物用水多的实际，统一关井，改为旱作雨养马铃薯，也可以种植胡麻、莜麦、荞麦、饲草等作物，亩均减少地下水开采120米^{3}左右。张家口地区还采取耕地轮作模式，轮作模式：在同一地块上，可以一年种植胡麻或杂粮杂豆，一年种植马铃薯；也可以连续两年种植胡麻和杂粮杂豆，第三年种植马铃薯。条件具备时，最大限度地扩大水浇地马铃薯与胡麻、杂粮杂豆轮作面积，努力减少农业用水，发挥轮作节水效益。为便于跟踪监测轮作对耕地地力提升和生态环境保护作用，试点区域保持相对稳定，实施轮作试点任务的地块“一定三年”，起到改善土壤理化性状，减轻连作障碍的作用。

从农户的响应来看，当问及为保护地下水资源是否愿意种植抗旱雨养作物时，9.77%的农户表示非常不愿意，44.92%的农户表示不太愿意但可以接受，45.31%的农户表示愿意接受。当问及“旱作雨养”政策中种植结构应如何调整时，农户们表示主要调整小麦和玉米，将其改为高粱、谷子、向日葵、豆类、花生等。当问及“旱作雨养”政策的补偿标准800元/（亩·年）的满意度时，12.89%的农户认为较高，69.53%的农户认为补偿一般，17.58%的农户认为补偿标准较低。总体来看，农户基本能够接受旱作雨养的农业种植业结构调整。

3.6.3 冬小麦春灌节水政策

冬小麦春灌节水政策是主要是通过推广抗旱冬小麦品种，平均每亩灌溉次数减少1次，亩均节水50米^3，来实现农艺节水。目前河北省种植的小麦品种主要以节水品种为主，冀麦518，石新828，石新733，科农2011，邢麦7号，婴泊700，观35等三十余个节水品种，和师栾02-1，藁优2018，济麦44为重点的六七个强筋节水品种，自2014年实施以来，实现了节水小麦品种全省全覆盖。

根据《河北省地下水超采综合治理试点方案》统计显示，2014—2018

年河北省冬小麦春灌节水政策累计实施总面积为 2 736 万亩（图 3-6），压采地下水 13.7 亿米^3[170]。其中，衡水推广实施面积 424 万亩，邯郸推广实施面积 534 万亩，邯郸推广实施面积 535 万亩。2019 年河北省推广小麦节水品种及配套技术 536 万亩，实现地下水压采 2.4 亿米^3 以上。

表 3-6　河北省冬小麦春灌节水实施面积　（万亩）

地区	2014 年	2015 年	2016 年	2017 年	2018 年	2019 年
石家庄	—	—	131	53	85	91.5
保定	—	—	51	75	80	53.1
衡水	131	174	44	58	17	8.6
邯郸	37	143	126	83	145	144.6
邢台	56	142	160	83	94	112.3
沧州	—	—	74	53	71	77.7
河北省	300	700	700	500	536	536

资料来源：根据《河北省地下水超采综合治理试点方案》整理。

政策执行地区规定，为节水冬小麦品种物化补贴 75 元/亩，第二年无持续补助。实际的补助标准在不同年份有差异，2014 年的补助标准为 148 元/亩，其中现金补贴 98 元/亩、节水冬小麦品种物化补贴 50 元/亩，第二年持续现金补贴 75 元/亩；2015 年的补助标准为 85 元/亩，其中节水冬小麦品种物化补贴 75 元/亩、播后镇压补贴 10 元/亩，第二年无持续补贴；2016 年、2017 年的补助标准为节水冬小麦品种物化补贴 75 元/亩，第二年无持续补贴。相比于其他地下水压采措施，冬小麦春灌节水政策是一项覆盖面最广、地下水压采量大的地下水超采治理措施。

从农户的响应来看，54.54%的农户认为减少一次灌溉，对小麦的产量影响不大，33.33%的农户认为小麦小幅减产，12.12%的农户认为有较大幅度的减产。84.85%的农户认为与自家麦种相比，项目麦种抗旱能力更强，15.15%的农户认为项目麦种没有自家品种抗旱能力强。农户对已有的节水政策的参与意愿进行排序中，冬小麦春灌节水政策的综合评分为 2.06 分，季节性休耕政策的综合得分为 1.93 分，旱作雨养政策的综合得分为 1.6 分。

3.6.4　节水灌溉技术推广

为了实现农业节约用水，河北省不断完善工程措施，大力推广节水技术，全面实施区域规模化高效节水灌溉行动。因地制宜地选择喷灌、微灌、高标准管灌等节水灌溉模式。2018 年，河北省耕地面积为 652.36 万公顷，有效灌溉面积 449.51 万公顷，节水灌溉面积 359.43 万公顷，高效节水灌溉面积 302.99 万公顷，有效灌溉面积占耕地面积的 68.91%，节水灌溉面积占耕地面积的 55.10%，高效灌溉面积占耕地面积的 46.46%。

从节水灌溉面积的变化趋势来看，2001—2018 年节水灌溉面积从 2001 年的 204.83 万公顷增加到 359.43 万公顷（图 3-24），节水灌溉面积占耕地面积的比例变化较为明显，从 31.11%增长到了 55.10%，增长幅度达到 77.10%（图 3-24）。河北省各个行政区中，推行节水灌溉面积较大的是保定、石家庄、邯郸、沧州和邢台。从节水灌溉机械套数来看，2001 年河北省拥有节水灌溉机械 3.52 万套，到 2018 年增加到 5.79 万套，增加了 2.27 万套，也说明了河北省农业节水灌溉技术的进步和推广。

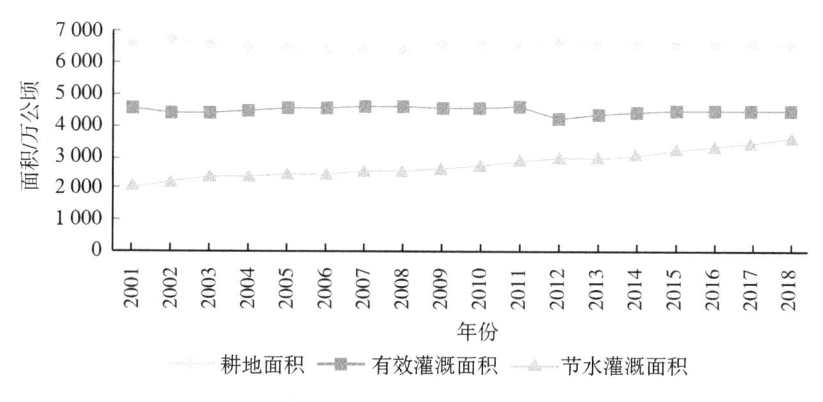

图 3-24　2001—2018 年河北省节水灌溉面积

（资料来源：根据《河北农村统计年鉴》2001—2019 年相关数据整理而得）

节水灌溉主要是通过喷滴灌和低压管灌实现灌溉节水，2018 年河北省实施喷滴灌面积 25.20 万公顷，低压管灌面积 277.79 万公顷，邯郸、承德和张家口喷滴灌面积较大，分别为 4.91 万公顷、4.08 万公顷和 3.02 万公顷；保定、沧州、衡水和石家庄低压管灌面积较大，分别为 41.33 万公顷、40.97 万公顷、36.03 万公顷和 36.02 万公顷（图 3-25）。

20 世纪 70 年代以来，机电井地下水灌溉在河北省农业生产中发挥着突

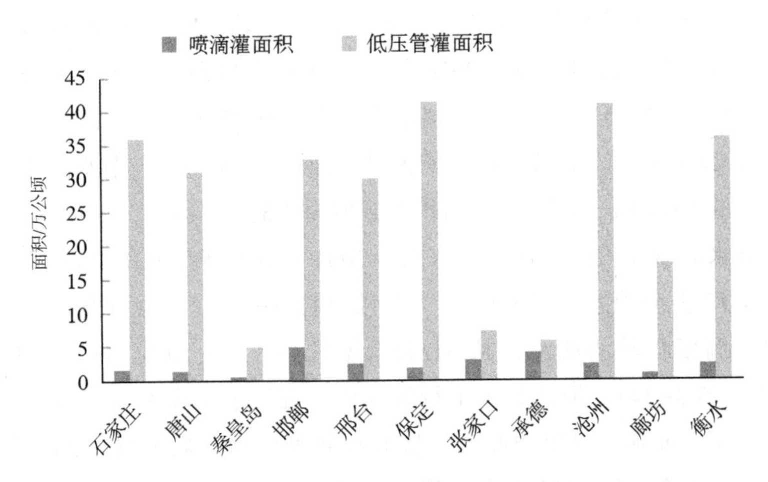

图 3-25　2018 年河北省喷滴灌和低压管灌面积

（资料来源：根据《河北农村统计年鉴》2001—2019 年相关数据整理而得）

出的作用，经过几十年的建设，河北省的机电井数由 20 世纪 60 年代的 1 800 多眼，2018 年规模以上机电井数量已经发展到 98. 6 万眼。然而随着机电井系统的逐渐发展，地下水位下降、地下水超采以及引起的环境问题日趋严重，从而加重了水资短缺的形势。滴灌、喷灌等新的节能灌溉技术正逐步取代粗放型的机电井灌溉系统，机电井也正在逐步退出人们的视线。2018 年，按照省政府办公厅印发的《河北省城镇自备井关停工作方案》要求，全面启动了城镇自备井关停工作。对违法违规、外迁破产、供水企业、供水管网覆盖范围内等情况进行了全面细致的摸排，对纳入关停范围的自备井实行“一井一档”，分类施策。2019 年河北省按照“先通后关、应关尽关”的原则，有序推进机井关停，到目前累计关停取水井 29 736 眼，其中城镇生活和工业取水井 11 560 眼、农业取水井 18 176 眼。

通过各种节水措施的实施，河北省地下水压采效果显著，地下水位明显回升，2014—2016 年，农业地下水压采量达到 21. 08 亿米^3，2017—2019 年，农业地下水压采量达到 15. 82 亿米^3，6 年时间共压减了 36. 9 亿米^3，完成《国家行动方案》2022 年任务量的 71. 5%，地下水超采治理取得了突出的成效。

3.7 本章小结

本章主要分析河北省农业用水的基本现状，以 DPSIR 概念模型为基础展开，重点分析河北省农业用水的驱动力、压力、状态、影响和响应。河北省农业用水的驱动力主要来源于河省农业用水的需求，压力主要来源于河北省农业用水的供给，状态是供求平衡情况，影响是供求失衡带来的经济、社会生态一系列问题，最后是关于河北省采取的主要的治理农业用水失衡的对策以及农户的响应，主要结论如下。

①河北省水资源利用的主要驱动因素是农业用水 66.38%，其中种植业用水的驱动作用为 60.23%。在种植业中，小麦、玉米和蔬菜是主要作物构成，其对河北省用水的驱动作用分别为 30.01%、11.31%和 12.95%。

②随着城镇化的发展和工业化进程的加快，人口、经济、自然和社会等各种资源向城镇的高度集聚，非农业用水的需求不断增加，导致农业用水量和农业用水占总用水的比重出现下降趋势。

③河北省降水量年际确定性大、地表水资源量受限，加剧了地下水开采量，水资源供给和需求的不匹配，给农业用水带来巨大的压力。

④从供求总体状态看，河北省农业用水资源总量不足、水分生产力偏低、用水轻度大、不同作物水足迹差异大、农田灌溉水有效利用系数偏高、农业用水存在空间差异。

⑤为了治理地下水水超采，提升农业用水效率，河北省实施了季节性休耕政策、旱作雨养政策和冬小麦春灌节水政策，取得了较好的效果，但农业用水供求平衡矛盾依然存在。

4 河北省农业用水效率测度分析

本章结合数据包络分析方法中 SBM-DEA 模型，引入非期望产出变量，从不同情形对河北省农业用水效率进行测算，比较分析河北省农业用水的经济效率、环境效率和生态效率；在此基础上，从时间和空间两个维度，分析河北省农业用水经济效率、环境效率和生态效率的变化特征，并利用全局自相关的 Moran's I 指数，检验河北省农业用水效率的空间依赖性，利用局部空间自相关的 Moran's I 指数和 LISA 图分析河北省农业用水效率的空间集聚效应。

4.1 农业用水效率的内涵拓展

4.1.1 农业水资源多重属性

（1）自然属性[171]

农业水资源作为农业生产要素具有一些特殊的自然属性。农业水资源的循环开始于自然降水，经由地表径流形成土壤渗透、植物蒸腾及自然蒸散发等多种途径的水循环，由此而成的江、河、湖及沼等天然水体。①流动性。水资源不断进行着降水、地表水径流与蒸发、地下水补偿、土壤水和植物水之间的转化与蒸腾，水的流动性也决定了水资源具有不可分割性；②基础性。水是基础性资源，维持着人类、动植物、微生物、土壤、环境和社会经济等基础资源系统的正常运转；③时空异质性。即水资源分布在时间和空间上存在显著的异质性。

（2）经济属性

一是公共池塘资源的属性。所谓公共池塘资源是指那些可为个人分别享用，具有竞争性但排他成本高的资源，同时具有产权不确定性、供给关联性和公开获取性等特性[172]。

二是具有垄断性特征。垄断性主要体现在以下4个方面：①自然垄断性或区域垄断性。水资源在不同地理区域和气候条件下具有差异性；②行政垄断性。政府采取一定的法律法规和行政手段平衡不同层面用水需求；③市场垄断性。由于其流通性较差，供需双方不能完全进行自由交易。④非使用价值属性。由于农业水资源的稀缺性、不可替代性使得它不仅具有生产和生活等使用价值，更具有非使用价值，如果过度使用利用农业水资源，当其损耗量达达到区域农业水资源承载力的极限时，就会打破水资源自然平衡，反作用于社会经济系统，使其承受巨大的损失。

（3）外部性

水资源的外部性主要体现在在：①代际外部性。当代人用水行为将给后代人用水带来潜在的影响；②取水成本的外部性。某一经济主体的用水行为会增加或降低他人的取水成本，却不必为此支付成本或得不到任何补偿；③环境外部性。由于对水资源的过度开发利用或未达标的污水直接排入河道引起水体污染，导致生态环境的破坏，从而影响社会总福利[173]；④水资源存量外部性。某一经济主体多使用水量将会减少他人现在或将来可能获得的水资源存量。

（4）社会属性

①水资源的战略属性，一个国家或地区拥有的水资源数量与粮食安全、食品安全及生态安全等息息相关；②水资源的伦理属性。一是人类对水资源的开发、利用和管理所持的态度或理念；二是水资源利用的公平性[174]，主要是不同层次用水需求中水资源利用的公平性。

（5）生态环境属性

农业水资源是生态环境的基本要素，作为生态系统中能量流动和物质循环的介质，具有调节气候、净化环境不可替代的作用。农业水资源的不合理利用可造成诸多生态环境问题，如河湖湿地萎缩甚至消失、水体污染和地下水位下降等，由此又会引发进一步的水资源问题，恶性循环。农业水资源在生态系统的物质循环与能量转换过程中发挥着重要作用，是自然生态系统中最活跃的因子，为人类提供各种不同的生态服务功能[175]。

4.1.2 农业用水效率与测度的界定

（1）效率内涵

古典经济学中对“效率”的定义是指利用资源的有效性，是资源的有效配置与有效使用，反映的是人与自然之间的关系。高的效率表示对资源的充分利用或能以最有效的生产方式进行生产，低的效率表示对资源的利用不充分或没有以最有效的方式进行生产。英国经济学家法瑞尔（Farrell M J，1957）提出技术效率的概念，反映的是一个生产单元技术水平的高低，技术效率可以从投入和产出两个角度来衡量，在投入既定的情况下，技术效率由产出最大化的程度来衡量；在产出既定的情况下，技术效率由投入最小化的程度来衡量。萨缪尔森认为，效率是指“经济在不减少一种物品生产的情况下，就不能增加另一种物品的生产时，它的运行便是有效率的”，即尽可能地有效投入经济资源以获得更多的产出，满足人们的需要并减少浪费，既定成本下产出最大化或既定产量下成本最小化。

那么，资源效率评价可用如下关系式进行表达：

$$E_r = \frac{O_d - O_u}{I_r} \tag{4-1}$$

式中，E_r 为资源效率，I_r 为资源投入量，O_d 为期望产出，O_u 为非期望产出，资源利用效率的高低可通过 E_r 值的大小来评价。根据上式，三条途径提升资源利用效率，一是增大期望产出；二是减少非期望产出；三是节约资源，提高资源利用率，降低资源的投入量。

（2）农业用水效率界定

早期文献中对水资源效率评价中，经常把经济产出（GDP）作为评价水资源效率的唯一期望产出，后来加入污染物作为非期望产出纳入水资源效率产出指标体系中，对水资源效率评价表现为在经济效益和环境效益层面，使得评价方法更加合理，但是作为第三条路径，节约资源，提高资源利用率，降低资源的投入量仍未体现。

就农业用水而言，水即粮，粮即水，水资源安全与粮食安全不能截然分离，同时农业水资源对于生态系统的调整有着非常重要的作用，粮食安全与生态安全都离不开农业用水，如何破解水-粮矛盾，实现“粮食-水资源-生态安全”的三赢是当前学术研究、技术推广和政策出台的重点。仅考虑经济、环境效益的水资源利用效率研究已不符合当今社会发展的要求，而以生态文明建设的可持续发展理念，要求我们实现“经济-资源-生态系统”的协同发展，因此，把地下水超采区的地下水开采量作为农业水效率测度非期望产出，反映水资源安全的诉求，纳入农业用水效率评价体系中显得尤为重要。

因此，本书根据河北省实际情况，结合可持续发展理念，降低资源消耗，减少环境污染，加强生态治理和环境保护，从农业用水经济效率、农业用水环境效率和农业用水生态效率三个层面，对农业用水效率进行测度，实现经济、环境、生态全面协调可持续发展[176]。

（3）农业用水效率测度方法

目前学术界关于农业用水效率测度的方法，主要集中在两大类，一是随机前沿分析法（SFA），早期的研究学者大多采用该种方法；二是数据包络分析法（DEA），国内外很多学者，Lilienfeld 和 Asmild（2007）、Yilmaz（2009）、钱文婧（2011）、马海良（2012）、杨扬（2016）等均利用 DEA 方法对水资源利用效率进行了测算。近几年，使用比较多的是带有非期望产出的 SBM-DEA 方法，丁绪辉（2018）、孙才志（2018）、李俊鹏（2019）、邓兆远（2019）等人采用该方法对用水效率进行了测算。

在现有的关于水资源效率的研究方法中，本书引入农业灰水足迹和地下水开采量等非期望产出，采用 SE-SBM 方法，对河北省农业用水经济效率、环境效率和生态效率进行测算。

4.2 河北省农业用水效率测算与结果

4.2.1 数据包络分析（DEA）模型

DEA 方法与传统的统计计量方法相比有很多优点：第一，不需要已知生产函数。适用于多投入多产出且数量关系复杂的系统；第二，不必确定各指标的权重。DEA 方法通过各投入、产出指标的权重作为变量，进行线性规划求解，确定最适宜的权重；第三，不受投入、产出指标量纲的影响。为了避免传统方法中由于各指标量纲不一致，导致综合投入量与综合产出量计算时的困难，DEA 方法利用各投入要素之间的相对比例保持不变，计算原点到生产组合点的径向效率作为对效率的测度。

（1）CCR—DEA 模型

Charnes、Cooper 和 Rhodes 三人，1978 年在《欧洲运筹学杂志》上发表论文“Measuring the Efficiency of Decision Making Units”，创立了 DEA 理论方法。故此以 Charnes、Cooper 和 Rhodes 三人姓氏的首字母来命名他们创立的第一个 DEA 模型，即 CCR 模型。CCR 模型假设规模收益不变，其得出的技术效率包含了规模效率的成分，因此通常被称为综合技术效率[177-179]。

假设对第 j_k 个决策单元进行效率评价，则以第 j_k 个决策单元的效率指数为目标，以所有决策单元的效率指数为约束，就构造了如下的 CCR 模型：

$$
\max h_{j_k} = \frac{\sum_{r=1}^{s} U_r Y_{rj_k}}{\sum_{i=1}^{m} V_i X_{ij_k}}
$$

$$
s.t. \ \frac{\sum_{r=1}^{s} U_r Y_{rj}}{\sum_{i=1}^{m} V_i X_{ij}} \leqslant 1; \tag{4-2}
$$

$$
h_j = \frac{U^T Y_i}{V^T X_j} = \frac{\sum_{r=1}^{s} U_r Y_{rj}}{\sum_{i=1}^{mn} V_i X_{ij}};
$$

$$
j = 1,\ 2\cdots,\ n;
$$

$$
U \geqslant 0,\ V \geqslant 0。
$$

（2）考虑非期望产出的 SBM-DEA 模型

传统的 DEA 模型，无效 DMU 的改进方式为所有投入（产出）等比例缩减（增加），没有考虑到非期望产出对于效率的影响，导致农业用水效率的高估。为了评价包含非期望产出效率问题，Tone 在 DEA 模型的基础上，提出了考虑非径向和非角度的 SBM-Undesirable 模型[180-181]，通过将各投入产出的松弛变量直接纳入目标函数，剔除一般径向 DEA 模型中松弛性问题所造成的无效率因素，消除了松弛变量对测度值的影响，解决了不同时期各决策单元可比性问题，使农业用水效率测度过程更加符合实际，测度值也更加准确。

$$\theta = \mathrm{Min}\frac{1-\frac{1}{N}\sum_{n=1}^{N}s_n^x/x_{k'n}^{t'}}{1+\frac{1}{M+I}\left(\sum_{m=1}^{M}s_m^y/y_{k'm}^{t'}+\sum_{i=1}^{I}s_i^b/b_{k'i}^{t'}\right)} \tag{4-3}$$

$$s.t.\ \sum_{t=1}^{T}\sum_{k=1}^{K}\lambda_k^t x_{kn}^t + s_n^x = x_{k'ns}^{t'}(n=1,\ 2,\ \cdots,\ N)$$

$$\sum_{t=1}^{T}\sum_{k=1}^{K}\lambda_k^t x_{km}^t - s_m^y = y_{k'm}^{t'}(m=1,\ 2,\ \cdots,\ M)$$

$$\sum_{t=1}^{T}\sum_{k=1}^{K}\lambda_k^t b_{ki}^t + s_i^b = b_{k'is}^{t'}(i=1,\ 2,\ \cdots,\ I)$$

$$\lambda_k^t \geqslant 0,\ s_n^x \geqslant 0,\ s_m^y \geqslant 0,\ s_i^b \geqslant 0,\ k=1,\ 2,\ \cdots,\ K$$

式中：θ 为农业用水效率值；N、M、I 分别表示投入、期望产出、非期望产出个数；$(s_n^x,\ s_m^y,\ s_i^b)$ 分别表示投入、期望产出和非期望产出的松弛向量；$(x_{k'n}^{t'},\ y_{k'm}^{t'},\ b_{k'i}^{t'})$ 分别表示第 k' 个生产决策单元 t' 时期的投入、期望产出及非期望产出值；λ_k^t 表示生产决策单元的权重。目标函数 θ 关于 $(s_n^x,\ s_m^y,\ s_i^b)$ 严格单调递减，且 $0<\theta\leqslant 1$； 当 $\theta=1$ 时，生产决策单元 DMU 有效；当当 $\theta<1$ 时，生产决策单元 DMU 存在效率损失，可以通过优化投入量、期望产出及非期望产出量来改善效率值。

为了对农业用水效率效率进行更全面的分析，本文同时测度了三种农业水资源效率（情形Ⅰ、情形Ⅱ、情形Ⅲ），并将其测度结果进行比较分析。三种不同情形下，选取的投入变量和产出变量如表 4-1 所示。情形Ⅰ中选取的投入变量有资本投入、劳动力投入、土地投入和水资源投入，产出变量只包含经济产出，测算的效率是农业用水的经济效率。情形Ⅱ中选取的投入变量有资本投入、劳动力投入、土地投入和水资源投入，产出变量中除了经济产出外，还包含环境产出，测算的效率是农业用水的环境效率；情形Ⅲ中选取的投入变量不变，产出变量中除了经济产出、环境产出外，还包含资源产出，测算的效率是农业用水的资源生态效率。

表 4-1 不同情形农业用水效率模型界定

模型	投入变量	产出变量	含义
（情型Ⅰ）CCR-DEA	资本投入 劳动力投入 水资源投入 土地投入	期望产出：经济产出	仅考虑期望经济产出，农业用水效率反映农业用水的经济效率
（情型Ⅱ）SBM-DEA	资本投入 劳动力投入 水资源投入 土地投入	期望产出：经济产出 非期望产出：环境产出	考虑环境非期望产出，农业用水效率反映农业用水的环境效率
（情型Ⅲ）SBM-DEA	资本投入 劳动力投入 水资源投入 土地投入	期望产出：经济产出 非期望产出：环境产出、资源产出	同时考虑环境、资源非期望产出，农业用水效率反映农业用水的生态效率

4.2.2 模型变量的选取

利用 SBM-DEA 方法测算农业用水效率时，需结合农业生产过程中，土地资源、资本、劳动力、技术等投入要素的共同作用，才能真正带来产出。

投入变量和产出变量具体指标的选取和处理方法如下。

投入变量：①资本投入变量。选取各地市的农业机械总动力表示资本投入变量。②劳动力投入变量。选取各地市第一产业就业人员表示劳动力投入变量。③水资源投入变量。选取各地市农田灌溉用水量作为水资源投入变量。④土地资源投入变量。选取各地市有效灌溉面积作为土地资源投入变量。

产出变量：①期望产出变量-农业总产值。用各地市的农业生产总值衡量其经济发展水平，作为农业用水效率测度的经济产出指标。（按照 1990 年不变价格进行消胀处理）。②非期望产出变量-灰水足迹。灰水足迹是指为了稀释社会经济系统排放的污染物以达到相关水质标准的水资源需求量。③非期望产出变量-地下水开采量。选取各地市农业灌溉用水中地下水开采量表示稀缺水资源的过度使用。近 40 年来，河北省农业用水中主要以地下水利用为主，是全国乃至全世界著名的地下水超采区，地下水成为河北省严重稀缺资源。具体如表 4-2 所示。

表 4-2 投入产出变量及代理指标选取

变量类别	选取依据	指标选取	数据来源
投入变量	资本投入	农业机械总动力（万千瓦）	河北农村统计年鉴（2001—2019 年）
	劳动力投入	第一产业就业人员（万人）	河北农村统计年鉴（2001—2019 年）
	水资源投入	农田灌溉用水量（亿米^3）	河北省水资源公报（2001—2018 年）
	土地投入	有效灌溉面积（千公顷）	河北农村统计年鉴（2001—2019 年）
产出变量	期望产出：经济产出	农业总产值（万元）1 990=100	河北农村统计年鉴（2001—2019 年）
	非期望产出：环境产出	灰水足迹（亿米^3）	参照孙才志等[182]，计算所得
	资源产出	农业地下水开采量（亿米^3）	河北省水资源公报（2001—2018 年）

4.2.3 样本数据的获取及处理

（1）样本数据的收集

本书使用了 2001—2018 年河北省 11 个区市（为了保持数据的一致性，把辛集市与石家庄市数据合并，把定州市与保定市数据合并）的农业水资源投入与产出的面板数据。其中农业机械总动力、第一产业就业人员、有效灌溉面积、农业总产值数据来源于《河北省经济年鉴》（2001—2019 年）；农田灌溉用水量和地下水开采量来源于《河北省水资源公报》（2001—2018 年）；农业灰水足迹根据农业种植业中的氮肥使用量计算所得。

（2）样本数据的整理与描述统计分析

由表 4-3 可知，2001—2018 年，河北省农业机械总动力均值为 823.094 9 万千瓦，最大值为 2 040.45 万千瓦，最小值为 144.09 万千瓦；第一产业就业人员均值为 134.463 2 万人，最大值为 321.11 万人，最小值为 69.95 万人；农田灌溉用水量均值为 12.098 94 亿米^3，最大值为 27.132 亿米^3，最小值为 3.602 4 亿米^3；有效灌溉面积均值为 406.778 5 千公顷，最大值为 676.738 千公顷，最小值为 90.54 千公顷；农业总产值均值为 2 028 000 万元，最大值为 4 930 922 万元，最小值为 246 036 万元；灰水足迹均值为 21.564 9 亿米^3，最大值为 40.814 53 亿米^3，最小值为 5.870 526 亿米^3；农业地下水开采量均值为 9.274 173 亿米^3，最大值为 24.950 1 亿米^3，最小值为 1.853 3 亿米^3。

表 4-3　河北省农业用水效率测度模型投入产出变量的描述统计分析（2001—2018 年）

变量	单位	均值	最大值	最小值	样本容量
农业机械总动力	（万千瓦）	823.094 9	2 040.45	144.09	198
第一产业就业人员	（万人）	134.463 2	321.11	69.95	198
农田灌溉用水量	（亿米^3）	12.098 94	27.132	3.602 4	198
有效灌溉面积	（千公顷）	406.778 5	676.738	90.54	198
农业总产值	（万元）	2 028 000	4 930 922	246 036	198
灰水足迹	（亿米^3）	21.564 93	40.814 53	5.870 526	198
农业地下水开采量	（亿米^3）	9.274 173	24.950 1	1.853 3	198

资料来源：作者根据《河北省经济年鉴》《河北农村统计年鉴》及《河北省水资源公报》相关数据整理而得。

在运用数据包络模型进行效率评价时，方法要求所有决策单元（DMU）的投入产出必须满足等张性假设，为了检验投入产出的等张性，本文采用相关系数矩阵检验了投入产出变量之间的相关关系（表 4-4）。检验结果表明，投入产出变量之间均存在 1%的显著性水平下均存在正相关关系，如果投入增加，则产出会相应增加，因此，我们使用的投入产出变量满足 DEA 建模所需要的等张性条件。

表 4-4　河北省农业用水效率测度模型投入产出变量相关系数矩阵

	农业机械总动力	第一产业就业人员	农田灌溉用水量	有效灌溉面积	农业总产值	灰水足迹	农业地下水开采量
农业机械总动力	1.000 0	0.424 3	0.725 9	0.742 3	0.674 1	0.901 3	0.703 5
第一产业就业人员	0.424 3	1.000 0	0.760 5	0.701 3	0.333 9	0.665 6	0.787 7
农田灌溉用水量	0.725 9	0.760 5	1.000 0	0.791 6	0.452 9	0.864 4	0.972 1
有效灌溉面积	0.742 3	0.701 3	0.791 6	1.000 0	0.530 7	0.844 4	0.791 9
农业总产值	0.674 1	0.333 9	0.452 9	0.530 7	1.000 0	0.685 1	0.387 8

（续表）

	农业机械总动力	第一产业就业人员	农田灌溉用水量	有效灌溉面积	农业总产值	灰水足迹	农业地下水开采量
灰水足迹	0.901 3	0.665 6	0.864 4	0.844 4	0.685 1	1.000 0	0.827 0
农业地下水开采量	0.703 5	0.787 7	0.972 1	0.791 9	0.387 8	0.827 0	1.000 0

资料来源：根据《河北省经济年鉴》《河北农村统计年鉴》及《河北省水资源公报》相关数据整理而得。

4.2.4 农业用水效率计算结果与分析

基于河北省11个区市，2001—2018年的面板数据，本书对农业用水效率根据不包含非期望产出（情形Ⅰ）、引入灰水足迹一个非期望产出变量（情形Ⅱ）及引入灰水足迹和农业地下水开采量两个非期望产出变量（情形Ⅲ）三种情形进行分别测度并进行结果对比分析。测度结果具体情况如表4-5、表4-6及表4-7和图4-1、图4-2所示。

（1）效率时间演化特征

情形（Ⅰ）：不包含非期望产出的农业用水效率测度。主要反映农业用水的经济效率。2001—2018年，河北省农业用水效率全省平均值为0.861 3，农业用水效率整体水平较高；农业用水效率逐年平均值以2006年为分水岭，呈现先上升后下降走势：2001—2006年呈上升的趋势，2007—2018年则呈下降的趋势，由2001年的0.799 8上升至2006年的0.948 4，增幅20.07%，由2006年的0.948 4下降至2018年的0.755 2，降幅11.08%，波动起伏不大，表明近20年间，河北省农业用水经济效率处于较高水平并且比较稳定，具体由表4-5和图4-1所示。

表4-5　2001—2018年河北省农业用水经济效率（不包含非期望产出）

年份	石家庄	唐山	秦皇岛	邯郸	邢台	保定	张家口	承德	沧州	廊坊	衡水	平均
2001	0.662 5	1.000 0	1.000 0	0.646 6	0.542 4	0.580 4	1.000 0	1.000 0	0.671 8	1.000 0	0.694 2	0.799 8
2002	0.718 7	1.000 0	1.000 0	0.686 6	0.574 4	0.590 4	1.000 0	1.000 0	0.592 0	1.000 0	0.798 7	0.814 6
2003	1.000 0	1.000 0	1.000 0	0.709 5	0.643 2	0.645 9	1.000 0	1.000 0	0.701 2	1.000 0	0.750 0	0.859 1
2004	1.000 0	1.000 0	1.000 0	0.783 7	0.671 4	1.000 0	1.000 0	1.000 0	1.000 0	1.000 0	0.696 7	0.922 9
2005	1.000 0	1.000 0	1.000 0	1.000 0	0.683 5	1.000 0	1.000 0	1.000 0	1.000 0	1.000 0	0.654 7	0.939 8

（续表）

年份	石家庄	唐山	秦皇岛	邯郸	邢台	保定	张家口	承德	沧州	廊坊	衡水	平均
2006	1.000 0	1.000 0	1.000 0	1.000 0	0.698 3	1.000 0	1.000 0	1.000 0	1.000 0	1.000 0	0.734 5	0.948 4
2007	1.000 0	1.000 0	1.000 0	0.834 8	0.674 4	0.694 9	0.698 4	1.000 0	1.000 0	1.000 0	0.633 4	0.866 9
2008	0.798 2	1.000 0	1.000 0	0.755 0	0.605 8	0.647 1	1.000 0	1.000 0	1.000 0	1.000 0	0.614 3	0.856 4
2009	1.000 0	1.000 0	1.000 0	0.807 5	0.603 4	1.000 0	1.000 0	1.000 0	1.000 0	1.000 0	0.628 3	0.912 6
2010	0.772 5	1.000 0	1.000 0	0.814 3	0.577 8	0.630 8	1.000 0	1.000 0	1.000 0	1.000 0	0.683 7	0.861 7
2011	0.705 4	1.000 0	1.000 0	0.711 3	0.577 2	0.588 4	1.000 0	1.000 0	1.000 0	1.000 0	0.709 0	0.844 7
2012	0.670 6	1.000 0	1.000 0	0.662 7	0.552 2	0.561 8	1.000 0	1.000 0	0.816 1	1.000 0	0.632 0	0.808 7
2013	0.740 1	1.000 0	1.000 0	0.724 1	0.604 1	0.624 3	1.000 0	1.000 0	1.000 0	1.000 0	1.000 0	0.881 1
2014	0.761 4	1.000 0	1.000 0	0.725 8	0.629 7	0.677 1	1.000 0	1.000 0	1.000 0	1.000 0	1.000 0	0.890 4
2015	1.000 0	1.000 0	1.000 0	0.689 6	0.611 0	0.653 2	1.000 0	1.000 0	0.781 0	1.000 0	0.652 2	0.853 4
2016	0.660 1	1.000 0	1.000 0	0.634 5	0.629 8	1.000 0	1.000 0	1.000 0	0.697 9	1.000 0	0.610 4	0.839 3
2017	0.646 0	1.000 0	1.000 0	0.658 3	0.691 7	1.000 0	0.702 3	1.000 0	0.638 8	1.000 0	1.000 0	0.848 8
2018	0.634 1	1.000 0	1.000 0	0.601 3	0.629 3	0.745 9	0.617 8	1.000 0	0.539 9	1.000 0	0.539 0	0.755 2
均值	0.820 5	1.000 0	1.000 0	0.747 0	0.622 2	0.757 8	0.945 5	1.000 0	0.857 7	1.000 0	0.723 9	0.861 3
STD	0.153 5	0.000 0	0.000 0	0.112 4	0.047 7	0.181 3	0.126 5	0.000 0	0.173 9	0.000 0	0.140 0	0.050 0
ρ	0.187 0	0.000 0	0.000 0	0.150 5	0.076 7	0.239 3	0.133 8	0.000 0	0.202 8	0.000 0	0.193 4	0.058 0

注：平均为河北省2001—2018年的算术平均值代表河北省平均水平；均值为河北省各市2001—2018年的算术平均值代表各市的平均水平；STD为标准差；ρ为变异系数。

此外，2001—2018年河北省各市农业用水效率差别很大，农业用水效率算术平均值的最小值为0.539 0，最大值为1。由于情形（Ⅰ）中农业用水效率的产出主要体现为经济效益，因此农业用水效率差异反映了河北省各市经济发展效益的差异。唐山、秦皇岛、承德及廊坊农业用水效率较高均为1，沧州（0.539 9）与衡水（0.539 0）农业用水效率偏低，与各市农业经济发展情况基本吻合。

情形（Ⅱ），包含灰水足迹非期望产出的农业用水效率测度。主要反映农业用水的环境效率。由表4-6和图4-1可得，2001—2018年，河北省农业用水环境效率全省平均值为0.735 2，农业用水效率整体水平与情形（Ⅰ）有所下降；农业用水效率逐年平均值以2006年为分水岭，呈现先上升后下降走势：2001—2006年呈上升的趋势，2007—2018年则呈下降的趋势，由2001年的0.590 4上升至2006年的0.824 8，增幅39.70%，由2006年的0.824 8下降至2018年的0.588 7，降幅28.63%，波动起伏较大，表明近20年间，河北省农业用水环境效率处于中等水平且波动较大。具体由表4-6和图4-1所示。

表4-6 2001—2018年河北省农业用水环境效率（包含一个非期望产出变量）

年份	石家庄	唐山	秦皇岛	邯郸	邢台	保定	张家口	承德	沧州	廊坊	衡水	平均
2001	0.560 9	1.000 0	0.536 0	0.517 2	0.456 7	0.526 1	0.297 9	0.484 9	0.539 0	1.000 0	0.575 2	0.590 4
2002	0.616 2	1.000 0	0.477 0	0.563 1	0.474 0	0.534 7	0.456 7	0.442 4	0.482 0	1.000 0	1.000 0	0.640 6
2003	0.713 1	1.000 0	0.550 9	0.629 2	0.580 2	0.609 0	1.000 0	0.442 5	0.641 1	1.000 0	1.000 0	0.742 4
2004	1.000 0	1.000 0	0.617 3	0.669 4	0.587 0	0.705 7	1.000 0	0.655 5	0.756 3	1.000 0	0.652 1	0.785 7
2005	1.000 0	1.000 0	0.571 2	0.653 2	0.587 7	0.803 2	1.000 0	1.000 0	0.734 4	1.000 0	0.586 8	0.812 4
2006	1.000 0	1.000 0	0.565 8	0.714 5	0.615 0	0.760 1	1.000 0	1.000 0	0.738 4	1.000 0	0.678 5	0.824 8
2007	1.000 0	1.000 0	0.639 8	0.661 6	0.607 6	0.639 2	0.700 8	1.000 0	0.713 5	1.000 0	0.561 2	0.774 9
2008	0.715 7	1.000 0	0.616 2	0.646 3	0.526 4	0.583 5	1.000 0	1.000 0	1.000 0	1.000 0	0.522 1	0.782 8
2009	1.000 0	1.000 0	0.823 7	0.634 9	0.508 8	0.629 7	1.000 0	1.000 0	1.000 0	1.000 0	0.557 9	0.832 3
2010	0.688 1	1.000 0	0.720 1	0.698 0	0.492 1	0.569 7	1.000 0	1.000 0	0.792 0	1.000 0	0.567 2	0.775 2
2011	0.610 0	1.000 0	0.640 4	0.603 6	0.481 5	0.513 5	1.000 0	1.000 0	1.000 0	1.000 0	0.519 0	0.760 7
2012	0.580 8	1.000 0	0.647 8	0.581 7	0.464 2	0.485 3	1.000 0	1.000 0	0.737 9	1.000 0	0.485 0	0.725 7
2013	0.652 3	1.000 0	0.621 3	0.607 5	0.498 4	0.479 6	1.000 0	1.000 0	1.000 0	1.000 0	0.596 6	0.768 7
2014	0.651 8	1.000 0	0.596 4	0.542 8	0.479 0	0.459 6	1.000 0	1.000 0	0.788 4	1.000 0	0.592 2	0.737 3
2015	0.660 0	1.000 0	0.598 4	0.524 0	0.472 2	0.461 4	1.000 0	1.000 0	0.664 1	1.000 0	0.487 1	0.715 2
2016	0.471 2	1.000 0	1.000 0	0.411 3	0.442 4	0.406 5	1.000 0	1.000 0	0.584 6	1.000 0	0.545 8	0.714 7
2017	0.412 8	1.000 0	0.738 2	0.408 4	0.464 6	0.409 5	0.683 6	1.000 0	0.501 2	1.000 0	0.651 9	0.660 9
2018	0.373 3	1.000 0	0.631 0	0.354 0	0.405 8	0.373 0	0.532 1	1.000 0	0.394 9	1.000 0	0.412 0	0.588 7
均值	0.705 9	1.000 0	0.644 0	0.578 9	0.508 0	0.552 7	0.870 6	0.890 3	0.726 0	1.000 0	0.610 6	0.735 2
STD	0.209 5	0.000 0	0.118 8	0.103 1	0.061 9	0.121 4	0.229 5	0.215 4	0.187 2	0.000 0	0.155 6	0.073 2
ρ	0.296 8	0.000 0	0.184 5	0.178 2	0.121 8	0.219 7	0.263 6	0.242 0	0.257 8	0.000 0	0.254 8	0.099 5

注：平均为河北省2001—2018年的算术平均值代表河北省平均水平；均值为河北省各市2001—2018年的算术平均值代表各市的平均水平；STD为标准差；ρ为变异系数。

情形（Ⅲ），包含灰水足迹和农业地下水开采量两个非期望产出的农业用水效率测度，主要反映农业用水的生态效率。由表4-7和图4-1可得，2001—2018年，河北省农业用水效率全省平均值为0.717 3。

表4-7 2001—2018年河北省农业用水生态效率（包含两个非期望产出变量）

年份	石家庄	唐山	秦皇岛	邯郸	邢台	保定	张家口	承德	沧州	廊坊	衡水	平均
2001	0.530 6	1.000 0	0.520 6	0.520 8	0.427 9	0.475 5	0.292 7	1.000 0	0.545 3	1.000 0	0.519 7	0.621 2
2002	0.575 2	1.000 0	0.447 0	0.548 3	0.437 1	0.473 6	0.435 6	0.431 6	0.455 6	1.000 0	1.000 0	0.618 5

（续表）

年份	石家庄	唐山	秦皇岛	邯郸	邢台	保定	张家口	承德	沧州	廊坊	衡水	平均
2003	0.683 8	1.000 0	0.522 9	0.619 4	0.535 5	0.538 6	1.000 0	0.434 1	0.648 2	1.000 0	1.000 0	0.725 7
2004	1.000 0	1.000 0	0.576 3	0.643 6	0.535 5	0.623 6	1.000 0	0.641 8	0.753 0	1.000 0	0.575 3	0.759 0
2005	1.000 0	1.000 0	0.535 3	0.646 1	0.542 1	0.710 1	1.000 0	1.000 0	1.000 0	1.000 0	0.521 9	0.814 1
2006	1.000 0	1.000 0	0.527 4	0.708 8	0.569 3	0.681 1	1.000 0	1.000 0	1.000 0	1.000 0	0.601 7	0.826 2
2007	1.000 0	1.000 0	0.608 5	0.675 1	0.556 9	0.572 2	0.607 6	1.000 0	1.000 0	1.000 0	0.496 4	0.774 3
2008	0.673 5	1.000 0	0.588 4	0.641 9	0.489 0	0.523 7	1.000 0	1.000 0	1.000 0	1.000 0	0.463 9	0.761 9
2009	1.000 0	1.000 0	0.767 7	0.626 6	0.465 4	0.558 8	1.000 0	1.000 0	1.000 0	1.000 0	0.492 0	0.810 0
2010	0.633 7	1.000 0	0.688 4	0.680 9	0.451 8	0.504 7	1.000 0	1.000 0	1.000 0	1.000 0	0.494 7	0.768 6
2011	0.552 9	1.000 0	0.607 9	0.596 8	0.438 2	0.451 8	1.000 0	1.000 0	1.000 0	1.000 0	0.449 4	0.736 1
2012	0.522 2	1.000 0	0.600 5	0.551 1	0.420 1	0.424 9	1.000 0	1.000 0	0.723 5	1.000 0	0.421 9	0.696 7
2013	0.585 8	1.000 0	0.569 5	0.558 3	0.443 7	0.417 1	1.000 0	1.000 0	1.000 0	1.000 0	0.518 2	0.735 7
2014	0.586 7	1.000 0	0.543 4	0.499 1	0.426 4	0.401 2	1.000 0	1.000 0	0.763 5	1.000 0	0.512 6	0.703 0
2015	0.596 2	1.000 0	0.542 1	0.484 8	0.424 4	0.403 9	1.000 0	1.000 0	0.646 7	1.000 0	0.425 0	0.683 9
2016	0.420 9	1.000 0	1.000 0	0.379 2	0.399 1	0.358 3	1.000 0	1.000 0	0.559 5	1.000 0	0.469 8	0.689 7
2017	0.371 9	1.000 0	0.690 2	0.377 5	0.420 0	0.362 0	0.582 5	1.000 0	0.490 0	1.000 0	0.574 3	0.624 4
2018	0.336 6	1.000 0	0.585 8	0.327 5	0.364 9	0.335 1	0.471 6	1.000 0	0.388 2	1.000 0	0.377 3	0.562 4
均值	0.670 6	1.000 0	0.606 8	0.560 3	0.463 7	0.489 8	0.855 0	0.917 1	0.776 3	1.000 0	0.550 8	0.717 3
STD	0.229 0	0.000 0	0.122 9	0.111 6	0.059 8	0.109 1	0.248 3	0.195 2	0.226 6	0.000 0	0.172 9	0.074 5
ρ	0.341 5	0.000 0	0.202 6	0.199 1	0.129 0	0.222 8	0.290 4	0.212 8	0.291 9	0.000 0	0.313 9	0.103 8

注：平均为河北省 2001—2018 年的算术平均值代表河北省平均水平；均值为河北省各市 2001—2018 年的算术平均值代表各市的平均水平；STD 为标准差；ρ 为变异系数。

农业用水生态效率整体水平与情形（Ⅰ）和情形（Ⅱ）相比再次下降；农业用水效率逐年平均值以 2006 年为分水岭，同样呈现先上升后下降走势：2001—2006 年呈上升的趋势，2007—2018 年则呈下降的趋势，由 2001 年的 0.621 2 上升至 2006 年的 0.826 2，增幅 33%，由 2006 年的 0.826 2 下降至 2018 年的 0.562 4，降幅 31.92%，波动起伏较大，表明近 20 年间，河北省农业用水资生态效率处于中等水平且波动较大。在从计算结果可以看出，三种情形下的 2001—2006 年河北省各地区农业用水效率都有不同程度上升，2007—2018 年河北省各地区农业用水效率都有所下降。从变异系数来看，三种情形下河北省各地市的农业用水效率呈现出不同的波动趋势，情形（Ⅰ）农业用水的经济效率变化平稳，情形（Ⅲ）次之，情形（Ⅱ）波动较大（图 4-1）。

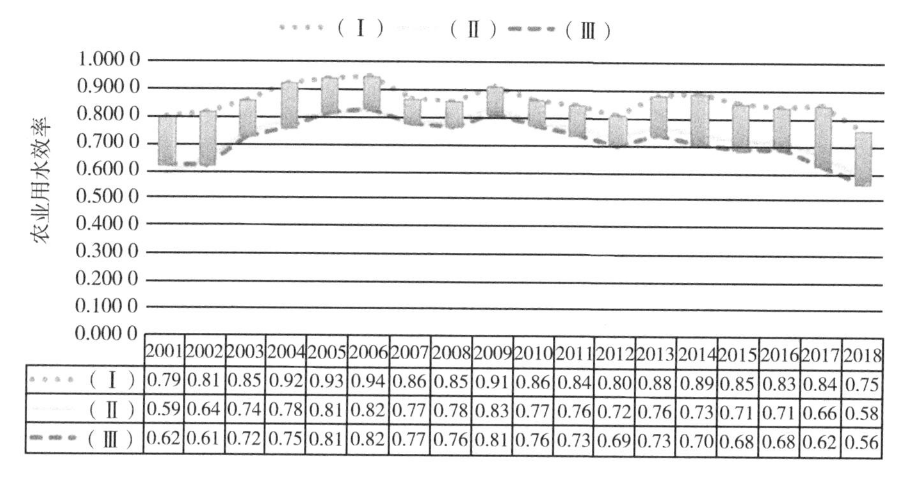

图 4-1　河北省农业用水效率演化趋势（2001—2018 年）

（资料来源：根据表 4-5、表 4-6、表 4-7 整理所得）

（2）效率空间演化特征

为了更直观地分析河北省农业用水效率的空间分布情况，本书选用研究时段内（2001—2018 年）的各地市逐年算术平均值，运用自然断点法将河北省农业用水效率分为四类，即低级、中低级、中高级、高级（表 4-8）以探究其空间分布特征。

表 4-8　河北省农业用水效率自然断点法分级

级别	农业用水经济效率（Ⅰ）	农业用水环境效率（Ⅱ）	农业用水生态效率（Ⅲ）
低级	0. 000 1～0. 723 8（1）	0. 000 1～0. 643 9（4）	0. 000 1～0. 606 7（4）
中低级	0. 723 9～0. 820 4（3）	0. 644 0～0. 870 5（3）	0. 606 8～0. 776 2（2）
中高级	0. 820 5～0. 945 4（2）	0. 870 6～0. 999 9（2）	0. 776 3～0. 917 0（2）
高级	0. 945 5～1. 000 0（5）	= 1. 000 0（2）	0. 917 1～1. 000 0（3）

资料来源：根据表 4-5、表 4-6、表 4-7 计算所得。

情形（Ⅰ）：不包含非期望产出的农业用水效率测度。主要反映农业用水的经济效率。由表 4-8 和图 4-2 可得，具体来看，唐山、秦皇岛、承德及廊坊 4 地市农业用水效率值均为 1，18 年间农业用水效率全部位于最优前沿面上。农业用水效率位于高级和中高级水平的地区是石家庄、唐山、秦皇岛、张家口、沧州、承德及廊坊7个地市，农业用水效率位于中低和低水平的地区是邯郸、邢台、保定和衡水，表明河北省北部燕山山脉地区农业用水效率高于中南部太行山山脉地区。

情形（Ⅱ）：包含灰水足迹非期望产出的农业用水效率测度，主要反映农业用水的环境效率。由表4-3和图4-2可得，18年间农业用水效率值均为1，全部位于最优前沿面上的地区为唐山、廊坊2地市；农业用水效率位于高和中高级水平的地区是唐山、张家口、承德和廊坊，农业用水效率位于中低和低级水平的地区是石家庄、秦皇岛、邯郸、邢台、保定、沧州和衡水。

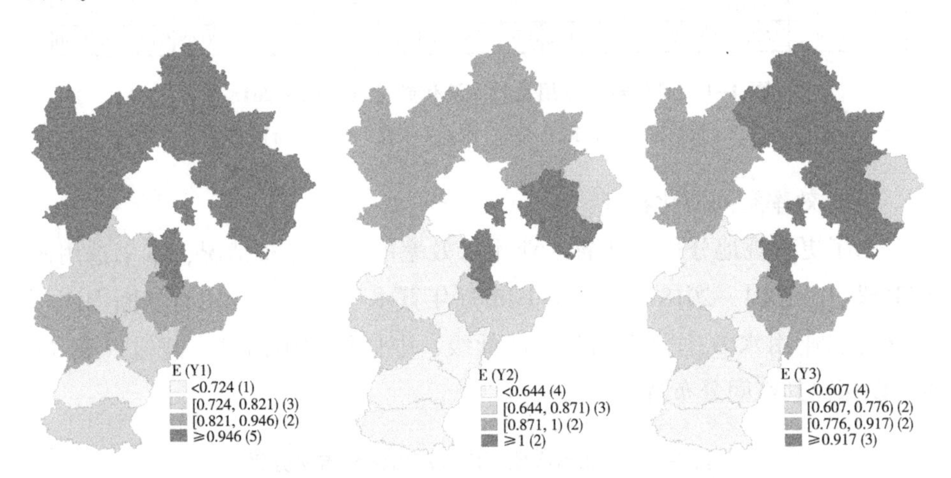

图4-2　基于自然断点法分级的河北省农业用水效率空间分布

（资料来源：根据表4-5、表4-6、表4-7计算所得）

情形（Ⅲ）：包含灰水足迹和农业地下水开采量两个非期望产出的农业用水效率测度，主要反映农业用水的生态效率。由表4-3和图4-2可得，具体来看，唐山、廊坊2地市仍旧农业用水效率效率均为1，18年间农业用水效率全部位于最优前沿面上；农业用水效率位于高级和中高级水平的地区是唐山、承德和廊坊；农业用水效率位于中低和低级水平的地区是石家庄、秦皇岛、邯郸、邢台、保定和衡水。

张家口、承德位于经济欠发达地区，但是农业用水效率较高，这说明一个地区的经济发展水平仅仅是影响农业用水效率水平的高低的一个因素，农业用水效率有效只说明其投入产出实现了最优达到前沿面。由于数据包络方法测算的农业用水效率值是投入与产出的相对效率，并不等同于农业水资源的利用率，可以解释了经济欠发达地区的农业水资源利用效率有效的原因。

综合来看，河北省农业用水效率 18 年算术平均值为：情形（Ⅰ）农业用水经济效率为 0.861 3、情形（Ⅱ）农业用水环境效率为 0.735 2、情形（Ⅲ）农业用水生态效率为 0.717 3。表明，河北省农业用水效率处于中高水平，在保证产出不变的前提下，情形（Ⅰ）农业用水经济效率、情形（Ⅱ）农业用水环境效率及情形（Ⅲ）农业用水生态效率分别存在 13.87%、26.48%、28.27%的提升空间。情形（Ⅰ）高级和中高级别的地区数量较多，低级别的地区数量较少，说明其总体的农业用水效率处于较高水平。情形（Ⅱ）农业用水环境效率和情形（Ⅲ）农业用水生态效率，考虑资源、环境因素，中低和低级别的地区数量较多，高级别的地区数量较少，说明其总体的农业用水效率处于中低水平，这与河北省农业用水的实际情况相吻合。

从河北省农业用水效率排名来看（表 4-9），唐山和廊坊一直处于农业用水效率高水平，这两个水资源禀赋、经济实力雄厚，科技发展水平高，农业种植结构合理，其农业用水效率的高低与经济发展水平密切相关；石家庄、张家口及沧州处于中高水平，邯郸、邢台、保定和衡水处于中低水平，排名波动较小；但其中秦皇岛和承德在情形（Ⅱ）和情形（Ⅲ）考虑资源、环境因素后，表现出农业用水效率急速下降，秦皇岛由农业用水经济效率值为 1，下降到农业用水环境效率值为 0.644 0，农业用水生态效率值为 0.606 8，全省排名由第一下降到全省第七，承德由农业用水经济效率值为 1，下降到农业用水环境效率值为 0.890 3，农业用水生态效率值为 0.917 1，全省排名由第一下降到全省第三，说明在近年来社会经济的发展农业水资源利用过程中更多关注了农业用水经济效率，忽视了农业用水的环境效率和生态效率。

表 4-9　河北省各市农业用水效率排名

地市	石家庄	唐山	秦皇岛	邯郸	邢台	保定	张家口	承德	沧州	廊坊	衡水
农业用水效率（Ⅰ）	7	1	1	9	11	8	5	1	6	1	10
农业用水效率（Ⅱ）	6	1	7	9	11	10	4	3	5	1	8
农业用水效率（Ⅲ）	6	1	7	8	11	10	4	3	5	1	9

资料来源：根据表 4-5、表 4-6、表 4-7 整理所得。

4.3　河北省农业用水效率的空间特征分析

经典计量模型是一种建立在独立观测值假定基础上的理论。在遇到空间数据问题时，独立观测值的假设并不成立（Getis，1997）。对于具有地理空间属性的数据，一般认为离的近的变量之间比在空间上离的远的变量之间具有更加密切的关系（Anselin & Getis，1992）。分析中涉及的空间单元越小，离的近的单元越有可能在空间上密切关联（Anselin & Getis，1992）。然而，在现实的经济地理研究中，许多涉及地理空间的数据，由于普遍忽视空间依赖性，其统计与计量分析的结果值得进一步深入探究（Anselin & Griffin，1988）。对于这种地理与经济现象中常常表现出的空间效应（特征）问题的识别估计，在经济研究中出现不恰当的模型识别和设定所忽略的空间效应主要有两个来源（Anselin，1988）：空间依赖性（Spatial Dependence）和空间异质性（Spatial Heterogeneity）。

探索性空间数据分析空间自相关（ESDA），主要包含全局空间自相关系数和局部空间自相关系数。全局自相关系数用来分析空间经济数据在整个时空系统中表现的相关性情况；局部自相关系数是分析局部区域或子系统表现出的相关性情况。从以上三种情形下河北省农业用水效率高低值的区域分布情况来看，高值区与低值区可能存在一定的空间关联性，高值区或低值区空间上存在集聚现象，可应用探索性空间数据分析方法（ESDA）探索河北省农业用水效率的空间分布模式。

4.3.1 农业用水效率全局 Moran's *I* 指数分析

农业水资源作为公共池塘资源的具有较强的竞争性、流动性、外部性和较弱的排他性。由于农业用水受到相邻地区的资源禀赋、地理环境和社会经济发展水平的影响，相邻地区与本地区的农业用水效率会存在相互依赖性，即空间自相关性。运用全局 Moran's *I* 可以检验三种情形下的每个效率的空间自相关性。

（1）农业用水效率全局 Moran's *I* 指数

全局 Moran's *I* 指数最早应用于全局聚类检验的方法（Cliff 和 Ord，1973）。主要检验整个研究区域中邻近地区间是相似、相异，还是相互独立的[183]。

$$I = \frac{\sum_{i=1}^{n}\sum_{j=1}^{n} w_{ij}(x_i - \bar{x})(x_j - \bar{x})}{S^2 \sum_{i=1}^{n}\sum_{j=1}^{n} w_{ij}} \tag{4-4}$$

其中，x_i 表示第 i 地市的农业用水效率计算值；n 为地市个数；w_{ij} 为邻接空间权重矩阵，表示空间对象的邻接关系，当区域 i 与区域 j 相邻时，$w_{ij}=1$，反之，$S^2 = \frac{1}{n}\sum_{i=1}^{n}(x_i - \bar{x}_i)^2 w_{ij} = 0$；$x_i$ 和 x_j 分别是区域 i 和区域 j 的属性；$\bar{x} = \frac{1}{n}\sum_{i=1}^{n} x_i$ 是属性的的平均值；是属性的方差；通过行标准化的空间权重矩阵计算的全局 Moran's *I* 指数 $I \in [-1, 1]$，当 $I > 0$ 时，河北省农业用水效率存在空间正相关，即效率高值地市周边为高值地市围绕，或者效率低值地市周边为低值地市围绕；当 $I < 0$ 时，河北省农业用水效率存在空间负相关，即效率高值地市周边为低值地市围绕或效率低值地市周边为高值地市围绕；当 $I = 0$ 时，不相关，服从随机分布。

（2）结果分析

采用基于 Queen 标准的二值邻接矩阵作为空间权重矩阵，运用公式（4-4）的全局 Moran's *I* 指数对河北省 11 个市，2001~2018 年农业用水效率三种情形下进行空间自相关分析，结果如表 4-10 和图 4-3 所示。

结果表明：情形（Ⅰ）农业用水经济效率的全局 Moran's *I* 指数平均综合指数为 0.641，除了 2003 年和 2017 年外，以及 2013 和 2015 年在 10%的显著性水平下通过检验外，其余年份均在 5%的水平下显著为正，可见河北省农业用水经济效率存在显著的正空间自相关，且结果具有较好的稳健性，表明农业用水经济效率高值地市周边为高值地市围绕，效率低值地市也相互邻近。情形（Ⅱ）农业用水环境效率的全局 Moran's *I* 指数平均综合指数为 0.151 0，不为零说明农业用水效率并非是空间无关的，与情形（Ⅰ）相比空间相关性有所下降，有 2001 年、2002 年、2004 年和 2015 年，共 5 年的空间相关性在 10%显著性水平不显著，可见河北省农业用水环境效率存在弱空间关联。

表 4-10　河北省农业用水效率全局 Moran's *I* 指数（2001—2018 年）

年份	情形（Ⅰ）：农业用水经济效率		情形（Ⅱ）：农业用水环境效率		情形（Ⅲ）：农业用水生态效率	
	I 值	P 值	I 值	P 值	I 值	P 值
2001	0.538	0.005	−0.064	0.434	−0.007	0.348
2002	0.362	0.032	−0.325	0.173	−0.345	0.052
2003	0.218	0.103	−0.484	0.060	−0.498	0.054
2004	0.437	0.010	−0.302	0.208	−0.326	0.082
2005	0.048	0.038	−0.011	0.036	−0.067	0.448
2006	0.043	0.045	−0.138	0.439	−0.163	0.014
2007	0.087	0.027	−0.154	0.041	−0.182	0.372
2008	0.421	0.017	0.158	0.052	0.145	0.165
2009	0.355	0.021	0.131	0.075	0.052	0.269
2010	0.378	0.025	0.3	0.052	0.245	0.083
2011	0.458	0.012	0.249	0.083	0.239	0.089
2012	0.560	0.004	0.32	0.046	0.306	0.051
2013	0.248	0.066	0.15	0.016	0.164	0.047
2014	0.301	0.050	0.169	0.014	0.183	0.027
2015	0.281	0.064	0.213	0.104	0.212	0.105
2016	0.627	0.002	0.562	0.004	0.575	0.004
2017	0.014	0.325	0.329	0.040	0.329	0.038
2018	0.454	0.013	0.318	0.042	0.296	0.049

资料来源：根据表 4-5、表 4-6、表 4-7 整理所得。

情形（Ⅲ）农业用水生态效率全局 Moran's *I* 指数平均综合指数为 0.166，不为零说明农业用水效率并非是空间无关的，与情形（Ⅰ）相比空

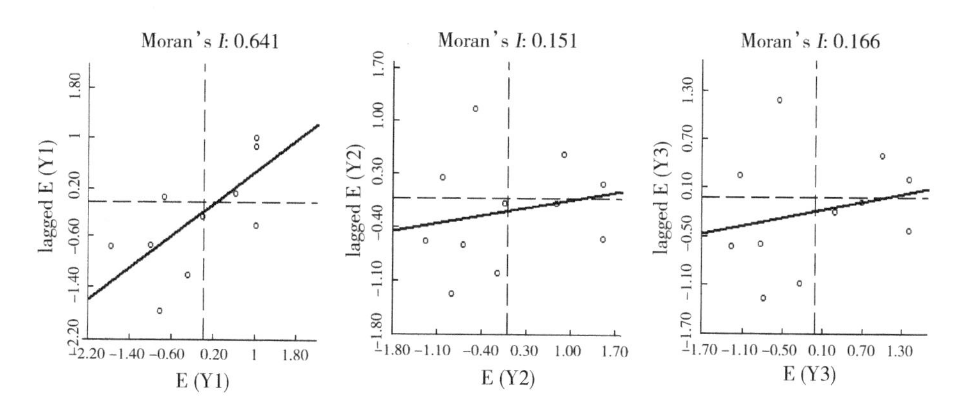

图 4-3 河北省农业用水效率全局 Moran's *I* 指数散点

（资料来源：根据表 4-5、表 4-6、表 4-7 整理所得）

间相关性也有所下降，且有 2001 年、2005 年、2007 年、2008 年、2009 年和 2015 年，共 6 年的空间相关性在 10%显著性水平不显著，可见河北省农业用水生态效率存在弱空间关联。

图 4-4 给出情形（Ⅰ）农业用水经济效率、情形（Ⅱ）农业用水环境效率和情形（Ⅲ）农业用水生态效率三种情形下，河北省农业用水效率全局 Moran's *I* 指数 2001—2018 年趋势图。从动态分析可知，十八年间，农业用水经济效率全局 Moran's *I* 指数虽然出现波动，但整体变化不大，表明河北省农业用水经济效率呈现空间正相关；农业用水环境效率和生态效率全局 Moran's *I* 指数从负相关转为正相关波动较大，表明河北省农业用水环境效率和生态效率呈现从相邻相异转变为相邻相似。

4.3.2 农业用水效率局部 Moran's *I* 指数与 LISA 分析

（1）农业用水效率局部 Moran's *I* 指数

Anselin（1995）提出局部 Moran's *I* 指数或称之为 LISA，以各地市农业用水效率为横轴、以其相应的空间滞后值为纵轴构建 Moran 散点图，可以更加清晰地描绘每个地市与周边地市农业用水效率的空间集聚或离散趋势。

全局 Moran's *I* 指数只能判断河北省不同地市农业用水效率的整体差异水平，以及全省 11 个地市的关联与差异程度，但不能判断研河北省 11 个地

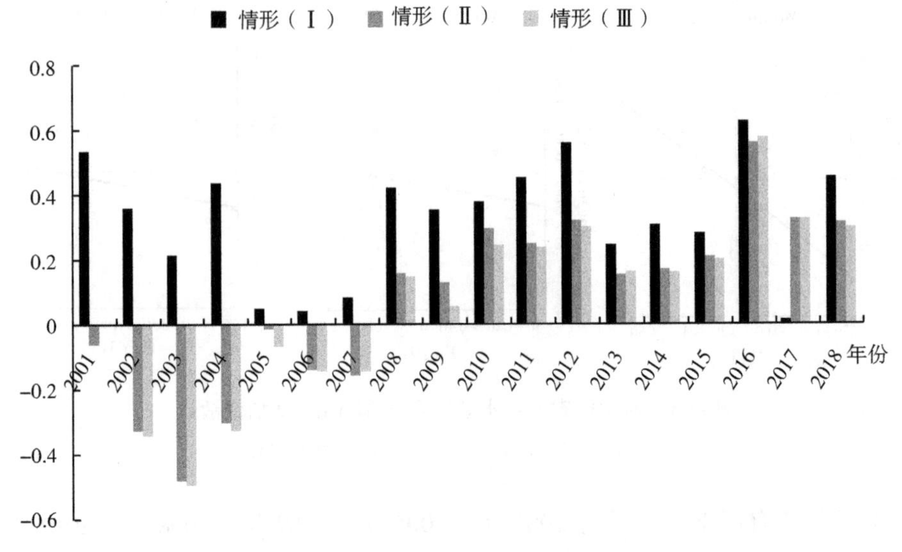

图 4-4　河北省农业用水效率全局 Moran's *I* 指数趋势（2001—2018 年）

（资料来源：根据表 4-5、表 4-6、表 4-7 整理所得）

市的具体空间集聚特征及其显著性。为进一步揭示空间相似值分布特征的稳定性，需通过局部 Moran's *I* 指数，深入分析显著相似地市的空间自相关程度。用来检验河北省每个地市的 LISA 是否存在相似或相异的观察值集聚在一起，是描述河北省各地市之间空间集聚程度的指标。对某个空间局部单元 i 的局部 Moran's *I* 指数定义[184]如下：

$$I_i = (\frac{x - \bar{x}}{m}) \sum_{j=i}^{n} w_{ij}(x_i - \bar{x}) \tag{4-5}$$

其中，$m = \frac{\sum_{j=1,\ j \neq i}^{n} x_j^2}{(n-1) - \bar{x}^2}$，局部 Moran's *I* 指数 $I \in [-1,\ 1]$，当 $I > 0$ 时，表示同类型要素属性值的地区相邻近，即一个高值被高值所包围，或者一个低值被低值所包围，区域农业用水效率观测值存在空间集聚；当 $I < 0$ 时，表示不同类型要素属性值的地区相邻近，即一个高值被低值所包围，或者一个低值被高值所包围，区域农业用水效率观测值存在空间集聚。该指数值的绝对值越大邻近程度越大。用 Z 统计量可以检验局部 Moran's *I*

指数的显著性。

（2）局部 Moran's I 指数结果分析

在全局自相关分析的基础上，利用 GEODA 软件计算出河北省 11 个地市农业用水效率的局部 Moran's I 指数和 LISA 集聚图（图 4-5）。

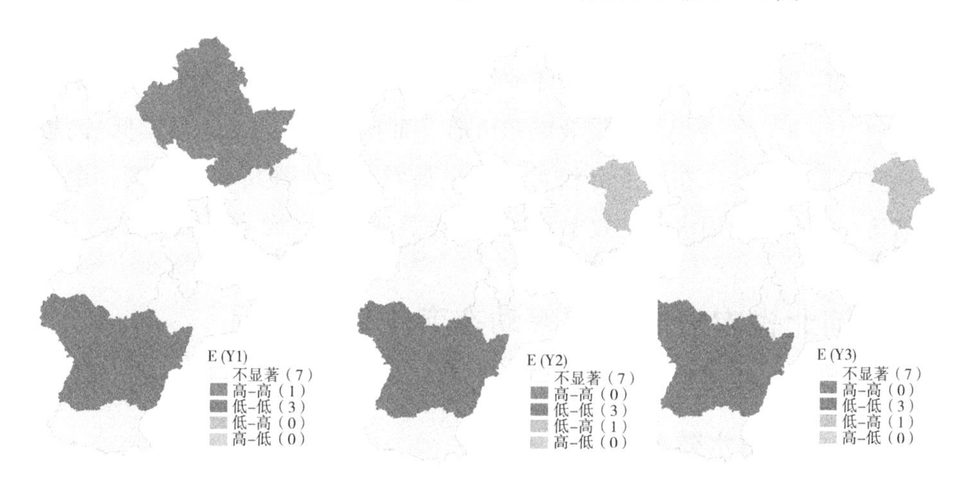

图 4-5　河北省农业用水效率 LISA 集聚

（资料来源：根据表 4-5、表 4-6、表 4-7 整理所得）

情形（Ⅰ）农业用水经济效率与情形（Ⅱ）农业用水环境效率和情形（Ⅲ）农业用水生态效率相比，农业用水经济效率具有高-高的空间集聚现象，具有相同地区的低-低的空间集聚现象，农业用水经济效率不存在低-高、高-低集聚现象，7 个地区集聚现象不显著；农业用水环境效率存在一个低-高集聚现象，农业用水生态效率存在一个低-高集聚现象，二者同样有 7 个地区集聚现象不显著。

1）高-高集聚地区。情形（Ⅰ）农业用水经济效率存在 H-H 集聚的地区是承德，情形（Ⅱ）农业用水环境效率和情形（Ⅲ）农业用水生态效率不存在 H-H 集聚的地区，说明河北省农业用水在考虑环境因素、资源可持续利用等问题时用水效率不存在高值区域局部空间集聚现象。

2）低-低集聚地区。情形（Ⅰ）农业用水经济效率、情形（Ⅱ）农业用水环境效率和情形（Ⅲ）农业用水生态效率稳定分布在 L-L 集聚地区的是石家庄、衡水和邢台。这些地区位于河北省中南部地区，是小麦的主要种植区，承担着粮食生产的重任，农业用水最主要的部分利用地下水。在当前农业机械化与科技化水平较低的情况下，以漫灌为主要方式的灌溉方式产生大量的浪费，由于缺少专用资金和技术，管制政策宽松，农业用水环境污染治理被“选择性忽略”致使环境污染程度加剧，节水政策优势在这些地区发挥不明显，导致农业水资源环境效率和生态效率较低。

3）低-高集聚地区。情形（Ⅰ）农业用水经济效率不存在低-高集聚地区，情形（Ⅱ）农业用水环境效率和情形（Ⅲ）农业用水生态效率低-高集聚地区的是秦皇岛。在以上分析可知秦皇岛农业用水经济效率较高，全省排名第一，而农业用水环境效率和生态效率急速下降，全省排名第七。

4.4 河北省农业用水效率动态变化趋势分析

4.4.1 农业用水效率核密度曲线

（1）核密度估计（KDE）

由于在研究农业用水效率实际问题中，对于未知概率密度函数的信息一无所知，所以，参数估计方法以及半参估计方法不适用于农业用水效率问题的求解。核密度估计（KDE）由 Rosenblatt（1955）和 Emanuel Parzen（1962）提出，又名 Parzen 窗（Parzen window），是在概率论中用来估计未知的密度函数，属于非参数检验方法之一，是研究不均衡分布的一种常用方法。主要用于估计随机变量的概率密度，以连续密度曲线来表达随机变量的分布形态[185-187]。

（2）农业用水效率核密度估计函数

核密度估计能够综合展示河北省农业用水效率分布的整体情况，在考虑空间因素影响的条件下，更有效地模拟空间条件下河北省农业用水效率的动态变化趋势。本部分假定$f(X)$为随机变量河北省农业用水效率X的密度函数，同时，选择常用的高斯核核函数表达形式，设X_1，X_2，…，X_n为河北省农业用水效率X的独立同分布的一个样本，则X所服从分布的密度函数$f(X)$的核密度估计为：

$$f(X)=\frac{1}{nh}\sum_{i=1}^{n}K(\frac{X_i-\overline{X}}{h}) \tag{4-6}$$

$$K(X)=\frac{1}{\sqrt{2\pi}}\exp(-\frac{X^2}{2})$$

其中，$K(\cdot)$ 表示为核函数，n 表示为观测值的个数即河北省地市的个数，X_i 表示为第 i 观测值，$\overline{X}$ 表示为观测值 X_i 的均值，h 表示为窗口宽度（带宽）即平滑因子，决定了核密度曲线的光滑程度和估计精度，带宽越大，曲线越光滑，估计精度越低；带宽越小，曲线越不光滑，估计精度越高。因此，核密度估计的关键的问题为：一是确定核函数，二是窗口宽度（带宽）即平滑因子的确定。选取的核密度需要满足以下三条性质：

（1）非负性：$K(X)\geq 0$，$X\in R$；

（2）对称性：$K(X)=K(-X)$，$X\in R$；

（3）归一性：$\int_{-\infty}^{+\infty}K(X)d(X)=1$。

4.4.2 河北省农业用水效率核密度估计结果

根据河北省 11 个地市三种情形下农业用水效率，本文运用核密度估计描绘出 2001—2018 年河北省农业用水效率核密度曲线分布图（图 4-6、图 4-7 及图 4-8），图中的横轴表示农业用水效率，纵轴表示核密度。图中给出了 2001—2006 年、2007—2012 年、2013—2018 年及 2001—2018 年的河北省农业用水效率核密度图，显示了河北省 11 个地市农业用水效率的演进状况，其具体分布演进具有以下几个特征：

（1）情形（Ⅰ）农业用水经济效率

首先，从形状上来看，2001—2018 年河北省 11 个地市农业用水经济效率经历由低向高不断提升的演变趋势，且随着时间的推移，较高效率的地市逐渐涌现，呈现出双峰左拖尾形状；2001—2006 年出现波峰中心向右移动，左拖尾拉长现象，说明效率较低的地区所占的比重不断减少，效率较高的地方所占的比重增加，从 2007—2018 年的左拖尾现象缩短，波峰中心向左移动，效率较低的地区所占的比重有所增加。

其次，从峰度上看，波峰呈现出由不明显的双峰或多峰向明显双峰变化的态势，先后经历扁平—陡峭—扁平演化；相比 2001 年，2005 年和 2006 年农业用水经济效率核密度曲线波峰最为陡峭，呈现密度函数曲线中心右移、峰值逐渐扩大和区间变化缩小的态势，河北省农业用水经济效率空间差距在缩小，相比 2005 年、2006 年，2007—2018 年农业用水经济效率核密度曲线波峰转为扁平，呈现密度函数曲线中心左移、峰值逐渐缩小和区间变化扩大的态势，表明河北省农业用水经济效率空间差距明显；主峰高度先上升后下降，主峰宽度先变窄后变宽，次峰宽度比较稳定，这表明河北省农业用水经济效率的两极化趋势先减弱，后加强。

最后，从位置上来看，在 2001—2018 年，河北省农业用水经济效率的密度分布曲线中心右移，说明波峰对应的农业用水经济效率逐渐提高，整个区域快速全面的提升，特别是从 2001 到 2006 年，农业用水经济效率的密度分布曲线中心右平移幅度加大，增速明显。

（2）情形（Ⅱ）农业用水环境效率

首先，从形状上来看，2001—2018 年河北省 11 个地市农业用水环境效率处于中低水平，呈现出多峰分布到双峰分布的态势，说明农业用水环境效率呈现出多极分布到两极分布的形势；2001—2006 年出现波峰中心右移，说明效率较低的地区所占的比重不断减少，效率较高的地方所占的比重增加，从 2007—2018 年的出现波峰中心左移，右拖尾现象扩大，效率较低的地区所占的比重有所增加。

其次，从峰度上看，波峰呈现出明显的双峰或多峰向不明显的双峰变化的态势，由陡峭向扁平演化；相比 2001 年波峰陡峭，2005—2018 年农业用水环境效率核密度曲线波峰转为平缓，呈现峰值逐渐缩小和区间变化扩大的态势，表明河北省农业用水环境效率空间差距在扩大，表明河北省农业用水经济效率的两极化趋势逐渐加强。

最后，从位置上来看，在 2001—2006 年，河北省农业用水经济效率的密度分布曲线中心右移，说明波峰对应的农业用水环境效率逐渐提高，从 2007—2018 年，农业用水环境效率的核密度分布曲线中心向左平移幅度加大，农业用水环境效率呈下降趋势。

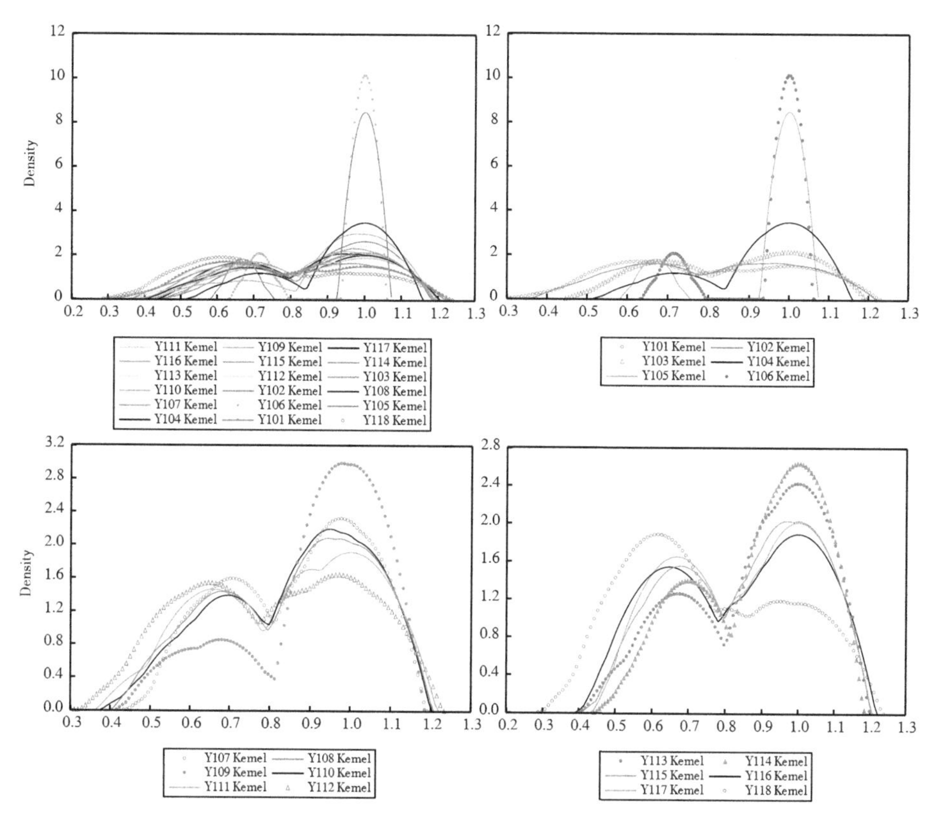

图 4-6　河北省农业用水经济效率核密度曲线分布

（资料来源：根据表 4-5、表 4-6、表 4-7 整理所得）

（3）情形（Ⅲ）农业用水生态效率

首先，从形状上来看，2001—2018 年河北省 11 个地市农业用水生态效率处于中低水平，呈现出明显双峰分布态势，说明河北省农业用水生态效率呈现两极分布的形势；2001—2006 年出现波峰中心右移，说明效率较低的地区所占的比重不断减少，效率较高的地方所占的比重增加，2007—2018 年的出现波峰中心左移，右拖尾现象扩大，效率较低的地区所占的比重有所增加。

其次，从峰度上看，波峰呈现出明显的双峰态势，经历陡峭—扁平演化；2001 年和 2002 年波峰陡峭且左峰高于右峰，说明农业用水生态效率高值地区所占的比重小于低值区所占比重，农业用水生态效率呈现下降趋势，

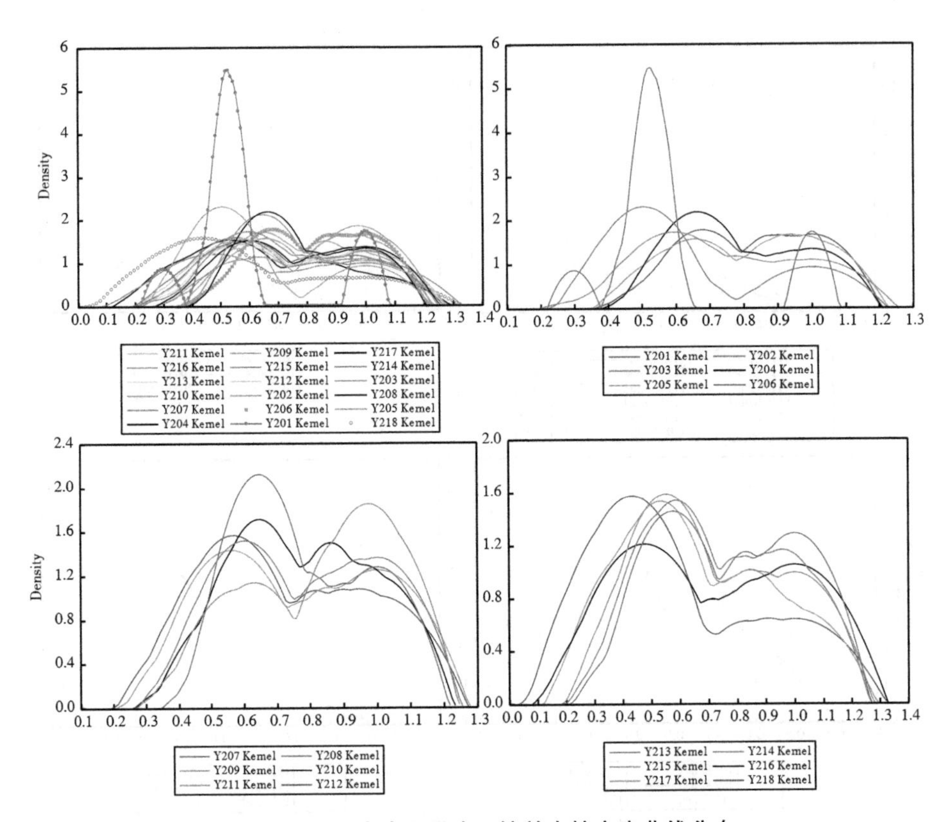

图 4-7　河北省农业用水环境效率核密度曲线分布

（资料来源：根据表 4-5、表 4-6、表 4-7 整理所得）

2005—2018 年农业用水生态效率核密度曲线波峰转为平缓，呈现峰值逐渐缩小和区间变化扩大的态势，表明河北省农业用水环境效率空间差距在扩大，表明河北省农业用水生态效率的两极化趋势逐渐加强。

最后，从位置上来看，在 2001—2006 年，河北省农业用水生态效率的密度分布曲线中心右移，说明波峰对应的农业用水生态效率逐渐提高，从 2007 年到 2018 年，核密度分布曲线中心向左平移幅度加大，农业用水生态效率呈下降趋势。

依据以上结论，在保证农业用水效率逐步提高的前提下，实现经济、资源、环境的三赢，建议如下：①拓展农业用水效率内涵研究，对农业水资源效率的评价产生重大影响，遵循此思维范式，转变农业水资源利用的

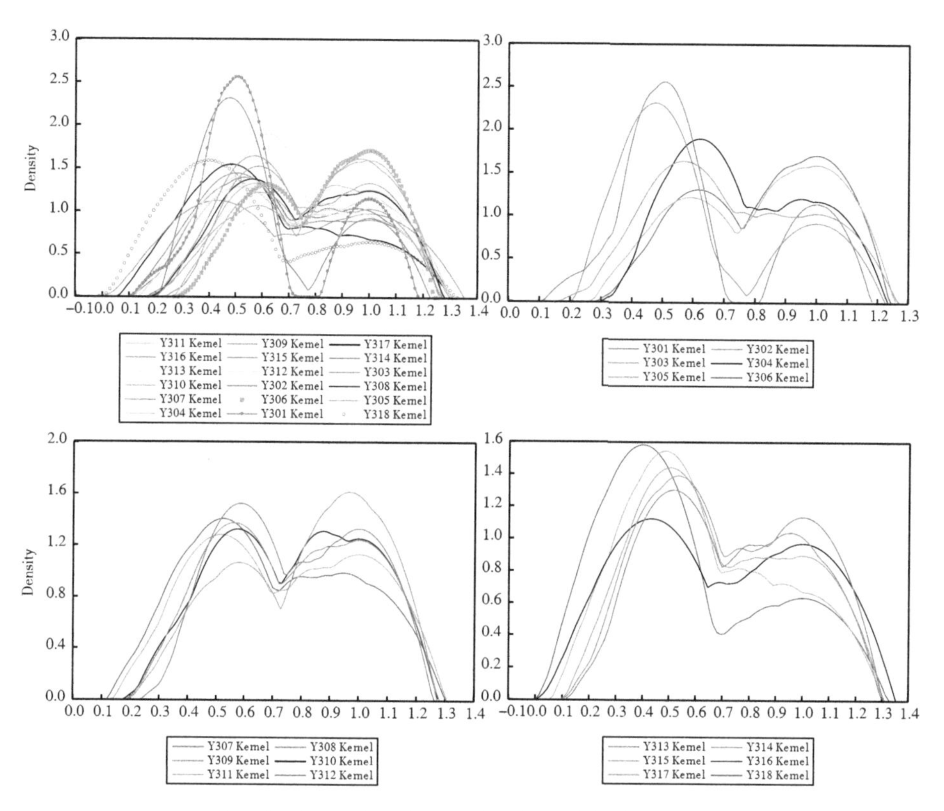

图 4-8 河北省农业用水生态效率核密度曲线分布

（资料来源：根据表 4-5、表 4-6、表 4-7 整理所得）

观念，在追求经济增长目标的的同时兼顾资源环境的可持续性，因此，应加强对农业用水效率内涵的研究；②在保障农业水资源经济产出最大化的农业用水经济效率和环境污染最小化的农业用水环境效率稳步提升的前提下，对于农业用水效率高值区应该进一步保持较平稳的水资源开发利用状态，维持较高的农业用水效率水平；③对于农业用水效率中高值区和中低值区，应该在已取得水平的基础上，进一步控制水资源开发利用。④对于农业用水效率低值区，集中在地下水超采区，应该重点落实地下水压采措施，提高农业用水效率的水平。

4.5 本章小结

（1）拓展了农业用水效率的内涵研究

基于粮食安全、资源环境可持续性的目标，结合农业水资源的属性分析，挖掘农业用水效率的内涵，从农业用水经济效率、农业用水环境效率和农业用水生态效率三个层面，拓展了农业用水效率的研究范围。

（2）河北省农业用水效率的测度

结合数据包络分析方法（DEA），引入 SBM-DEA 模型，测算了农业用水经济效率、农业用水环境效率和农业用水生态效率三种情形下河北省农业用水效率。

2001—2018 年测算结果如下。

①全省平均而言，河北省农业用水效率处于较高水平，表现为农业用水经济效率 0.861 3 高于农业用水环境效率 0.735 2 高于农业用水生态效率 0.717 3。

②时间维度：在三种情形下，河北省农业用水效率呈现不同程度的波动下降趋势，农业用水经济效率多年间起伏平稳，总体水平高，农业用水环境效率和农业用水生态效率起伏较大，整体水平较高。

③空间维度：应用自然断点法四级分类标准，三种情形下，河北省农业用水效率呈现显著空间异质特征，农业用水经济效率高级有 5 个地市，农业用水环境效率高级有 2 各地市，农业用水生态效率有 3 个地市，表明农业用水经济效率与经济发展水平密切相关，农业用水环境效率和农业用水生态效率高值地区与经济发展水平密切性较弱。

④依据测度结果，在三种情形下，分别进行了河北省 11 个地市农业用水效率的排序，平均而言，唐山、廊坊二市位居前列，邢台、保定、衡水及邯郸农业用水效率提升潜力较大。

（3）河北省农业用水效率空间格局分析

应用探索性空间数据分析（ESDA），河北省农业用水经济效率存在显著的正空间自相关，且结果具有较好的稳健性，表明农业用水经济效率高值地市周边为高值地市围绕，效率低值地市也相互邻近，而农业用水环境效率和农业用水生态效率存在弱空间关联；三种情形下低–低的空间集聚现象稳定，仅有农业用水经济效率具有高–高的空间集聚现象，说明在当前情况下，由于缺少专用资金和技术创新与推广，管制政策宽松，农业用水环境污染治理被“选择性忽略”致使环境污染程度加剧，节水政策优势在这些地区发挥不明显，导致农业水资源环境效率和生态效率较低。

（4）河北省农业用水经济效率动态演变趋势分析

运用核密度估计描绘出2001—2018年河北省农业用水效率核密度曲线分布图，结果表明：农业用水经济效率经历由低向高不断提升的演变趋势，且随着时间的推移，较高效率的地市逐渐涌现，呈现出双峰左拖尾形状；农业用水环境效率处于中低水平，呈现出多峰分布到双峰分布的态势，说明农业用水环境效率呈现出多极分布到两极分布的形势；农业用水生态效率呈现明显双峰分布态势，说明河北省农业用水生态效率呈两极分布的形势。

5 河北省农业用水效率影响因素分析

本部分借助空间 TOBIT 模型，识别和检验河北省农业用水效率的主要驱动因素，检证河北省各地区农业用水效率的空间集聚特征。本章将农业用水效率的影响因素归为资源禀赋因素、社会经济因素、资源环境约束因素、结构因素和技术进步因素 5 大类，选取有效降水量、人均水资源量、有效灌溉面积、人均 GDP（元）、第三产业产值占比、城镇化率、万元农业产值用水量、粮食作物与蔬菜播种面积分别占农作物播种面积的比重、灰水足迹、地下水开采量以及节水灌溉面积 10 个变量作为解释变量对农业用水效率进行分析，并对不同因素对效率影响的直接效应、间接效应和总效应进行分解，检验河北省农业用水效率影响因素的空间溢出效应和传导机制，提炼影响河北省农业用水效率的核心因素。

5.1 理论模型的设定

考虑到作为公共池塘资源属性的农业水资源具有较强的外部性和流动性，仅用传统计量模型并不能够真实还原农业用水效率的客观事实。因此，本文基于农业用水效率提升的内在机理，结合已有研究成果[188-190]，选取空间计量模型，使模型的分析结果更接近客观现实。在计量经济学中，TOBIT 模型是一种分析截断数据的标准工具，在空间集合中，如果被解释变量不是连续变量，而是存在删截值时，那么被解释变量服从一个截尾分布，当潜变量具有空间依赖性时，模型就应该被扩展为空间 TOBIT 模型。由于三种情形下的农业用水效率介于 0 和 1 之间，具有非负截断特性，对于受限解释变量的回归，采用经典最小二乘估计，导致结果不准确，而且根据上一章空间自相关 Moran's I 指数、LISA 图分析结果，表明河北省农业用水效率存在显著的空间自相关性，所以本章采用空间 TOBIT 模型方法进行分析；

为考察解释变量的空间溢出效应，本章引入空间滞后模型、空间误差模型和空间杜宾模型空间计量模型，并根据空间杜宾模型包含的交互效应模型，考虑对被解释变量有影响的遗漏变量存在的空间相关性，避免因遗漏变量而影响实证结果的准确性。

5.1.1 空间面板 TOBIT 模型

综合空间滞后模型、空间误差模型、空间杜宾模型和空间 TOBIT 模型的运算原理，依照 Harry Kelejian 和 Gianfranco Piras（2017）的划分方法[194]，空间面板 Tobit 模型可以分为同时空间自回归 Tobit 模型（SSAR-Tobit）、同时空间自回归-Durbin Tobit 模型（SSDAR-Tobit）、潜变量空间自回归 Tobit 模型（LSAR-Tobit 模型）、潜变量空间误差 Tobit 模型（LSEM-Tobit 模型）四种类型，具体见表 5-1。

表 5-1 空间面板 TOBIT 模型分类

分类	表达式
同时空间自回归 TOBIT 模型（SSAR-TOBIT）	$Y_{it} = \max(0,\ \rho \sum_{j=1}^{n} W_{ij} Y_{jt} + X_{it}^{\mathrm{T}}\beta + \mu_{it})$ (5-1)
同时空间自回归杜宾 TOBIT 模型（SSDAR-TOBIT）	$Y_{it} = \max(0,\ \rho \sum_{j=1}^{n} W_{ij} Y_{jt} + \gamma \sum_{j=1}^{n} W_{ijt} X_{it} + X_{it}^{\mathrm{T}}\beta + \mu_{it})$ (5-2)
潜变量空间自回归 TOBIT 模型（LSAR-TOBIT）	$Y_{it} = \max(0,\ Y_{it}^{*})$ $Y_{it}^{*} = \rho \sum_{j=1}^{n} W_{ijt} Y_{it}^{*} + X_{it}^{\mathrm{T}}\beta + \mu_{it}$ (5-3)
潜变量空间误差 TOBIT 模型（LSEM-TOBIT）	$Y_{it} = \max(0,\ Y_{it}^{*})$ $Y_{it}^{*} = X_{it}^{\mathrm{T}}\beta + \mu_{it}$ $\mu_{it} = \lambda \sum_{j=1}^{n} W_{ijt} \mu_{jt} + \varepsilon_{it}$ (5-4)

其中，Y_{it} 是被解释变量（具有上限、下限或者存在极值，即具有删失数据特征），Y_{it}^{*} 是潜变量，W_{ijt} 是空间权重矩阵，ρ 是被解释变量自回归系数，γ 是解释变量自回归系数，λ 是随机误差项自相关系数，ε_i 是正态独立同分布

随机误差项。

5.1.2 空间权重矩阵

本研究使用基于空间邻接的权重矩阵来显示空间单位距离的函数，采用基于 Queen 标准的二值邻接矩阵作为空间权重矩阵，主要反映空间单元是否相邻的“0-1 矩阵”，若两个地区 i 和 j 拥有共同的地理边界，视为相邻，赋权为 1，即 $W_{ij}=1$；若不相邻，赋权为 0，即 $W_{ij}=0$。基于距离的权重定义如下：

$$W_{ij}=\begin{cases}1，空间邻接；\\0，空间不邻接。\end{cases} \tag{5-1}$$

式中，W_{ij} 表示空间权重矩阵，i，$j\in[1,\ n]$ 分别表示空间不同地区，n 表示空间地区的数量。借助 GeoDa 软件设置参数，使每个区域有一个邻居，获得河北省 11 个地市的相邻矩阵的权重信息。

5.2 样本数据收集与整理

5.2.1 模型变量确定

第 1 章文献的综述结果表明，农业用水效率除了受数据包络分析模型中的投入产出指标影响之外，还受到其他外部环境的影响，如资源禀赋、农业种植结构，社会经济、基础设施及环境约束等因素的制约。考虑到影响农业用水效率水平的因素众多，机理也相对复杂，依据国内外已有文献研究成果，本章将农业用水效率的影响因素归为 5 类，分别是资源禀赋因素、社会经济因素、资源环境约束因素、结构因素和技术进步因素，选取有效降水量、人均水资源量、有效灌溉面积、人均 GDP（元）、第三产业产值占比、城镇化率、万元农业产值用水量、粮食作物与蔬菜播种面积分别占农作物播种面积的比重、灰水足迹、地下水开采量以及节水灌溉面积 10 个变量作为解释变量对农业用水效率进行分析（表 5-2）。

表 5-2　影响农业用水效率的变量及代理指标

影响因素	变量描述	代理指标
资源禀赋因素	水资源禀赋	X1 有效降水量（毫米）
		X2 人均水资源量（米^3）
社会经济因素	经济水平	X3 人均 GDP（万元）1 990 年=100
	社会发展	X4 人口自然增长率（%） X5 城镇化率（%）
	用水强度	X6 万元农业产值用水量（米^3/万元）
结构变动因素	用水结构	X7 农业用水量占比（%）
	种植结构	X8 粮食作物播种面积占比（%）
	种植结构	X9 蔬菜播种面积占比（%）
环境规制因素	环境污染	X10 灰水足迹（亿米^3）
	资源可持续性	X11 地下水开采量（亿米^3）
技术进步因素	科学技术水平	X12 节水灌溉面积（千公顷）

5.2.2　样本数据的选择

（1）样本数据来源

基于数据的可获得性以及文献总结与梳理，本章数据来源于《河北经济年鉴（2001—2019 年）》《河北农村统计年鉴（2001—2019 年）》和《河北省水资源公报（2001—2018 年）》，研究数据中使用了 2001—2018 年河北省 11 个设区市（为了保持数据的一致性，把辛集市与石家庄市数据合并，把定州市与保定市数据合并）的指标，灰水足迹计算参照孙才志处理方法[198]。为了消除物价的影响，人均 GDP（元）、万元农业产值用水量中涉及到的经济数据均采用 1990 年可比价格进行计算。

（2）样本数据的描述统计分析

影响河北省农业用水效率 12 个因素中，样本数据分布特征如表 5-3 所示，有效降水量、人均水资源量、人口自然增长率、城镇化率、万元农业产值用水量、农业用水量占比、粮食作物播种面积占比、灰水足迹、地下水开采量、节水灌溉面积（样本数据离散程度低相对稳定，人均 GDP、蔬菜播种面积占比样本数据离散程度偏高，波动较大。

表 5-3　河北省农业用水效率影响因素的描述统计分析（2001—2018 年）

变量	单位	均值	最大值	最小值	标准差	样本容量
X1 有效降水量	（毫米）	442. 63	689. 51	238. 81	77. 99	198
X2 人均水资源量	（$米^3$）	228. 53	1 282. 76	33. 95	167. 75	198
X3 人均 GDP	（元）	41 774. 2	120 805	11 424	22 427. 6	198
X4 人口自然增长率	（%）	0. 057 7	0. 087 2	0. 016 0	0. 015 2	198
X5 城镇化率	（%）	0. 347 4	0. 631 6	0. 146 1	0. 147 4	198
X6 万元农业产值用水量	（$米^3$/万元）	789. 14	3 322. 40	186. 45	554. 65	198
X7 农业用水量占比	（%）	0. 675 1	0. 869 7	0. 450 2	0. 083 3	198
X8 粮食作物播种面积占比	（%）	0. 748 6	7. 533 4	0. 237 6	0. 490 3	198
X9 蔬菜播种面积占比	（%）	0. 143 8	2. 224 5	0. 010 8	0. 158 3	198
X10 灰水足迹	（亿$米^3$）	21. 57	40. 81	5. 87	10. 67	198
X11 地下水开采量	（亿$米^3$）	9. 33	24. 95	1. 85	5. 86	198
X12 节水灌溉面积	（千公顷）	0. 622 7	1. 24	0. 28	0. 149 8	198

资料来源：作者根据《河北省经济年鉴》（2002—2019 年）、《河北农村统计年鉴》（2002—2019 年）及《河北省水资源公报》（2001—2018 年）相关数据整理计算而得。

表 5-4　河北省农业用水效率影响因素相关系数矩阵

	X1	X2	X3	X4	X5	X6	X7	X8	X9	X10	X11	X12
X1	1. 00											
X2	0. 23	1. 00										
X3	0. 16	0. 07	1. 00									
X4	0. 00	−0. 29	0. 05	1. 00								
X5	0. 05	0. 11	0. 38	−0. 15	1. 00							
X6	−0. 10	0. 00	−0. 24	−0. 25	−0. 34	1. 00						
X7	−0. 12	−0. 28	−0. 31	0. 20	−0. 40	0. 37	1. 00					
X8	0. 11	0. 01	0. 00	0. 13	−0. 05	0. 02	0. 06	1. 00				
X9	0. 12	0. 12	0. 02	−0. 22	0. 05	−0. 03	−0. 23	−0. 05	1. 00			
X10	0. 04	−0. 27	0. 14	0. 33	0. 08	−0. 15	0. 14	0. 11	−0. 01	1. 00		
X11	−0. 01	−0. 41	−0. 15	0. 23	−0. 19	0. 15	0. 40	0. 16	−0. 03	0. 33	1. 00	
X12	0. 05	0. 10	0. 36	0. 05	0. 39	−0. 35	−0. 33	0. 01	0. 01	−0. 03	−0. 21	1. 00

资料来源：作者整理计算所得。

根据上述相关系数矩阵结果可知 12 个解释变量两两相关系数绝对值均小于 0. 4，表明作为解释变量的各影响因素表现为弱相关，变量之间的关系强度较低。

5.3　河北省农业用水效率影响因素实证分析

5.3.1　模型估计结果比较分析

（1）普通面板 TOBIT 模型估计结果分析

如果不考虑空间溢出性，可以直接利用普通面板 TOBIT 模型估计方法对模型进行估计，表 5-5 汇报了针对农业用水经济效率（模型 1）、农业用水环境效率（模型 2）和农业用水生态效率（模型 3）三种情形下普通面板 TOBIT 模型估计结果，并列出模型 Hausman 检验结果。

表 5-5　不考虑空间溢出性的普通面板 TOBIT 模型估计结果

解释变量	模型 1		模型 2		模型 3	
	回归系数	t 值	回归系数	t 值	回归系数	t 值
X1	0.000 1	0.21	-0.000 2	1.06	0.000 2	1.13
X2	0.000 1	1.28	-1.62E-06	-0.02	0.000 1	0.46
X3	1.93E-06	3.26	2.25E-06	2.87	2.19E-06	2.50
X4	0.156 8	0.58	0.192 1	0.76	0.158 8	0.55
X5	-0.078 0	-0.86	-0.425 3	-3.55	-0.566 1***	-4.22
X6	-4.36E-06	-0.18	-0.000 2***	-5.44	-0.000 2***	-4.35
X7	0.028 1	0.13	0.078 8	0.31	0.328 1	1.14
X8	-0.026 1	-1.27	-0.033 3	-1.23	-0.036 9	-1.22
X9	0.198 1***	3.09	0.3105***	3.66	0.323 8***	3.42
X10	0.002 1	0.90	-0.001 5	-0.51	0.002 2	0.66
X11	-0.005 7	-1.51	0.003 3	0.65	-0.006 8	-1.20
X12	-0.000 6***	-3.96	-0.000 8***	-4.07	-0.000 7***	-3.28
截距项	0.928 1***	12.22	1.030 2***	10.23	1.013 9***	9.01
Hausman Test (p-value)	-18.067 3 (0.0344)		-26.751 1 (0.0015)		-24.515 2 (0.0036)	
N	198	198	198	198	198	198

注：*，**，*** 分别表示在 10%，5%，1%的水平下显著。

根据表 5-5 显示：第一，模型 1、模型 2、模型 3 在不考虑空间效应的传统面板 TOBIT 模型进行估计结果，回归系数大部分均不显著，存在显著的空间效应和时间效应；第二，通过 Hausman 检验可以判断三个模型均应采用固定效应，而拒绝随机效应。模型 1 的 Hausman 检验统计值为 -18.067 3，p 值为 0.034 4，模型 2 的 Hausman 检验统计值为 -26.751 1，p

值为0.001 5，模型3的Hausman检验统计值为−24.515 2，p值为0.003 6，显著拒绝了估计系数存在非系统性差异即随机效应的原假设，表明应该选择空间固定效应模型（Wooldridge，2002）。

（2）空间交互效应检验结果分析

运用全局Moran's *I*指数对河北省农业用水效率三种情形进行空间自相关性分析，结果显示：除少数年份外，河北省各地市农业用水效率存在显著的正向空间自相关，即邻近单元农业用水效率对本单元的农业用水效率会产生正向影响。因此，为了提高模型的精度，有必要在面板数据回归模型中加入空间效应影响。

在进一步使用空间面板数据模型，考虑河北省各地市间的农业用水效率空间溢出性之前，基于Queen标准的二值邻接矩阵作为空间权重矩阵，采用拉格朗日乘子（LM）检验法对空间溢出性的存在性进行检验，即检验模型中是否存在空间滞后交互效应，以及空间误差交互效应。

对空间固定效应、时间固定效应、时空均不固定效应、时空固定效应4种形式下的无空间相互作用模型进行LM检验及稳健性LM检验，结果显示：①空间滞后效应LM检验、空间滞后效应稳健LM检验及空间误差效应LM检验，在4种形式下均通过1%的显著性检验；②空间误差效应稳健LM检验。空间固定效应下，通过5%的显著性检验；时间固定效应下，不显著；时空均不固定下，通过10%的显著性检验；时空固定效应下，通过1%的稳健性LM检验。因此，考虑构建同时空间自回归杜宾TOBIT模型（SS-DAR-TOBIT）（表5-6）。

表5-6　空间交互效应LM检验

项目	空间固定效应	时间固定效应	时空均不固定	时空固定效应
空间滞后效应LM检验	41.688*** (0.000 0)	37.440*** (0.004 2)	32.967*** (0.003 5)	38.619*** (0.000 0)
空间滞后效应稳健LM检验	44.811*** (0.000 0)	18.378*** (0.007 4)	12.375*** (0.009 6)	48.339*** (0.000 0)
空间误差效应LM检验	6.066** (0.010 9)	19.395*** (0.006 7)	23.103*** (0.006 1)	4.266* (0.064 0)
空间误差效应稳健LM检验	9.189** (0.010 1)	0.333 (0.514 3)	2.511* (0.082 9)	13.986*** (0.009 3)

注：*，**，***分别表示在10%，5%，1%的水平下显著；( )括号内为*P*统计值。

（3）空间自回归杜宾 TOBIT 模型估计结果分析

表 5-7 给出了农业用水经济效率、农业用水环境效率及农业用水生态效率三种情形下空间滞后—TOBIT 模型、空间误差—TOBIT 模型和空间杜宾—TOBIT 计量模型三种计量模型的回归结果。

表 5-7　不同情形下三种空间 TOBIT 计量模型回归结果

变量	空间滞后—TOBIT 模型			空间误差—TOBIT 模型			空间杜宾—TOBIT 模型		
	（Ⅰ）	（Ⅱ）	（Ⅲ）	（Ⅰ）	（Ⅱ）	（Ⅲ）	（Ⅰ）	（Ⅱ）	（Ⅲ）
X1	0.002 1	0.000 3**	0.000 2***	0.000 1	-0.000 1*	0.000 3**	0.000 1	0.000 2	0.000 3**
	(0.417)	(0.032)	(0.021)	(0.402)	(0.053)	(0.021)	(0.581)	(0.110)	(0.040)
X2	-0.001 6	-0.009 3	-0.000 1	-0.000 1	2.68E-07	-0.000 1	7.71E-06	-0.000 1	-0.000 1
	(0.844)	(0.284)	(0.481)	(0.860)	(0.356)	(0.465)	(0.927)	(0.546)	(0.905)
X3	-1.89E-07	1.09E-07	-5.24E-07	-2.06E-07	-0.221 467 4	-5.67E-07	1.92E-07	2.60E-06***	1.88E-06**
	(0.730)	(0.850)	(0.415)	(0.715)	(0.658)	(0.379)	(0.768)	(0.000)	(0.016)
X4	0.165 1	0.198 1	0.358 3	0.185 1	0.192 1	0.156 8	0.185 1	0.192 1	0.158 8
	(0.650)	(0.484)	(0.591)	(0.732)	(0.479)	(0.643)	(0.560)	(0.449)	(0.584)
X5	0.593 6*	0.297 1	0.437 3	0.597 6*	0.301 6	0.469 7	0.598 6*	0.290 6	0.452 3
	(0.072)	(0.296)	(0.218)	(0.058)	(0.401)	(0.198)	(0.067)	(0.300)	(0.158)
X6	-0.101 1	-0.175 9*	-0.252 3**	-0.108 1	-0.000 2**	-0.229 5**	0.477 2***	0.410 5	0.445 01
	(0.264)	(0.078)	(0.023)	(0.262)	(0.048)	(0.036)	(0.010)	(0.100)	(0.120)
X7	-0.000 1	-0.000 2***	-0.000 2***	-0.000 3	-0.011 9***	-0.000 2***	-0.000 1*	-0.000 4***	-0.000 3***
	(0.146)	(0.000)	(0.000)	(0.124)	(0.000)	(0.000)	(0.075)	(0.000)	(0.000)
X8	-0.026 3	-0.011 6	-0.015 3	-0.026 2	0.043 7	-0.015 2	-0.018 6**	-0.007 8*	-0.011 4**
	(0.101)	(0.495)	(0.418)	(0.102)	(0.477)	(0.421)	(0.025)	(0.064)	(0.052)
X9	0.035 8	0.043 2	0.018 7	0.032 9	-0.004 8	0.023 7	0.019 1*	0.037 9*	0.035 4*
	(0.509)	(0.456)	(0.772)	(0.545)	(0.445)	(0.711)	(0.074)	(0.052)	(0.058)
X10	0.008 2**	-0.005 1	-0.000 5	0.008 1**	0.014 5	-0.000 4	-0.000 4	-0.008 2*	-0.004 8
	(0.039)	(0.299)	(0.934)	(0.044)	(0.314)	(0.940)	(0.906)	(0.063)	(0.346)
X11	-0.014 7***	0.015 5**	0.007 2	-0.015 1***	-0.001 4**	0.007 2	-0.006 1	0.011 5*	0.002 9
	(0.009)	(0.018)	(0.321)	(0.009)	(0.027)	(0.326)	(0.230)	(0.058)	(0.673)
X12	-0.000 8***	-0.001 4***	-0.001 6***	-0.000 8***	0.210 6***	-0.001 6***	-0.000 4**	-0.000 7**	-0.000 7**
	(0.000)	(0.000)	(0.000)	(0.000)	(0.000)	(0.000)	(0.043)	(0.028)	(0.035)
截距项	0.968 6***	1.151 6***	1.266 1***	1.076 7***	-0.000 1***	1.204 1***	1.053 4***	0.999 1***	1.261 4***
	(0.000)	(0.000)	(0.000)	(0.000)	(0.000)	(0.000)	(0.000)	(0.000)	(0.000)
R^2	0.098 2	0.439 9	0.390 4	0.099 0	0.439 6	0.388 8	0.099 2	0.525 3	0.463 5
ρ	0.108 3	0.039 0	-0.057 1	0.081 2	0.121 8	-0.041 5	0.149 9**	0.170 4**	0.229 9**

（续表）

变量	解释变量空间自回归系数 γ		
	（Ⅰ）	（Ⅱ）	（Ⅲ）
X1	0.000 1 (0.723)	0.000 2 (0.278)	0.000 1 (0.706)
X2	-0.000 1 (0.356)	-0.000 1 (0.396)	-0.000 1 (0.335)
X3	2.23E-06** (0.028)	-2.30E-06** (0.021)	-2.27E-06** (0.048)
X4	0.865 2* (0.098)	0.531 9 (0.296)	0.512 2 (0.377)
X5	-0.683 3** (0.033)	-0.410 9 (0.176)	-0.590 6* (0.090)
X6	-0.562 2*** (0.005)	-0.440 7* (0.079)	-0.546 3* (0.058)
X7	0.000 1 (0.323)	0.000 2*** (0.000)	0.000 1** (0.016)
X8	0.004 9 (0.791)	0.006 5 (0.714)	0.001 6 (0.938)
X9	-0.010 4 (0.911)	-0.028 2 (0.754)	-0.055 4 (0.593)
X10	-0.022 3*** (0.004)	-0.007 1** (0.047)	-0.010 4** (0.036)
X11	0.018 1** (0.014)	0.013 8 (0.145)	0.018 8* (0.088)
X12	0.000 3 (0.457)	-0.000 5 (0.279)	-0.000 7 (0.193)
R^2	0.099 2	0.525 3	0.463 5
ρ	0.149 9**	0.170 4**	0.229 9**

注：*，**，*** 分别表示在10%，5%，1%的水平下显著；（）括号内为 P 统计值。

由三种情形下，各模型 R^2 值结果可见，空间杜宾-TOBIT 模型拟合优度高于空间滞后模型和空间误差模型，与上述空间交互效应检验结果相符，选择同时空间自回归杜宾 TOBIT 模型作为最终的模型，更准确地描述影响河北省农业用水效率各影响因素空间效应变动规律，结论会更具可靠性。

由三种情形下，各模型空间自回归系数 ρ 值结果可见，空间滞后-TOBIT 模型、空间误差-TOBIT 模型的空间自回归系数 ρ 都不显著，空间杜宾-TOBIT 模型的空间自回归系数 ρ 都在 5%的水平上显著，说明河北省各地市农业用水效率效率存在溢出效应，而且情形（Ⅰ）农业用水经济效率模型的空间自回归系数ρ值为0.149 9，情形（Ⅱ）农业用水环境效率的空间自回归系数ρ值为0.170 4，情形（Ⅲ）农业用水生态效率的空间自回归系数ρ值为0.2299，即情形（Ⅰ）$<\rho$情形（Ⅱ）$<\rho$情形（Ⅲ）ρ，表明空间溢出效应可以缩小各地市农业用水效率分布极端不均现象，从而促进河北省农业用水效率的提高，因此，不考虑资源环境等非期望产出因素的农业用水效率测度是对真实农业用水利用状况的有偏估计。

5.3.2 不同情形下农业用水效率影响因素分析

河北省农业用水效率，不仅取决于各地市农业用水内在条件的改变，外部的宏观环境也与之息息相关。从本质上讲，农业用水效率的空间特征分异是在资源禀赋、社会经济发展水平、种植结构、技术创新及环境规制等多种因素相互交织和内因与外因共同驱动作用下的结果，由此导致农业用水相关生产要素优化升级、资源配置效率不断提升，进而形成了河北省农业用水效率的传导路径。

（1）解释变量的回归系数

回归系数β的P值显著性水平检验表明（表5-7）

情形（Ⅰ）：河北省各地市农业用水经济效率不同程度地受到本地市X5城镇化率、X6万元农业产值用水量（米^3/万元）、X7农业用水量占比（%）、X8粮食作物播种面积占比（%）、X9蔬菜播种面积占比（%）及X12节水灌溉面积（千公顷）等5个指标的显著影响，而本地市的其他6个指标对农业用水效率影响不显著；从影响显著的6个指标的回归系数β的数值来看，X5城镇化率、X6万元农业产值用水量（米^3/万元）、X9蔬菜播种面积占比（%）对河北省农业用水经济效率产生正向影响，而另外3个指标X7农业用水量占比（%）、X8粮食作物播种面积占比（%）及X12节水灌溉面积（千公顷）对河北省农业用水经济效率产生负向影响。

情形（Ⅱ）：河北省各地市农业用水环境效率不同程度地受到本地市X3人均GDP（元）、X6万元农业产值用水量（米^3/万元）、X7农业用水量占比（%）、X8粮食作物播种面积占比（%）、X9蔬菜播种面积占比

（%）、X10 灰水足迹（亿米^3）、X11 地下水开采量（亿米^3）及 X12 节水灌溉面积（千公顷）等 8 个指标的显著影响，而本地市的其他 4 个指标对农业用水效率影响不显著；从影响显著的 8 个指标的回归系数 β 的数值来看，X3 人均 GDP（元）、X6 万元农业产值用水量（米^3/万元）、X9 蔬菜播种面积占比（%）、X11 地下水开采量（亿米^3）产生正向影响，而另外 4 个指标 X7 农业用水量占比（%）、X8 粮食作物播种面积占比（%）、X10 灰水足迹（亿米^3）及 X12 节水灌溉面积（千公顷）对河北省农业用水经济效率产生负向影响。

情形（Ⅲ）：河北省各地市农业用水生态效率不同程度地受到本地市 X1 有效降水量、X3 人均 GDP（元）、X6 万元农业产值用水量（米^3/万元）、X7 农业用水量占比（%）、X8 粮食作物播种面积占比（%）、X9 蔬菜播种面积占比（%）及 X12 节水灌溉面积（千公顷）等 7 个指标的显著影响，而本地市的其他 5 个指标对农业用水效率影响不显著。从影响显著的 7 个指标的回归系数 β 的数值来看，X1 有效降水量、X3 人均 GDP（元）、X6 万元农业产值用水量（米^3/万元）、X9 蔬菜播种面积占比（%）及 X12 节水灌溉面积（千公顷）对河北省农业用水经济效率产生正向影响；而另外 2 个指标 X7 农业用水量占比（%）、X8 粮食作物播种面积占比（%）、产生负向影响。

（2）解释变量空间滞后系数

解释变量空间滞后项系数 γ 的 P 值显著性水平检验表明（表 5-7）：

情形（Ⅰ）：河北省各地市农业用水经济效率不同程度地受到邻近地市 X3 人均 GDP（元）、X4 人口自然增长率（%）、X5 城镇化率（%）、X6 万元农业产值用水量（米^3/万元）、X10 灰水足迹（亿米^3）及 X11 地下水开采量（亿米^3）等 6 个指标的显著影响，而邻近地市的其他 6 个指标对农业用水经济效率影响不显著；从影响显著的 6 个指标的空间滞后项系数 γ 的数值来看，X3 人均 GDP（元）、X4 人口自然增长率、X11 地下水开采量（亿米^3）对河北省农业用水经济效率产生正向影响，而另外 3 个指标 X5 城镇化率、X6 万元农业产值用水量（米^3/万元）、X10 灰水足迹（亿米^3）对河北省农业用水经济效率产生负向影响。

情形（Ⅱ）：河北省各地市农业用水环境效率不同程度地受到邻近地市X3人均GDP（元）、X6万元农业产值用水量（米^3/万元）、X7农业用水量占比（%）及X10灰水足迹（亿米^3）等4个指标的显著影响，而邻近地市的其他8个指标对农业用水环境效率影响不显著；从影响显著的4个指标的空间滞后项系数γ的数值来看，只有X7农业用水量占比（%）对河北省农业用水环境效率产生正向影响，而另外3个指标X3人均GDP（元）、X6万元农业产值用水量（米^3/万元）及X10灰水足迹（亿米^3）产生负向影响。

情形（Ⅲ）：河北省各地市农业用水生态效率不同程度地受到邻近地市X3人均GDP（元）、X5城镇化率、X6万元农业产值用水量（米^3/万元）、X7农业用水量占比（%）、X10灰水足迹（亿米^3）及X11地下水开采量（亿米^3）等6个指标的显著影响，而邻近地市的其他6个指标对农业用水生态效率影响不显著；从影响显著的6个指标的空间滞后项系数γ的数值来看，X7农业用水量占比（%）、X11地下水开采量（亿米^3）对河北省农业用水生态效率产生正向影响；而另外3个指标X3人均GDP（元）、X5城镇化率X6万元农业产值用水量（米^3/万元）及X10灰水足迹（亿米^3）产生负向影响。

总之，河北省各地市农业用水经济效率不仅受到本地市X5城镇化率、X6万元农业产值用水量（米^3/万元）、X7农业用水量占比（%）、X8粮食作物播种面积占比（%）、X9蔬菜播种面积占比（%）及X12节水灌溉面积（千公顷）等7个指标的显著影响；而且邻近地市的X3人均GDP（元）、X4人口自然增长率、X6万元农业产值用水量（米^3/万元）、X10灰水足迹（亿米^3）及X11地下水开采量（亿米^3）对本地市农业用水经济效率产生较大的影响；河北省各地市农业用水环境效率不仅受到本地市X3人均GDP（元）、X6万元农业产值用水量（米^3/万元）、X7农业用水量占比（%）、X8粮食作物播种面积占比（%）、X9蔬菜播种面积占比（%）、X10灰水足迹（亿米^3）、X11地下水开采量（亿米^3）及X12节水灌溉面积（千公顷）等8个指标的显著影响；而且邻近地市的X3人均GDP（元）、X6万元农业产值用水量（米^3/万元）、X7农业用水量占比（%）及X10灰水足迹（亿米^3）等4个指标对本地市农业用水环境效率产生较大的影响；河北省各地市农业用水生态效率不仅受到本地市 X1 有效降水量、X3 人均 GDP（元）、X6 万元农业产值用水量（米^3/万元）、X7 农业用水量占比（%）、X8 粮食作物播种面积占比（%）、X9 蔬菜播种面积占比（%）及 X12 节水灌溉面积（千公顷）等 7 个指标的显著影响；而且邻近地市的 X3 人均 GDP（元）、X5 城镇化率、X6 万元农业产值用水量（米^3/万元）、X7 农业用水量占比（%）、X10 灰水足迹（亿米^3）及 X11 地下水开采量（亿米^3）等 6 个指标对本地市农业用水生态效率产生较大的影响。上述作用仅代表了本地市或邻近地市各影响因素对本地市农业用水效率的基本作用。

（3）主空间自回归系数

空间自回归系数ρ结果表明（表 5-7），三种情形下，空间杜宾-TOBIT 模型的空间自回归系数ρ均为正值，说明河北省各地市农业用水效率明显受邻近地市农业用水效率的影响，同样也影响着邻近地市的农业用水效率，存在溢出效应，空间外部性效应对农业用水效率的提高具有非常重要的影响。即邻近地市农业用水经济效率每变动 1%，本地市的农业用水经济效率会同方向变动 0.149 9%，邻近地市农业用水环境效率每变动 1%，本地市的农业用水经济效率会同方向变动 0.170 4%，邻近地市农业用水生态效率每变动 1%，本地市的农业用水生态效率会同方向变动 0.229 9%。

5.3.3 不同情形下主要因素的影响效应分解

根据 Le Sage 等[199]（2009）的空间计量经济学理论，本文将三种情形下河北省农业用水效率，采用基于 Queen 标准的二值邻接矩阵原则，对本地区及邻接地区的溢出按其表现形式同样分为直接效应、间接效应和总效应（图 5-1）。

直接效应，在第 t 年第 k 个解释变量在第 i 个地区的解释变量一个单位变化对第 i 个区域的被解释变量 y_{it} 的平均影响即对本地区农业用水效率的影响，而对其他地区该解释变量没有影响，可以通过控制该解释变量，达到提高本地区农业用水效率的目的。

间接效应，在第 t 年第 i 个区域周围的每个区域中第 k 个解释变量同时发生一个单位变化，通过溢出效应对第 i 个区域的被解释变量 y_{it} 的平均影响

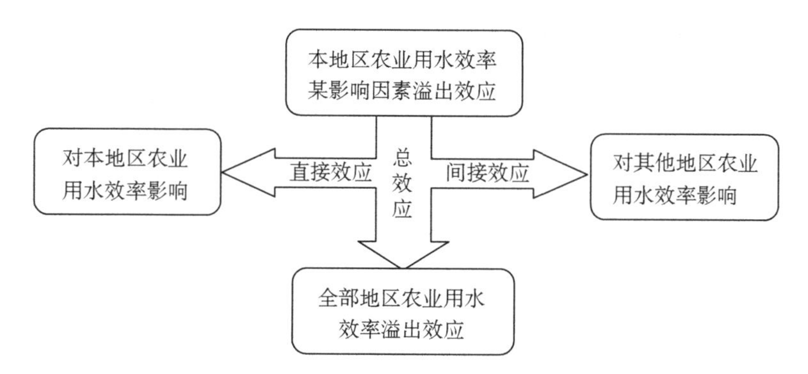

图 5-1 河北省农业用水效率影响因素溢出效应分解

即某个地区的解释变量对除了本地区以外其他地区农业用水效率的影响，而对本地区该解释变量没有影响，可以通过控制该解释变量促进一个地区以外的其他地区的农业用水效率提高。

总效应，某个解释变量对全部地区农业用水效率产生的平均影响，即第 k 个解释变量的总效应等于直接效应和间接效应之和。

（1）河北省农业用水经济效率分解

资源禀赋因素。X1 有效降水量的直接效应与间接效应均为负但不显著，对河北省农业用水经济效率具有抑制效应，但空间溢出效应较弱。X2 人均水资源量的直接效应为正与间接效应为负，总效应为负，均不显著，表明这一指标通过综合影响，对本地市农业用水经济效率产生正向影响，对邻近地市农业用水经济效率产生负向影响，总效应为负，对河北省农业用水经济效率具有抑制效应，但空间溢出效应较弱。究其原因，一是“资源诅咒”现象的存在，农业水资源丰富的地区，缺水压力相对较小，农户的节水意识淡薄，对节水技术推广与应用缺乏动力，因此会降低农业用水经济效率；二是人均水资源量低，地表水匮乏，为了实现经济效益，大量开采地下水，短期促进农业用水经济效率的提升。

社会经济因素。X3 人均 GDP 的直接效应和间接效应均显著为正，代表经济发展水平对河北省农业用水经济效率提升发挥着基础性促进作用，对本地市和邻近地市农业用水效率都具有一定的正向溢出效应，但溢出效应相对较小；X4 人口自然增长率的的直接效应和间接效应均为正但不显著，表明人口自然增长率对本地市和邻近地市农业用水经济效率的提升具有正向溢出效应，但溢出效应相对较弱；X5 城镇化率的直接效应为正与间接效应为负，总效应为负，均不显著，表明 X5 城镇化率这一指标通过综合影响，对本地市农业用水经济效率产生正向影响，对邻近地市农业用水经济效率产生负向影响，总效应为负，对河北省农业用水经济效率具有抑制效应，空间溢出效应较强；X6 万元农业产值用水量的直接效应为正与间接效应为负，总效应为负，均不显著，表明 X6 万元农业产值用水量对本地市和邻近地市农业用水经济效率产生负向影响，总效应为负，对河北省农业用水经济效率具有抑制效应，空间溢出效应较强。

结构因素。X7 农业用水占比的直接效应为正与间接效应为负，总效应为负，均显著，表明 X7 农业用水占比这一指标通过综合影响，对本地市农业用水经济效率产生正向影响，对邻近地市农业用水经济效率产生负向影响，总效应为负，对河北省农业用水经济效率具有抑制效应，空间溢出效应较强；X8 粮食作物播种面积占比和 X9 蔬菜播种面积占比两个指标的直接效应与间接效应均为正，总效应为正，均显著，表明 X8 粮食作物播种面积占比和 X9 蔬菜播种面积占比两个指标通过综合影响，对本地市和邻近地市农业用水经济效率产生正向影响，对河北省农业用水经济效率具有促进效应，空间溢出效应较强；究其原因，主要是农业用水经济效率的核算，农业总产值作为唯一产出指标，没有考虑资源环境等非期望产出指标，随着粮食产量连年增长和蔬菜播种面积日益增加，农业总产值逐步增加，推进农业用水经济效率的提升。

资源环境约束因素。X10 灰水足迹（亿米^3）的直接效应和间接效应均显著为负，表明 X10 灰水足迹对对本地市和邻近地市农业用水经济效率的提升具有抑制效应，对河北省农业用水经济效率的提升具有显著抑制效应；X11 地下水开采量（亿米^3）的直接效应为负，不显著，间接效应为正，总效应为正，均显著，表明 X11 地下水开采量对河北省农业用水经济效率提升具有促进效应；究其原因，主要是农业用水经济效率的核算，没有考虑资源环境等非期望产出指标，随着地下水持续超采，短期内促进粮食和蔬菜产量增长，农民收入增加，农业总产值逐步增加，推进农业用水经济效率的提升。

技术进步因素。X12 节水灌溉面积（千公顷）的直接效应和间接效应均显著为负，表明对本地市和邻近地市农业用水经济效率产生负向影响，对河北省农业用水经济效率具有抑制效应，空间溢出效应较强。究其原因，主要是农业用水反弹效应的存在，随着国家政策支持，节水灌溉设施的改善与推广，降低了单位面积灌溉水量，但由于高耗水作物种植面积灌溉面积的扩大，新增的耗水量超过预期节水量，农业灌溉用水总量不降反增，对农业用水经济效率的提升有抑制效应（表 5-8）。

表 5-8　河北省农业用水经济效率空间杜宾模型空间效应分解

变量	直接效应		间接效应		总效应	
	回归系数	z 统计量	回归系数	z 统计量	回归系数	z 统计量
X1	-0.000 1 (0.501)	0.67	-0.000 1 (0.722)	0.36	-0.000 2 (0.503)	0.67
X2	8.49E-06 (0.927)	0.09	-0.000 1 (0.393)	-0.85	-0.000 2 (0.502)	-0.67
X3	3.51E-07* (0.065)	1.85	2.30E-06** (0.031)	2.25	2.65E-06* (0.07)	2.68
X4	0.185 1 (0.481)	0.71	0.913 8 (0.104)	1.63	1.098 9 (0.179)	1.56
X5	0.647 5 (0.103)	1.96	-0.721 4 (0.629)	-0.51	-0.073 9 (0.382)	-0.37
X6	-0.052 3 (0.706)	0.60	-0.528 6 (0.963)	-0.22	-0.580 9 (0.884)	-0.64
X7	0.030 3** (0.05)	-2.13	0.010 1** (0.027)	2.28	0.040 4* (0.074)	-2.08
X8	0.015 5** (0.036)	-2.24	0.002 1* (0.092)	2.03	0.016 7* (0.068)	-2.14
X9	0.023 3*** (0.009)	3.08	-0.004 7*** (0.009)	-3.05	0.018 6 (0.022)	2.25
X10	-0.001 8* (0.059)	-2.11	-0.024 5** (0.012)	-3.01	-0.026 3** (0.031)	-2.18
X11	-0.005 3 (0.244)	-1.07	0.019 9** (0.017)	2.39	0.014 6** (0.039)	2.17
X12	-0.041 2** (0.043)	-2.21	-0.026 2** (0.015)	2.35	-0.067 4* (0.054)	-2.16

注：*，**，*** 分别表示在 10%，5%，1%的水平下显著；( ) 括号内为 P 统计值。

（2）河北省农业用水环境效率分解

资源禀赋因素。X1有效降水量的直接效应与间接效应均为正，但不显著，对河北省农业用水经济效率提升具有促进效应，表明X1有效降水量对本地市和邻近地市农业用水经济效率提升产生正向影响，但空间溢出效应较弱；X2人均水资源量的直接效应与间接效应均为负，均不显著，表明X2人均水资源量对本地市和邻近地市农业用水经济效率提升产生负向影响，对河北省农业用水经济效率具有抑制效应，但空间溢出效应较弱。其原因同情形（Ⅰ）的分析不再赘述。

社会经济因素。X3人均GDP的直接效应显著为正和间接效应显著为负，总效应为负值但不显著，对本地市具有一定的正向溢出效应，对邻近地市农业用水效率提升具有负向溢出效应，但溢出效应相对较小，表明经济发展水平同样对考虑环境污染非期望产出的河北省农业用水环境效率提升发挥着基础性促进作用；X4人口自然增长率的的直接效应和间接效应均为正但不显著，表明人口自然增长率对本地市和邻近地市农业用水环境效率的提升具有正向溢出效应，但溢出效应相对较强；X5城镇化率的直接效应为正与间接效应为负，总效应为负，均不显著，表明X5城镇化率这一指标通过综合影响，对本地市农业用水环境效率产生负向影响，对邻近地市农业用水经济效率产生负向影响，总效应为负，对河北省农业用水环境效率具有抑制效应，空间溢出效应较强；X6万元农业产值用水量的直接效应为正与间接效应为负均显著，总效应为负不显著，表明X6万元农业产值用水量对本地市农业用水环境效率产生正向影响，对邻近地市农业用水环境效率产生负向影响，总效应为负，对河北省农业用水环境效率具有抑制效应，空间溢出效应较强。

结构因素。X7农业用水占比的直接效应为负与间接效应为正，总效应为负，均显著，表明X7农业用水占比这一指标通过综合影响，对本地市农业用水环境效率产生负向影响，对邻近地市农业用水经济效率产生正向影响，总效应为负，对河北省农业用水经济效率具有抑制效应，空间溢出效应较强；X8粮食作物播种面积占比的直接效应显著为负与间接效应显著为正，总效应显著为正，表明X8粮食作物播种面积占比指标对本地市农业用水生态效率产生负向影响，对邻近地市农业用水生态效率产生正向影响，通过综合影响对河北省农业用水生态效率的提升具有促进效应，空间溢出效应较强，究其原因，农业灰水足迹的增长带来的负向环境影响超过了粮食产量增加带来的正向影响，进而抑制本地区农业用水环境效率的提升；X9 蔬菜播种面积占比的直接效应为显著正与间接效应显著为负，X9 蔬菜播种面积占比的直接效应显著为正和间接效应显著为负，总效应显著为负，表明 X9 蔬菜播种面积占比指标对本地市农业用水生态效率产生正向影响，对邻近地市农业用水生态效率产生负向影响，通过综合影响对河北省农业用水生态效率具有抑制效应，空间溢出效应较强。

资源环境约束因素。X10 灰水足迹的直接效应显著为负和间接效应为负，不显著，总效应为负，不显著，表明 X10 灰水足迹对对本地市和邻近地市农业用水生态效率的提升具有抑制效应，空间溢出效应较强；X11 地下水开采量的直接效应和间接效应均为正，总效应为正，均显著，表明 X11 地下水开采量对本地市和邻近地市的农业用水环境效率提升具有促进效应。究其原因，主要是农业用水环境效率的核算，仅考虑了非期望产出环境污染因素，而未考虑农业水资源可持续性因素作为产出指标，随着地下水持续超采，表现为促进农业用水环境效率的提升。

技术进步因素。X12 节水灌溉面积的直接效应和间接效应均显著为负，表明对本地市和邻近地市农业用水环境效率产生负向影响，对河北省农业用水环境效率具有抑制效应，空间溢出效应较强。其原因与情形（Ⅰ）相同不再赘述（表 5-9）。

表 5-9 河北省农业用水环境效率空间杜宾 TOBIT 模型空间效应分解

变量	直接效应		间接效应		总效应	
	回归系数	z 统计量	回归系数	z 统计量	回归系数	z 统计量
X1	0.001 9 (0.47)	0.79	0.002 1 (0.197)	1.29	0.004 0 (0.203)	1.17
X2	-0.005 3 (0.585)	-0.55	-0.012 1 (0.37)	-0.9	-0.017 4 (0.273)	-1.1
X3	2.50E-06*** (0.005)	3.36	-2.34E-06** (0.034)	-2.12	1.61E-07 (0.808)	0.15

（续表）

变量	直接效应		间接效应		总效应	
	回归系数	z 统计量	回归系数	z 统计量	回归系数	z 统计量
X4	0.212 7 (0.391)	0.86	0.569 6 (0.303)	1.03	0.782 3 (0.209)	1.26
X5	0.333 0 (0.208)	1.26	−0.465 6 (0.130)	−1.52	−0.132 6 (0.525)	−0.64
X6	0.390 5* (0.09)	1.7	−0.403 9* (0.089)	−1.7	−0.013 4 (0.91)	−0.11
X7	−0.003 5*** (0.001)	−10.11	0.001 2** (0.012)	2.52	−0.002 3*** (0.002)	−6.55
X8	−0.043 8* (0.078)	−2.08	0.060 7* (0.081)	1.82	0.016 9* (0.096)	1.67
X9	0.039 6* (0.051)	2.11	−0.021 7** (0.025)	−2.22	0.017 9* (0.085)	1.74
X10	−0.089 5** (0.041)	−2.15	−0.090 9 (0.398)	−0.84	−0.180 4 (0.16)	−1.4
X11	0.012 4** (0.019)	2.35	0.018 9* (0.065)	1.84	0.031 4*** (0.008)	2.76
X12	−0.006 8** (0.015)	−2.43	−0.007 4** (0.011)	−2.61	−0.014 2*** (0.001)	−3.72

注：*，**，*** 分别表示在10%，5%，1%的水平下显著；（）括号内为 P 统计值。

（3）河北省农业用水生态效率分解

资源禀赋因素。X1 有效降水量的直接效应显著为正与间接效应为负，总效应显著为正，对河北省农业用水生态效率提升具有促进效应，表明 X1 有效降水量对本地市和邻近地市农业用水生态效率提升产生正向影响，但空间溢出效应较弱；X2 人均水资源量的直接效应与间接效应均为负，且均不显著，表明 X2 人均水资源量对本地市和邻近地市农业用水生态效率提升产生负向影响，对河北省农业用水经济效率具有抑制效应，但空间溢出效应较弱。究其原因，一是与上两种情形相同存在“资源诅咒”现象，会对农业用水生态效率的提升产生抑制效应；二是农业用水生态效率的核算既考虑了环境因素，又考虑了水资源可持续因素，地下水资源的过渡开采对农业用水生态效率的提升产生抑制效应。

社会经济因素。X3 人均 GDP 的直接效应显著为正和间接效应显著为负，总效应为负值但不显著，对本地市具有一定的正向溢出效应，对邻近地市农业用水效率提升具有负向溢出效应，但溢出效应相对较小，表明经济发展水平同样对河北省农业用水生态效率提升产生抑制作用；X4 人口自然增长率的的直接效应和间接效应均为正但不显著，表明人口自然增长率对本地市和邻近地市农业用水环境效率的提升具有正向溢出效应；X5 城镇化率的直接效应显著为正与间接效应显著为负，总效应为负，不显著，表明 X5 城镇化率这一指标通过综合影响，对本地市农业用水生态效率产生正向影响，对邻近地市农业用水经济效率产生负向影响，总效应为负，对河北省农业用水生态效率具有抑制效应，空间溢出效应较强；X6 万元农业产值用水量的直接效应为正与间接效应为负均显著，总效应为负不显著，表明 X6 万元农业产值用水量对本地市农业用水环境效率产生正向影响，对邻近地市农业用水环境效率产生负向影响，总效应为负，对河北省农业用水环境效率具有抑制效应，空间溢出效应较强。

结构因素。X7 农业用水占比的直接效应为负与间接效应为正，总效应为负，均显著，表明 X7 农业用水占比这一指标通过综合影响，对本地市农业用水生态效率产生负向影响，对邻近地市农业用水生态效率产生正向影响，总效应为负，对河北省农业用水生态效率具有抑制效应，空间溢出效应较弱；X8 粮食作物播种面积占比的直接效应为负与间接效应为正，总效应均为负，均显著，表明 X8 粮食作物播种面积占比指标对本地市农业用水生态效率产生负向影响，对邻近地市农业用水生态效率产生正向影响，通过综合影响对河北省农业用水生态效率具有促进效应，空间溢出效应较强；X9 蔬菜播种面积占比的直接效应为正与间接效应为负，总效应均为负，均显著，表明 X9 蔬菜播种面积占比指标对本地市农业用水生态效率产生正向影响，对邻近地市农业用水环境效率产生负向影响，通过综合影响对河北省农业用水环境效率具有抑制效应，空间溢出效应较强。

资源环境约束因素。X10 灰水足迹的直接效应和间接效应均为负，均不显著，总效应为负，不显著，表明 X10 灰水足迹对对本地市和邻近地市农业用水生态效率的提升具有抑制效应，空间溢出效应较弱；X11 地下水开采量的直接效应为负和间接效应显著为负，总效应显著为负，表明 X11 地下水开采量对河北省农业用水生态效率提升具有抑制效应。究其原因，农业用水生态效率的核算，不仅考虑了代表环境污染因素的灰水足迹指标作为非期望产出，而且也考虑代表农业水资源可持续性因素地下水开采量作为非期望产出指标，随着地下水持续超采，表现为抑制农业用水生态效率的提升。

技术进步因素。X12 节水灌溉面积的直接效应和间接效应均显著为负，表明 X12 节水灌溉面积对本地市和邻近地市农业用水生态效率产生负向影响，对河北省农业用水生态效率具有显著抑制效应，空间溢出效应较强。其原因与以上两种情形相似不再赘述（表 5-10）。

表 5-10　河北省农业用水生态效率空间杜宾 TOBIT 模型空间效应分解

变量	直接效应		间接效应		总效应	
	回归系数	z 统计量	回归系数	z 统计量	回归系数	z 统计量
X1	0.002 6** (0.016)	2.4	0.000 6 (0.72)	0.36	0.003 2* (0.072)	1.8
X2	-5.06E-06 (0.964)	-0.04	-0.000 1 (0.36)	-0.92	-0.000 1 (0.386)	-0.87
X3	1.90E-06** (0.020)	2.32	-2.49E-06** (0.037)	-2.08	-5.89E-07 (0.582)	-0.55
X4	0.156 7 (0.578)	0.56	0.478 2 (0.413)	0.82	0.634 9 (0.315)	1.01
X5	0.522 2* (0.096)	1.66	-0.657 7* (0.062)	-1.86	-0.135 5 (0.523)	-0.64
X6	0.443 4 (0.108)	1.61	-0.525 2* (0.061)	-1.87	-0.081 8 (0.481)	-0.7
X7	-0.003 3*** (0.001)	-7.9	0.001 1* (0.051)	1.96	-0.002 2*** (0.001)	-6.41
X8	-0.078 4* (0.063)	-1.84	0.009 6** (0.039)	2.04	-0.068 8* (0.071)	-1.82
X9	0.038 4* (0.057)	1.97	-0.052 7* (0.063)	-1.85	-0.014 3* (0.091)	-1.67
X10	-0.005 2 (0.285)	-1.07	-0.010 2 (0.369)	-0.9	-0.015 4 (0.242)	-1.17
X11	-0.002 9 (0.629)	0.48	-0.020 3* (0.062)	1.87	-0.023 2* (0.051)	1.96
X12	-0.071 2** (0.035)	-2.11	-0.077 3** (0.026)	-2.15	-0.148 5*** (0.001)	-3.85

注：*，**，*** 分别表示在 10%，5%，1%的水平下显著；（）括号内为 P 统计值。

5.3.4 不同情形下河北省农业用水效率关键因素识别

三种不同情形下河北省农业用水效率核心影响因素为：结构变动、环境规制和技术创新（表5-11）。

表5-11 不同情形下河北省农业用水效率核心影响因素比较

不同情形	影响因素	X1 有效降水量	X3 人均GDP	X7 农业用水占比	X8 粮食播种面积占比	X9 蔬菜播种面积占比	X10 灰水足迹	X11 地下水开采量	X12 节水灌溉面积
农业用水经济效率	直接效应		+	+	+	+	−	−	−
	间接效应		+	+	+	−	−	+	−
	总效应		+	+	+	+	−	+	−
农业用水环境效率	直接效应			−	−	+		+	−
	间接效应			+	+	−		+	−
	总效应			−	+	+		+	−
农业用水生态效率	直接效应	+		−	−	+		−	−
	间接效应	+		+	+	−		−	−
	总效应	+		−	−	−		−	−

资料来源：作者计算整理所得。

（1）结构因素

X7农业用水占比、X8粮食播种面积占比、X9蔬菜播种面积占比三个指标代表结构变动因素。其中，情形Ⅰ：农业用水经济效率，三个指标的总效应均为正，说明结构变动因素对河北省农业用水经济效率产生正向影响；情形Ⅱ：农业用水环境效率，粮食播种面积占比和蔬菜播种面积占比总效应为正，对河北省农业用水环境效率产生正向影响，农业用水占比总效应为负，对河北省农业用水经济效率产生负向影响；情形Ⅲ：农业用水生态效率，三个指标的总效应均为负值，说明结构因素对河北省农业用水生态效率产生负向影响。

（2）资源环境约束因素

指标X11地下水开采量代表环境规制因素。其中，情形Ⅰ：农业用水经济效率，直接效应为负值，间接效应为正，总效应为正，说明对河北省农业用水经济效率产生正向影响；情形Ⅱ：农业用水环境效率，直接效应、间接效应和总效应均为正，对河北省农业用水环境效率产生正向影响；情形Ⅲ：农业用水生态效率，直接效应、间接效应和总效应均为负，对河北省农业用水生态效率产生负向影响。

（3）技术创新因素

指标 X12 节水灌溉面积代表技术进步因素。其中，三种情形下，直接效应、间接效应和总效应均为负，说明技术进步因素对河北省农业用水经济、环境及生态效率均产生负向影响。

5.4 本章小结

（1）河北省农业用水效率在空间尺度存在着显著的正向空间自相关性

在分析其影响因素时，与传统面板数据回归模型相比，空间计量模型在考虑空间滞后项与空间误差项的综合作用后，能够更加准确地提取出河北省农业用水效率的显著影响因素，且时空固定形式下的空间杜宾模型其结果更优。

（2）河北省农业用水效率存在着明显的空间溢出效应

三种情形下，空间杜宾-TOBIT 模型的空间自回归系数均为正值，说明河北省各地市农业用水效率明显受邻近地市农业用水效率的影响，同样也影响着邻近地市的农业用水效率，存在溢出效应，邻近地区农业用水效率每变动 1%，本地区的农业用水效率会向同样的方向变动 0.31%。空间外部性效应对农业用水效率的提高具有非常重要的影响。因此，河北省各地区在农业用水效率红线控制与管理过程中，应适当考虑周边地区的潜在影响，制定相邻地市之间的协同策略。

（3）结构因素、资源环境约束因素和技术创新因素是影响不同情形下河北省农业用水效率的核心因素且空间溢出效应显著

情形Ⅰ：农业用水经济效率，X7 农业用水占比、X8 粮食播种面积占比、X9 蔬菜播种面积占比、X11 地下水开采量对河北省农业用水经济效率产生正向影响，X12 节水灌溉面积代表技术进步因素对河北省农业用水经济效率产生负向影响。

情形Ⅱ：农业用水环境效率，X8 粮食播种面积占比、X9 蔬菜播种面积

占比、X11 地下水开采量对河北省农业用水环境效率产生正向影响，X7 农业用水占比、X12 节水灌溉面积对河北省农业用水环境效率产生负向影响。

情形Ⅲ：农业用水生态效率，X7 农业用水占比、X8 粮食播种面积占比、X9 蔬菜播种面积占比、X11 地下水开采量和 X12 节水灌溉面积均对河北省农业用水生态效率产生负向影响。

6 基于结构调整的农业用水效率提升路径分析

在水资源约束背景下，在满足粮食安全和农户增收的前提下，调整河北省农业产业种植结构，优化水资源配置，是提升河北省农业用水效率的关键一环。本章通过测算河北省不同作物的蓝水足迹、绿水足迹、种植结构偏水度、用水结构粗放度以及两者协调度等指标，确定种植结构调整的必要性，并通过构建多目标优化模型，确定了 2020—2050 年的结构优化路径和具体实施方案。

6.1 河北省农业用水协调度分析

6.1.1 河北省农业种植结构

目前，河北省种植的主要作物按用途分类可以分为粮食作物和经济作物，其中粮食作物主要有谷物、豆类和薯类，经济作物包括棉花、油料、蔬菜和瓜果等。2018 年河北省粮食作物种植面积 653.87 万公顷，占河北省农作物总面积的 79.75%；其中谷物、薯类和豆类的种植面积分别为 619.56 万公顷、22.62 万公顷和 11.6 万公顷，分别占河北省种植面积的 75.58%、2.76%和 1.41%。蔬菜种植面积 78.76 万公顷，占河北省农作物总面积的 9.61%；粮食和蔬菜占河北省农作物比重的 89.36%，是河北省农作物的主要构成（图 6-1）。

粮食作物是河北省第一大种植作物，谷物是粮食作物的主要构成，河北省谷物种植主要包括稻谷、小麦、玉米、谷子、高粱、大豆、马铃薯等。由于河北省种植稻谷数量非常少，因此本研究的研究范围不包含稻谷。2018 年，河北省玉米种植面积为 343.77 万公顷，占粮食作物面积的 41.94%，是

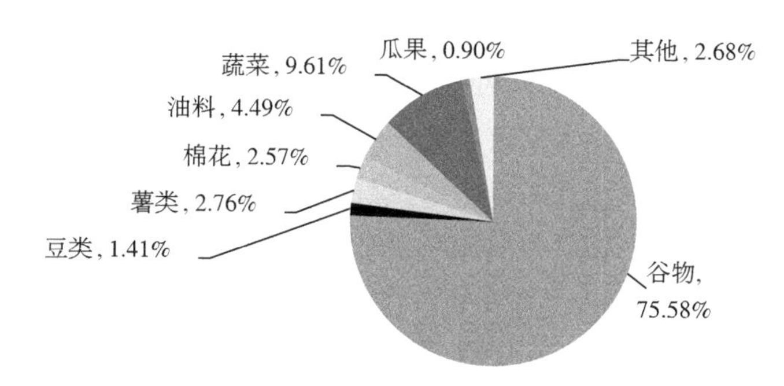

图 6-1 河北省农业种植结构

（资料来源：根据《河北农村统计年鉴》2019 年相关数据整理所得）

河北省第一大粮食作物；河北省小麦种植面积 235.72 万公顷，占粮食作物面积的 28.76%，是河北省第二大粮食作物。从 2001—2018 年粮食作物变化趋势和种植构成来看，粮食作物总面积呈现下降趋势，由 2001 年的 899.08 万公顷下降到 2018 年的 819.71 万公顷，下降幅度为 8.83%；小麦种植呈现平缓下降趋势，由 2001 年的 257.98 万公顷下降到 2018 年的 235.72 万公顷，下降幅度为 8.83%；玉米种植面积呈上升趋势，由 2001 年的 254.34 万公顷上升到 2018 年的 343.77 万公顷，上升幅度为 35.16%（图 6-2）。

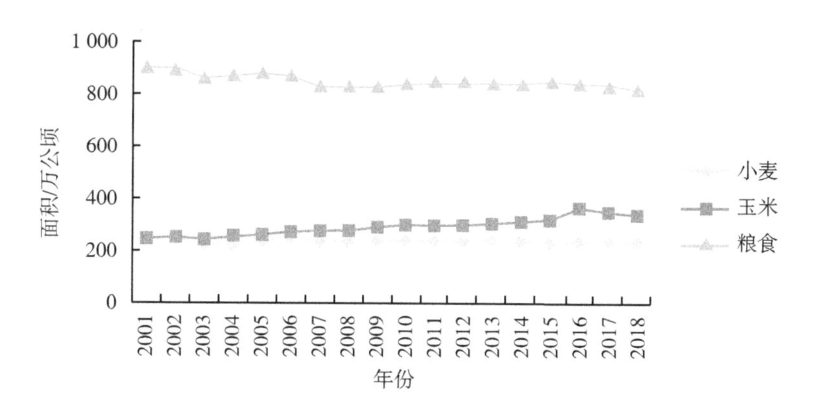

图 6-2 河北省主要粮食作物种植情况

（资料来源：根据《河北农村统计年鉴》2001—2019 年相关数据整理所得）

作为优质小麦主产省份和玉米生产大省，河北省每年都会向外调出小麦和玉米。2010 年河北省销往外省小麦 44 亿千克，玉米 43 亿千克，占当年河北省小麦和玉米产量的35.3%和28.5%；2015年河北省销往外省小麦53亿千克，玉米55亿千克，占当年河北省小麦和玉米产量的35.8%和32.9%。河北省小麦和玉米不仅满足省内的消费需求，还不断向外省销售，满足外省市场的需求。

除了小麦和玉米，河北省种植的秋收主要粮食作物还包括马铃薯、谷子、高粱、大豆等，2001—2018年，除了马铃薯之外，谷子、高粱、大豆种植面积均呈现下降趋势，分别下降了56.73%、82.15%和76.90%，但2016年以后，高粱和大豆种植面积开始出现小幅增加趋势，马铃薯和谷子相对稳定（图6-3）。

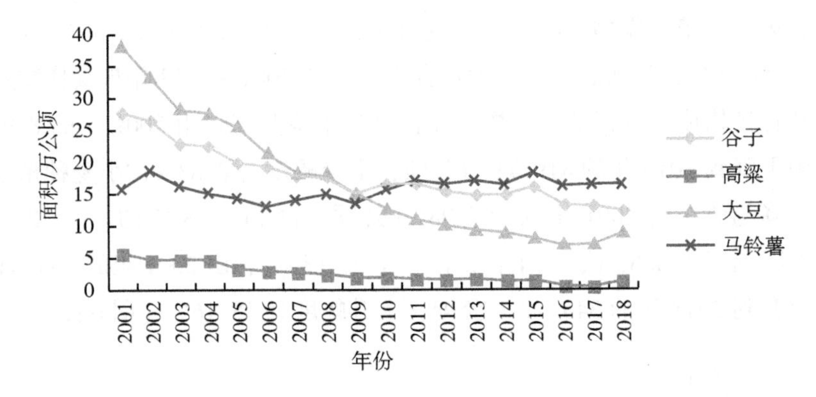

图6-3　河北省其他粮食作物种植情况

（资料来源：根据《河北农村统计年鉴》2001—2019年相关数据整理所得）

6.1.2　河北省农作物用水结构

（1）主要作物的用水量

河北省用水构成中，农业灌溉用水是主要构成，其中粮食作物和蔬菜作物是农业耗水最大的农作物。从用水变化来看，粮食作物用水量呈现明显下降的趋势，2001—2018年粮食作物用水占农业用水量的比率由81.19%下降到76.85%；蔬菜和林果作物的用水量比较稳定，从2001—2018年的平均值来看，蔬菜用水量占农作物用水总量的17.4%，林果用水量占农作物用水量的5.44%（图6-4）。

河北省粮食种植中，需水量最大的作物是冬小麦，根据调研数据，冬

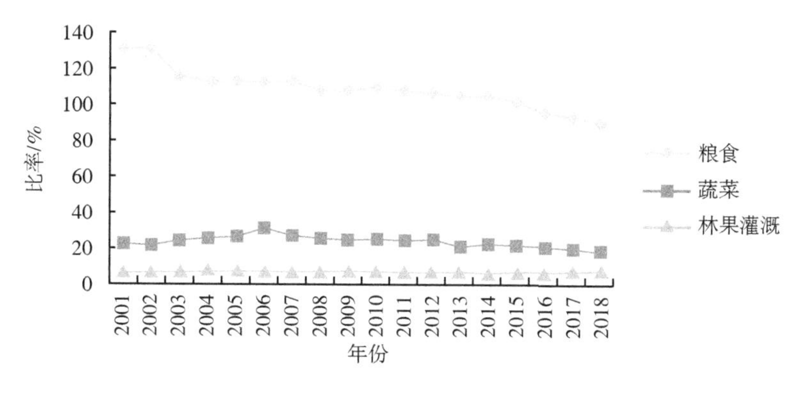

图 6-4　主要作物的用水量变化

（资料来源：根据《河北农村统计年鉴》2001—2019 年相关数据整理所得）

小麦每亩平均需水量为 300 米^3，每亩平均缺水量（灌溉量）为 160 米^3，远远超过其他粮食作物；夏玉米虽然需水量比较高，每亩 240 米^3，但生育期内降水量充沛，需要灌溉量仅为 40 米^3/亩（1 亩≈667 米^2，15 亩=1 公顷）；谷子、高粱和大豆需求量与生育期降水量的差额为灌溉量，平均灌溉量为 45 米^3/亩、45 米^3/亩和 40 米^3/亩，在雨水较为充沛的年份，甚至不需要灌溉用水；花生也是能抗旱作物，每亩用水量 60 米^3；蔬菜每亩用水在 120~600 米^3，如果按滴灌计算，蔬菜用水 120 米^3/亩；如果按管灌计算（主要方式），蔬菜用水 240 米^3/亩；如果按漫灌方式计算，蔬菜用水为 600 米^3/亩。马铃薯、棉花和水果类作物的灌溉需水量在 100~110 米^3/亩（表 6-1）。

蔬菜作物的种植面积和用水统计中，既包括传统的蔬菜，还包括食用菌。食用菌是 2000 年以来河北省委、省政府推进农业结构调整、重点扶持发展的新兴产业和八大优势农产品之一，相对于蔬菜种植而言，食用菌生产过程用水少、不施肥、不用药、不需阳光，是典型的资源节约型、环境友好型高效生态农业，更适合进行生态、绿色和节水农业建设。食用菌的种植需水量较小，在生产过程中用水主要在原料配方、出菇期补水和增加棚室湿度时用水，用水量较多的主要为平菇和双孢菇，每亩用水量为 45 米^3 左右，香菇每亩用水量为 35 米^3 左右，金针菇、杏鲍菇和白灵菇等品种，每亩用水量仅为 13 米^3 左右。食用菌整个生产过程用水量不足粮食生产的

1/6、蔬菜生产的1/10，适宜在干旱地区或者水资源匮乏的地区发展。因此食用菌产业可以是缺水地区蔬菜结构调整的主要方向。

表6-1　2001—2018年河北省主要作物生长期水量供需情况　（米^3/亩）

作物名称	灌溉水量	灌溉时期	生长期
冬小麦	160	冬前、（返身）拔节、抽穗、灌浆	10—6月
夏玉米	40	播种、（抽雄、灌浆）	6—9月
谷子	45	播前、（拔节）抽穗（灌浆）	5—9月
高粱	45	播前、（拔节）抽穗（灌浆）	5—9月
大豆	40	分枝、花期、鼓粒期	5—9月
马铃薯	110	幼苗期、现蕾期、开花期	3—7月
甘薯	70	分枝结薯、蔓叶生长期	4—10月
花生	60	播种期、盛花期、结荚期	4—8月
葵花籽	20	出苗期、现蕾期	4—9月
棉花	105	播前、现蕾（开花）	4—8月
蔬菜	200	根据长势、气温、低温浇水	露地和大棚终年
瓜果	100	萌芽期，新梢旺长期，果实膨大期和落叶休眠期	多年生作物

数据来源：根据调研数据整理所得。

（2）不同作物的水足迹比较

本研究中将农业水足迹的作物划分为粮食、蔬菜及林果三类，因为粮食作物用水总量远远高于蔬菜和林果，为了进行比较，选取粮食作物中的小麦、玉米、谷子、高粱、大豆进行具体分析。根据河北省地区内2001—2018年的小麦、玉米、谷子、高粱、大豆、马铃薯、花生、蔬菜和瓜果的单位面积产量及播种面积降水量数据，计算主要作物的蓝水足迹和绿水足迹如表6-2和表6-3所示。

从表6-2和表6-3可以看出，河北省10种农作物生产蓝水足迹在研究时段内均呈下降趋势，小麦、马铃薯和蔬菜的蓝水足迹大于绿水足迹，其他作物生产蓝水足迹均小于绿水足迹。棉花生产蓝水足迹多年均值最高为1.48米^3/千克，其次为小麦、高粱、大豆、谷子、花生、玉米、瓜果、马铃薯、蔬菜，均值分别为0.45米^3/千克、0.34米^3/千克、0.32米^3/千克、0.28米^3/千克、0.27米^3/千克、0.15米^3/千克、0.14米^3/千克、0.12米^3/千克和0.06米^3/千克。从表6-3可以看出，河北省10种农作物生产绿水足迹在研究时段内也呈下降趋势。棉花生产蓝水足迹多年均值最高为 3.12 米³/千克，大豆、高粱、谷子、花生、玉米、小麦、蔬菜、瓜果和马铃薯的绿水足迹多年均值分别为 1.92 米³/千克、1.52 米³/千克、1.29 米³/千克、0.97 米³/千克、0.56 米³/千克 、0.36 米³/千克、0.33 米³/千克、0.29 米³/千克和 0.11 米³/千克。

表 6-2　主要作物的蓝水足迹　（米³/千克）

年份	小麦	玉米	谷子	高粱	大豆	马铃薯	花生	棉花	蔬菜	瓜果
2001	0.54	0.18	0.34	0.37	0.40	0.35	0.32	1.57	0.07	0.25
2002	0.53	0.18	0.39	0.48	0.40	0.17	0.32	1.60	0.07	0.22
2003	0.51	0.17	0.32	0.38	0.36	0.12	0.31	1.75	0.07	0.21
2004	0.49	0.17	0.35	0.54	0.37	0.13	0.31	1.58	0.07	0.19
2005	0.49	0.16	0.32	0.37	0.36	0.13	0.30	1.56	0.06	0.18
2006	0.50	0.15	0.32	0.35	0.32	0.12	0.29	1.49	0.06	0.17
2007	0.48	0.15	0.35	0.41	0.31	0.16	0.28	1.49	0.06	0.16
2008	0.47	0.14	0.38	0.48	0.31	0.13	0.28	1.47	0.06	0.15
2009	0.46	0.15	0.28	0.32	0.35	0.17	0.27	1.58	0.06	0.14
2010	0.47	0.15	0.28	0.32	0.32	0.10	0.27	1.61	0.06	0.14
2011	0.44	0.14	0.27	0.25	0.28	0.11	0.26	1.52	0.06	0.13
2012	0.43	0.14	0.26	0.33	0.30	0.08	0.26	1.33	0.06	0.12
2013	0.41	0.13	0.23	0.27	0.31	0.08	0.26	1.37	0.06	0.12
2014	0.39	0.14	0.22	0.27	0.29	0.09	0.26	1.29	0.06	0.11
2015	0.38	0.14	0.22	0.28	0.31	0.09	0.25	1.12	0.06	0.10
2016	0.38	0.13	0.20	0.25	0.26	0.06	0.25	1.52	0.06	0.07
2017	0.37	0.13	0.20	0.25	0.25	0.05	0.24	1.45	0.06	0.09
2018	0.39	0.13	0.19	0.23	0.25	0.05	0.25	1.38	0.06	0.09

数据来源：根据调研数据计算所得。

表 6-3　主要作物的绿水足迹　（米³/千克）

年份	小麦	玉米	谷子	高粱	大豆	马铃薯	花生	棉花	蔬菜	瓜果
2001	0.40	0.57	1.35	1.20	1.98	0.25	0.98	2.85	0.03	0.42
2002	0.43	0.59	1.60	1.71	2.17	0.17	1.01	2.99	0.03	0.41
2003	0.42	0.74	1.39	1.54	2.19	0.13	1.03	3.47	0.03	0.44
2004	0.56	0.65	1.91	2.50	2.58	0.14	1.21	3.75	0.04	0.43
2005	0.37	0.59	1.45	1.59	2.32	0.13	1.07	3.41	0.04	0.37
2006	0.35	0.47	1.34	1.39	1.90	0.12	1.08	3.32	0.03	0.31
2007	0.36	0.53	1.43	1.50	1.70	0.16	0.85	2.68	0.03	0.28
2008	0.46	0.59	1.96	2.16	2.09	0.16	1.13	3.62	0.04	0.34

（续表）

年份	小麦	玉米	谷子	高粱	大豆	马铃薯	花生	棉花	蔬菜	瓜果
2009	0. 36	0. 52	1. 22	1. 26	2. 05	0. 16	0. 91	3. 14	0. 03	0. 27
2010	0. 33	0. 63	1. 32	1. 33	2. 00	0. 08	0. 92	3. 29	0. 03	0. 30
2011	0. 28	0. 54	1. 27	1. 05	1. 71	0. 08	0. 93	3. 23	0. 03	0. 25
2012	0. 39	0. 57	1. 41	1. 48	2. 00	0. 09	1. 07	3. 24	0. 04	0. 27
2013	0. 35	0. 54	1. 16	1. 17	1. 97	0. 07	0. 93	2. 97	0. 03	0. 24
2014	0. 25	0. 44	0. 84	0. 92	1. 48	0. 07	0. 72	2. 14	0. 03	0. 19
2015	0. 28	0. 51	0. 92	1. 08	1. 80	0. 09	0. 86	2. 29	0. 03	0. 21
2016	0. 33	0. 55	0. 99	1. 12	1. 71	0. 05	0. 92	3. 35	0. 03	0. 15
2017	0. 23	0. 51	0. 82	0. 89	1. 31	0. 03	0. 81	2. 88	0. 03	0. 16
2018	0. 33	0. 53	0. 92	0. 97	1. 55	0. 04	1. 04	3. 49	0. 04	0. 19

数据来源：根据调研数据计算所得。

从水足迹看，小麦、马铃薯和蔬菜的蓝水足迹较大，需要的灌溉用水较多，而河北省可以实现雨养作物的主要是绿水足迹较大的作物，包括大豆、高粱、谷子、花生、玉米等。因为旱作雨养马铃薯的产量较低，很多农户种植水浇地马铃薯，增加了农业用水量，尤其是张家口地区，农业节水灌溉用水技术的使用虽然降低了亩用水量，但为了追求经济效益，大量扩张水浇地马铃薯，用水总量大幅度增加，导致了用水效率的下降趋势。

6.1.3　种植结构与用水结构协调度

产业结构偏水度是指一个城市或地区，其产业结构偏向单位产出耗水量多的产业的程度，用水结构粗放度是指用水结构偏向效率较低产业的程度，协调度是指产业结构与用水结构的协调性，计算公式如下：

$$
\begin{aligned}
P &= \frac{NE - \sum_{i=1}^{N} E_i i}{(N-1)E} \\
C &= \frac{NW - \sum_{i=1}^{N} W_i i}{(N-1)W} \qquad (6\text{-}1) \\
H &= 1 - \frac{P + C}{2}
\end{aligned}
$$

式中，P 为指产业结构偏水度，C 为用水结构粗放度，H 为农业用水协调度，N 为产业部门总数，E 为地区生产总值，E_i 为对应产业部门产值，i 为产业部门位置值，若用水效率最低，则位置值为 1，以此类推，W_i 为对应产业部门用水量；W 为地区用水总量。P、C 均介于 0 和 1 之间，越接近于 1，说明产业结构或用水结构越偏向于用水效率低的产业。H 为产业结构和用水结构的协调度，H 越大表明产业结构和用水结构越协调[200-202]。

分别计算 2001—2018 年河北省的产业结构偏水度、用水结构粗放度及产业结构与用水协调度指标，其计算结果见图 6-5。河北省农业产业结构偏水度平均值为 0.4，2007 年以后有小幅下降趋势，说明河北省用水效率有所提高，这与产业结构的不断优化有关；河北省用水结构粗放度的平均值为 0.8，说明河北省农业用水粗放，效率偏低；从产业结构协调度值为 0.4，协调度较差。

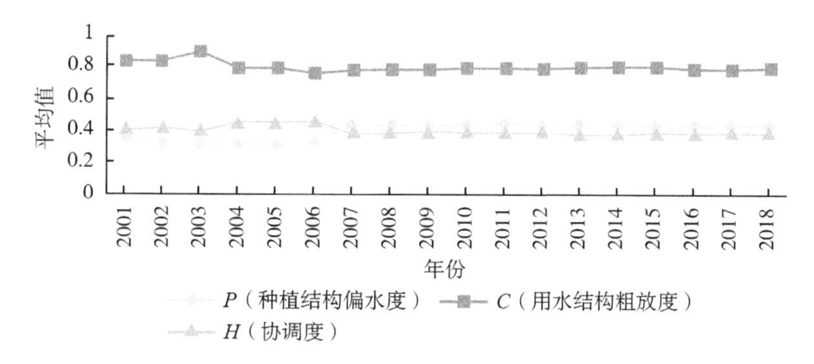

图 6-5　河北省种植结构偏水度、用水结构粗放度与协调度

（资料来源：根据《河北农村统计年鉴》2001—2019 年相关数据计算所得）

计算 2001—2018 年河北省各地市的产业结构偏水度、用水结构粗放度和协调度（图 6-6），各地市的产业结构偏水度计算结果为：0<唐山<张家口<廊坊<秦皇岛<石家庄<保定<邯郸<沧州<承德<衡水<邢台<0.6，表明邢台、衡水、承德和沧州区域产业结构对用水效率较低产业的偏向程度较高；用水结构粗放度为 0.6<廊坊<张家口<唐山<秦皇岛<承德<石家庄<保定<邯郸<沧州<衡水<邢台<1，表明邢台、衡水、沧州和邯郸区域用水结构对用水效率较低产业的偏向程度较高；产业结构与用水结构协调度为 0<邢台<衡

水<沧州<承德<邯郸<保定<石家庄<秦皇岛<唐山<张家口<廊坊<0.6，表明邢台、衡水、沧州、承德和邯郸产业结构和用水结构协调度较差。

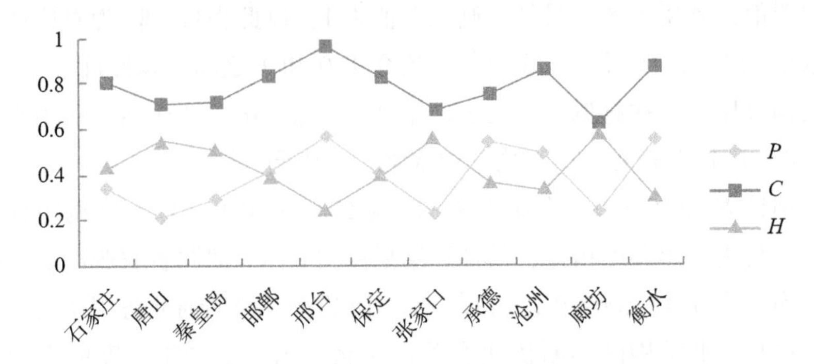

图 6-6　各地市种植结构偏水度、用水结构粗放度与协调度

（资料来源：根据《河北农村统计年鉴》2001—2019 年相关数据计算所得）

数据表明河北省种植结构不合理，需水量较大的冬小麦、蔬菜种植面积过大，对当地贫乏的水资源是严峻的挑战，农业种植结构急需调整，即减少耗水量大的作物，增加耗水量小的作物。河北省用水结构粗放度加高，种植结构和用水结构协调度差，效率偏低。

6.2　种植结构多目标优化模型构建

6.2.1　多目标优化方法

多目标优化方法是在一定的约束条件下，对多个目标函数求取极值的系统优化方法，最早由法国经济学家 Vilfredo Pareto 于 1896 年提出，目前广泛应用于经济分析之中。一般多目标优化包括决策变量、目标函数和约束条件三个要素，其数学描述为：

$$\begin{cases} Max/Min\ f(X),\ m=1,\ 2,\ \cdots,\ M;\ X=[x_1,\ x_2,\ \cdots,\ x_n] \\ s.t.\ g_j(X)\geqslant 0,\ j=1,\ 2,\ \cdots,\ J; \\ h_k(X)=0,\ k=1,\ 2,\ \cdots,\ K; \end{cases} \tag{6-2}$$

式中，$f(X)$ 是目标函数，$X=[x_1,\ x_2,\ \cdots,\ x_n]$ 是决策向量，$g_j(X)\geqslant$

0， $h_k(X) = 0$ 表示不等式约束条件和等式约束条件。

本部分将带精英策略的非支配排序遗传算法（Non-dominated sorting Genetic Algorithms Ⅱ，NSGA-Ⅱ）引入河北省农业种植结构优化中，进行多目标模拟优化。印度学者 Srinivas 和 Deb 最早在 1994 提出 NSGA 算法，由于存在缺点，2000 年 Deb 和 Pratap 提出了改进的带精英策略的非支配排序遗传算法（NSGA-Ⅱ），NSGA-Ⅱ中快速非支配排序方法，降低了算法的复杂度；引入拥挤度和拥挤度比较算子，不再需要设定共享参数；引入了精英策略，使得结果更接近于 Pareto 最优解。

快速非支配排序主要是指对于种群 P，每个个体 P 都设有两个参数 s_p、n_p，s_p 为个体 P 所支配的个体集合，n_p 为支配个体 P 的个体数量。首先，搜索到种群中所有 $n_p = 0$ 的个体，将其放入集合 F_1 中，并赋予相应的非支配序 i_{rank}，然后对于集合的每个个体考察它所支配的集合 s_p，将集合中每个个体 q 的 n_p 减 1（因为支配个体的个体已经放入 F_1 中），若 $n_p - 1 = 0$ 即个体 q 是 s_p 中的非支配个体，则将个体 q 放入另一个集合 Q 中，对 Q 进行分级并赋予非支配序；继续上述操作，直到所有个体都被分级。

NSGA-Ⅱ提出拥挤度的概念，拥挤度是指种群中给定点的周围个体密度，用 i_d 表示，是在个体 i 周围包含 i 本身但不包含其他个体的最小的长方形，见图 6-7。当 i_d 比较小，个体周围的解是比较集中的，为了保持种群的多样性，提出拥挤度比较算子从而保证算法能收敛到一个均匀分布的 Pareto 面上。经过了排序和拥挤度计算后，每个个体得到两个属性：非支配序 i_{rank} 和拥挤度 i_d。当满足条件 $i_{rank} < j_{rank}$，或者满足条件 $i_{rank} = j_{rank}$ 且 $i_d < j_d$ 时，定义个体 i 优于个体 j[203]。

精英策略已经被证实可以改善遗传算法，使用精英策略保留优良个体到下一代。精英策略具体操作表述为：一个规模大小都是 N 的父代种群 P_t 和子代种群 Q_t 合并而成规模大小为 $2N$ 的种群 R_t，然后对 R_t 进行快速非支配排序分层，并分层计算拥挤度，最后根据个体优劣程度从种群 R_t 选择前 N 个个体形成新的父代种群，如图 6-8 所示。

NSGA-Ⅱ遗传算法的具体操作步骤如下。

第一步，输入初始计算参数；

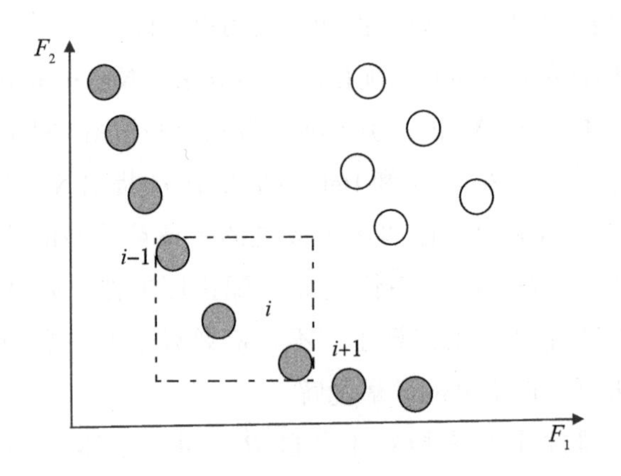

图 6-7 个体 i 的拥挤度

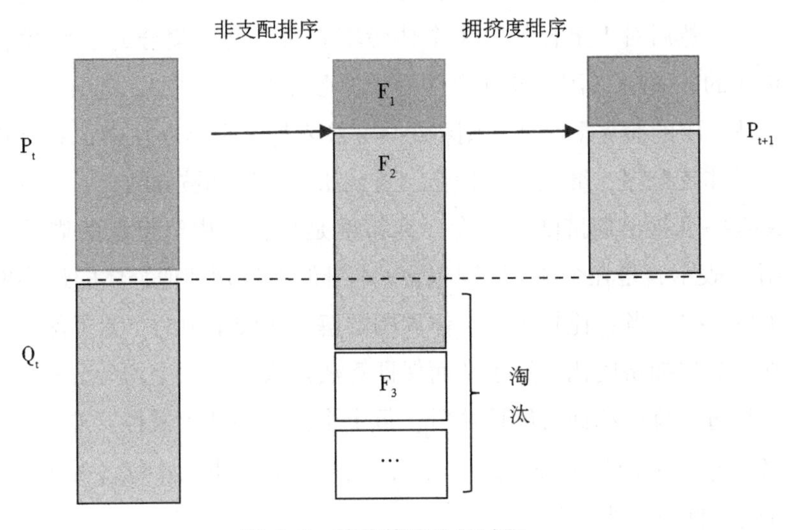

图 6-8 精英策略执行过程

第二步，生成初始种群，必须满足约束条件；

第三步，计算各目标函数的个体适应度值，以非支配性排序和拥挤距离排序对其进行实现；

第四步，以精英保留策略和二元锦标赛相结合的方法进行选择操作，进行交叉编译，产生新个体；

第五步，判断终止条件，若已经达到指标的最大进化代数，则迭代终止，否则跳转至步骤三，具体流程图见图 6-9。

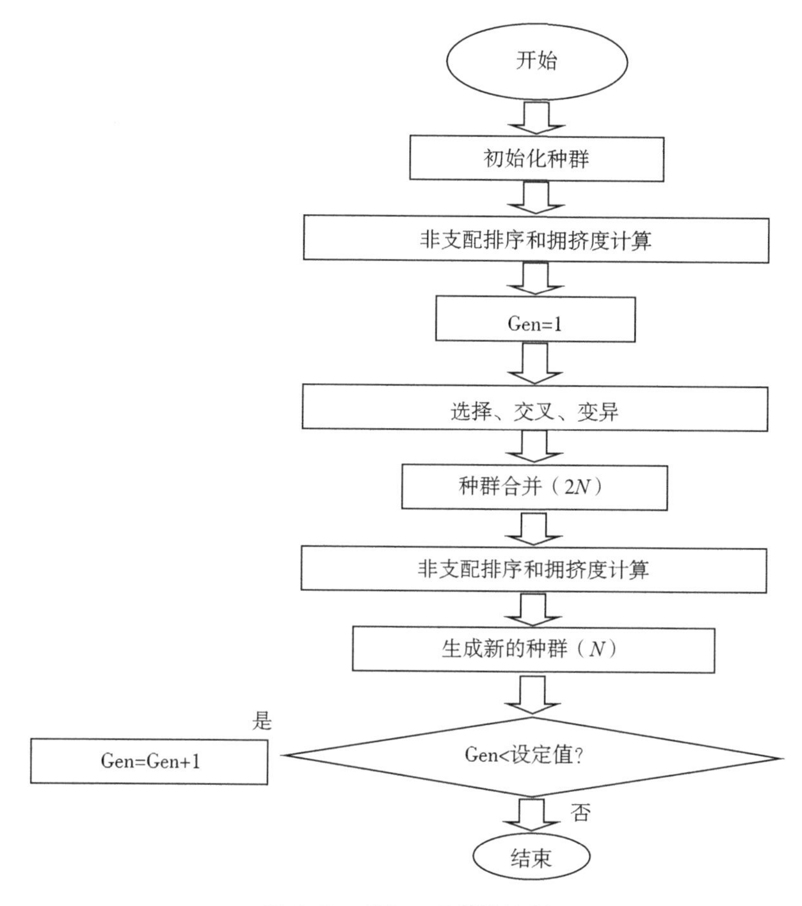

图 6-9　NSGA-Ⅱ算法流程

6.2.2　决策变量

粮食作物归类为谷类、薯类和豆类，谷类选小麦、玉米、谷子、高粱、莜麦为代表，薯类选择马铃薯、甘薯为代表，豆类选择大豆为代表，由于水稻种植很少，且逐年减少，这里不再单列；经济作物归类为棉花、油料、蔬菜、瓜果等，其中油料作物选取花生、葵花籽、胡麻为代表。本章在前面章节分析的基础上，扩充了研究作物的种类，增加了旱作作物莜麦、胡麻，以研究作物的种植面积为决策变量，共设 14 个变量（表 6-4）。根据历年种植面积统计资料，这 14 种作物面积为 770.33 万公顷，占总播种面积的 93.98%。

表 6-4　河北省农作物种植结构调整决策变量

作物种类	作物名称	变量名称
粮食作物	小麦	X_1
	玉米	X_2
	谷子	X_3
	高粱	X_4
	莜麦	X_5
	马铃薯	X_6
	甘薯	X_7
	大豆	X_8
经济作物	棉花	X_9
	花生	X_{10}
	葵花籽	X_{11}
	胡麻	X_{12}
	蔬菜	X_{13}
	瓜果	X_{14}

数据来源：根据调研数据计算所得。

6.2.3　目标函数

本章对河北省农业种植结构和水资源优化分配设定经济效益、社会效益和生态效益 3 个目标，其中经济效益目标是实现农业总收益最大化，社会效益目标是实现农业产值最大化，生态效益目标实现单位水效益最大化和灰水足迹最小化，因此，目标函数设定为：

$$\begin{cases} Max(F_1) = \sum_{i=1}^{m} \sum_{j=1}^{n} X_{ij} \times R_{ij} \\ Max(F_2) = \sum_{i=1}^{m} \sum_{j=1}^{n} X_{ij} \times M_{ij} \\ Max(F_3) = \sum_{i=1}^{m} \sum_{j=1}^{n} X_{ij} \times W_{ij} \\ Max(F_4) = \sum_{i=1}^{m} \sum_{j=1}^{n} X_{ij} \times G_{ij} \end{cases} \tag{6-3}$$

其中，i 为年份，j 为作物种类，X_{ij} 为第 i 年作物 j 的种植面积（公顷），R_{ij} 为单位面积收益（元/公顷），M_{ij} 为单位面积产值（元/公顷），W_{ij} 为单位面积水收益（元/米^3），G_{ij} 为单位面积灰水足迹（米^3/公顷）；m 为研究时段 2018—2050 年，共 33 年；n 为研究作物的种类，主要包括小麦、玉米、谷子、高粱、莜麦、大豆、马铃薯、甘薯、花生、葵花籽、胡麻、棉花、蔬菜和瓜果。

6.2.4 约束条件

（1）耕地面积约束

目前河北省耕地面积为 8 197 100 公顷，根据河北省耕地面积历年变化以及对粮食安全的保障，未来河北省耕地面积不会有较大的变化。本研究以 2018 年的耕地面积为准，假设耕地面积限值为 8 197 100 公顷：

$$\sum_{j=1}^{n} X_{ij} \leqslant 8\ 197\ 100$$

式中，i 为年份，j 为作物种类，X_{ij} 为第 i 年作物 j 的种植面积（公顷）。

（2）农业灌溉用水量约束

河北省水资源总量有限，农业灌溉用水量主要受到工业用水量、林牧渔畜用水量、城镇公共用水量、居民生活用水量的影响。假定在满足其他用水的基础上，计算河北省农业用水量限额，且农业用水量在各种作物之间进行分配。

$$\sum_{j=1}^{n} X_{ij} \times I_{ij} \leqslant Q_i$$

式中，i 为年份，j 为作物种类，X_{ij} 为第 i 年作物 j 的种植面积（公顷），I_{ij} 为第 i 年第 j 种作物的单位面积灌溉用水量（米^3/公顷），Q_i 为第 i 年农业灌溉用水的总量（米^3）。

（3）主要作物的生产约束

粮食、蔬菜是居民的主要消费需求，所以农作物的结构调整必须满足粮食基本安全和对主要作物的需求。河北省是小麦和玉米的生产大省，除了满足本省的口粮供给外，还要配合国家粮食安全保障，提供足够的对外供给。充分考虑这些因素，设定需求系数 K，K 的大小与国家对该区域的定位有关，若无须向其他地区提供产品则 K 的取值是自给率，如果担负国家其他区域的需求任务，则 K 值大于 1[204]。

$$P_{iwheat} \times X_{iwheat} \geqslant K_1 C_{iwheat} N_i$$

$$P_{icorn} \times X_{icorn} \geqslant K_2 C_{icorn} N_i$$

$$P_{ivegetable} \times X_{ivegetable} \geqslant C_{ivegetable} N_i$$

式中，i 为年份，j 为作物种类，X_{ij} 为第 i 年作物 j 的种植面积（公顷）；N_i 为人口 P_{iwheat}、P_{icorn}、$P_{ivegetable}$ 为小麦、玉米和蔬菜的单产，C_{iwheat}、C_{icorn}、$C_{ivegetable}$ 为小麦、玉米和蔬菜的人均最低消费。

（4）非负约束

所有类型作物的种植面积不能为负数，即

$$X_{ij} \geqslant 0 \quad j=1,\ 2,\ 3,\ \cdots,\ 10$$

式中，i 为年份，j 为作物种类，X_{ij} 为第 i 年作物 j 的种植面积（公顷）。

6.3 模型参数预测与结果

6.3.1 河北省农业需水量预测

（1）各行业用水量预测

本章基于 2001—2018 年河北省水资源公报统计数据，采用灰色系统理论中的 GM（1，1）模型，对河北省工业用水量、林牧渔畜用水量和城镇公共用水量进行预测。通过预测，结果如表 6-5 所示：模拟结果显示，未来 30 年河北省工业用水量呈现先上升后下降趋势，2018 年河北省工业用水量为 19.08 亿米^3，到 2030 年预计增加至 20.13 亿米^3，到 2040 年预计减少至 18.61 亿米^3，到 2050 年预计减少至 17.19 亿米^3；2020—2030 年是河北省工业大跨步增长的十年，工业用水量也会随之出现增长，但随着工业节水技术的推广以及工业部门水权水价改革的实施，工业用水总量会出现下降趋势。2018—2050 年林牧渔畜用水量逐渐减少，2018 年，河北省林牧畜用水量为 11.21 亿米^3，到 2030 年预计减少至 10.59 亿米^3，到 2040 年预计减少至 9.94 亿米^3，到 2050 年预计减少至 9.32 亿米^3；城镇公共用水量主要包括建筑业用水和服务业用水，随着河北省第三产业的蓬勃发展，城镇公共用水量逐渐增加，2018 年河北省城镇公共用水量为 4.93 亿米^3，到 2050 年预计将增加至 7.31 亿米^3，比 2018 年增长了 1.48 倍。

表 6-5 河北省各行业用水量模拟结果 （亿米^3）

用水类型	2018 年	2030 年	2040 年	2050 年
工业用水量	19.08	20.13	18.61	17.19
林牧渔畜用水量	11.21	10.59	9.94	9.32
城镇公共用水量	4.93	5.92	6.61	7.31

数据来源：根据调研数据计算所得。

（2）居民生活用水量预测

居民生活用水总量与河北省的人口总数息息相关，因此预测居民生活用水首先需要预测人口。根据河北省 2001—2018 年统计数据，2001 年河北省人口为 6 699 万人，到 2018 年人口数增加为 7 556 万人，年均增长率为 12.79%。虽然人口总数在不断增长，但自然增长率却呈现不断下降趋势，人口负增长和人口老龄化越来越严重。根据任强（2011）[205]、张现苓（2020）[206]等人的前期研究成果，中国人口将在 2030 年将达到人口高峰，随后人口会不断下降，到 2050 年人口达到现状水平。本研究在预测人口时仍然采用灰色模型 GM（1，1）方法，预测了 2019—2030 年人口数，2030—2050 年人口预测借鉴已有成果采用年均增长率方法进行预测，结果显示，河北省人口在 2050 年会增加到 7 705 万人，其中城镇人口增加到 6 241 万人，农村人口下降到 1 464 万人（图 6-10）。

河北省人均用水量以河北省地方标准—用水定额 DB13/T 1161.1（2016 年版）中的生活需水定额为准，即城镇居民生活平均用水为 105 升/（人·天），农村居民生活用水为 50 升/（人·天）。假定河北省人均用水情况不变，可得河北省 2020—2050 年的居民生活用水量，如表 6-6 所示，居民生活用水由 2018 年的 22.35 亿米^3 增加到 2050 年的 26.59 亿米^3，其中，城镇居民生活用水由 2018 年的 16.34 亿米^3 增加到 2050 年的 23.92 亿米^3，农村居民生活用水由 2020 年的 6.01 亿米^3 下降到 2050 年的 2.67 亿米^3（表 6-6）。

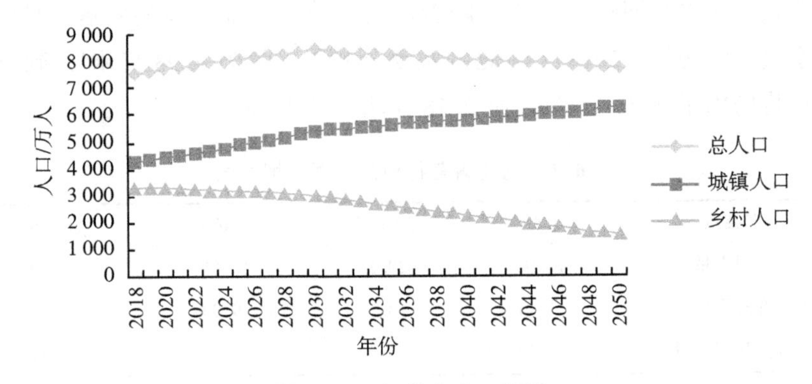

图 6-10　河北省人口预测

（资料来源：根据《河北农村统计年鉴》2001—2019 年相关数据整理所得）

表 6-6　河北省居民生活用水量模拟结果　　（亿米^3）

用水类型	2018 年	2030 年	2040 年	2050 年
城镇人口用水量	16. 34	20. 77	22. 29	23. 92
乡村人口用水量	6. 01	5. 41	4. 06	2. 67
居民生活总用水量	22. 35	26. 18	26. 34	26. 59

数据来源：根据调研数据计算所得。

（3）生态用水量预测

根据《中国水利百科全书》，生态用水是指在特定的时空范围内，维持各类生态系统正常发育与相对稳定所必需消耗的、不作为社会和经济用水的、现存的水资源，包括地表水、地下水和土壤水等。本章采用 GM（1，1）方法对生态用水量进行预测，结果显示 2050 年河北省生态用水量高达 146 亿米^3，占河北省用水总量的 80%，利用幂函数方法测算 2050 年河北省生态用水量高达 47 亿米^3，占河北省用水总量的 25. 76%，但从 2001—2018 年的水资源公报来看，河北省生态用水量占用水总量的 7. 96%。本研究在征求水部门专家的意见的基础上，确定河北省生态用水量将来会有较大幅度的增加，但鉴于现在水资源短缺以及各行业部门的用水效率，通过头脑风暴讨论，确定了生态用水规划目标到 2050 年达到 29. 02 米^3（表 6-7）。

表 6-7　河北省居民生态用水量模拟结果

用水类型	2018 年	2030 年	2040 年	2050 年
生态用水量/亿米^3	14.51	18.82	23.37	29.02
占比/%	7.96	10.31	12.81	15.90

数据来源：根据调研数据计算所得。

（4）农业灌溉用水量预测

农业灌溉用水是指农业种植业的用水数量，假定水资源在分配中优先满足工业用水、林牧渔畜用水、城镇公共用水、居民生活用水和生态用水，因此农业灌溉用水量为水资源总量扣除其他用水量。基于各行业用水量预测结果，本研究对 2020—2050 年农业灌溉用水进行了预测计算，到 2050 年农业灌溉用水达到 99.50 亿米^3，占全省用水总量的 55%（表 6-8）。

表 6-8　河北省农业灌溉用水量模拟结果

用水类型	2018 年	2030 年	2040 年	2050 年
农业灌溉用水/亿米^3	110.33	100.77	97.55	99.50
占比/%	65	59	57	55

数据来源：根据调研数据计算所得。

6.3.2　模型主要参数取值

（1）农作物单产与产值

根据 2001—2018 年统计年鉴中的各种作物总产量及种植面积，对 2020—2050 年的作物单产量进行规划，初步规划目标为 2050 年各种作物产量翻一番，根据不同作物的产量变化趋势进行微调，调整结果见表 6-9。

表 6-9　河北省主要农作物单位面积产量　（千克/公顷）

作物	2018 年	2030 年	2040 年	2050 年
小麦	6 154.00	8 571.81	10 836.96	13 700.69
玉米	5 647.00	7 323.25	9 094.44	11 294.00
谷子	3 683.28	4 776.62	5 931.88	7 366.55
高粱	3 887.76	5 041.79	6 261.19	7 775.51
莜麦	1 497.00	1 941.37	2 410.90	2 994.18

（续表）

作物	2018 年	2030 年	2040 年	2050 年
大豆	2 420.09	3 138.47	3 897.53	4 840.18
马铃薯	32 510.00	42 160.25	52 357.04	65 020.00
甘薯	31 592.00	41 436.62	51 458.39	63 904.00
花生	3 814.41	4 946.68	6 143.08	7 628.83
葵花籽	958.36	3 915.16	4 862.07	6 038.62
胡麻	958.87	1 241.37	1 542.85	1 916.00
棉花	1 137.36	1 474.97	1 831.70	2 274.71
蔬菜	65 445.66	84 872.52	105 399.60	130 891.32
瓜果	52 909.34	68 614.92	85 209.98	105 818.67

数据来源：根据调查数据计算所得。

根据作物单产量及作物多年平均销售价格可以得到 2020—2050 年的农作物单位面积产值，见表 6-10。

表 6-10　河北省主要农作物单位面积产值　（元/公顷）

作物	2018 年	2030 年	2040 年	2050 年
小麦	15 907.65	22 157.51	28 012.76	35 415.30
玉米	13 042.5	16 914.03	21 004.82	26 085.00
谷子	16 250.1	21 073.77	26 170.63	32 500.20
高粱	11 974.35	15 528.81	19 284.57	23 948.70
莜麦	5 988.2	7 765.48	9 643.62	11 976.16
大豆	12 998.1	16 856.45	20 933.31	25 996.20
马铃薯	197 142	255 661.54	317 495.29	394 284.00
甘薯	57 513.60	74 585.91	92 625.10	115 027.20
花生	23 428.05	30 382.42	37 730.65	46 856.10
葵花籽	16 906.4	21 924.89	27 227.59	33 812.80
胡麻	9 580.00	127 235.50	158 008.40	196 224.00
棉花	24 429.15	31 680.69	39 342.91	48 858.30
蔬菜	81 220.05	105 329.37	130 804.11	162 440.10
瓜果	88 098.75	114 249.94	141 882.19	176 197.50

数据来源：根据调查数据计算所得。

根据产值扣除成本，预测 2020—2050 年的农作物单位面积收益，假定成本投入中其他投入不变，只考虑化肥投入量的变化，随着节水技术的提高，保守估算化肥投入量节省 30%，由此得到河北省主要农作物的单位收益，见表 6-11。

表 6-11 河北省主要农作物单位面积收益 （元/公顷）

作物	2018 年	2030 年	2040 年	2050 年
小麦	8 505.00	14 778.01	20 630.82	28 031.18
玉米	7 426.20	11 314.63	15 403.64	20 482.22
谷子	12 985.80	17 820.67	22 916.35	29 244.86
高粱	8 657.55	12 223.51	15 978.06	20 641.10
莜麦	4 488.00	6 265.48	8 143.62	10 476.00
大豆	9 649.05	13 517.59	17 593.38	22 655.31
马铃薯	22 779.78	34 589.14	46 959.32	62 323.64
甘薯	44 013.00	61 085.91	79 125.10	101 527.20
花生	15 108.90	22 078.95	29 425.53	38 549.50
葵花籽	14 356.40	19 374.89	24 677.59	31 262.80
胡麻	7 330.00	10 173.72	13 178.50	16 910.00
棉花	17 761.20	25 032.58	32 692.71	42 206.22
蔬菜	57 592.35	81 763.59	107 231.79	138 861.94
瓜果	61 018.05	87 218.84	114 845.85	149 156.48

数据来源：根据调查数据计算所得。

（2）农作物单位用水量收益

农作物单位面积收益由作物单位面积产值及投入成本决定，投入的成本包括农药、化肥、种子、机械、人工费等。本研究根据假定单位投入成本中化肥使用量发生改变，农作物产出中单价不变，单产发生变化，则单方水效益也会发生变化，结果见表 6-12。

表 6-12 河北省主要农作物单位用水量收益 （元/公顷）

作物	2018 年	2030 年	2040 年	2050 年
小麦	3.54	6.16	8.60	11.68
玉米	12.38	18.86	25.67	34.14
谷子	19.24	26.40	33.95	43.33
高粱	12.83	18.11	23.67	30.58
大豆	16.08	22.53	29.32	37.76
马铃薯	13.81	20.96	28.46	37.77

（续表）

作物	2018 年	2030 年	2040 年	2050 年
甘薯	41.92	58.18	75.36	96.69
花生	16.79	24.53	32.70	42.83
葵花籽	47.85	64.58	82.26	104.21
棉花	11.28	15.89	20.76	26.80
蔬菜	19.20	27.25	35.74	46.29
瓜果	40.68	58.15	76.56	99.44

数据来源：根据调查数据计算所得。

（3）人均消费量

根据《我国居民膳食指南（2016）》，中国居民平衡膳食，每天的膳食应包括谷薯类、蔬菜瓜果类、畜禽蛋奶类、大豆坚果类等食物。每天摄入蔬菜300~500克，瓜果200~350克，谷薯类食物250~400克，薯类50~100克，每天粗粮的摄入量以30~60克为宜；豆类及坚果25克以上，其中大豆15~25克。假设2050年人均实现健康饮食。由此根据年均增长率法测算出2018—2050年各年的人均消费量。由于我国是农业生产大省，负有保障粮食安全的职责，所以在计算小麦和玉米的人均需求量时，考虑了粮食外调的份额，并平摊在人均消费中。主要农作物的消费量预测见表6-13。

表6-13　河北省主要农作物人均消费量　（米^3/公顷）

作物	2018 年	2030 年	2040 年	2050 年
小麦	119	111	105	99
玉米	200	209	218	226
蔬菜	94	121	149	183
瓜果	61	73	96	127

数据来源：根据调查数据计算所得。

（4）灰水足迹

从10种主要作物的单位面积的灰水足迹看，粮食作物灰水足迹偏小，灰水足迹最小的作物是大豆，每亩大豆使用灰水101.36米^3，粮食作物中灰水足迹最大的是小麦为262.9米^3；其他粮食作物的灰水足迹排序为：玉米>高粱>谷子>花生>马铃薯。瓜果的灰水足迹最大，每亩瓜果使用灰水

471.7 米^3，蔬菜的灰水足迹为每亩使用 293.4 米^3（表 6-14）。结果说明大豆、马铃薯、花生、谷子和高粱等作物肥料的使用导致水质污染程度较低，瓜果、小麦、蔬菜的单位面积灰水足迹较大，作物肥料的使用导致水质污染程度较高。

表 6-14　各种作物的灰水足迹　（千克/亩，米^3/亩）

作物	氮肥总量	灰水足迹
小麦	21.91	262.9
玉米	13.46	161.5
谷子	11.45	137.4
高粱	11.63	139.6
大豆	8.45	101.4
马铃薯	9.19	110.2
甘薯	11.39	136.6
花生	10	120
葵花籽	13.57	162.8
棉花	10.5	126
蔬菜	24.45	293.4
瓜果	39.3	471.7

数据来源：根据调查数据计算所得。

6.3.3　多目标模型优化结果分析

本研究利用 NSGA-Ⅱ遗传算法，取种群规模为 200，进化代数为 100，交叉概率为 0.9，变异概率为 0.1，经过 100 次迭代，最终获得河北省农业种植结构优化调整结果，如表 6-15 所示。从 2020—2050 年农作物的种植面积优化结果看，河北省农业种植业种植结构依然以小麦、玉米和蔬菜为主，但小麦的最优面积会在现有种植基础上有较大幅度的缩减，到 2030 年，小麦、玉米和蔬菜面积分别缩减 16.62 万公顷、54.31 万公顷和 20.10 万公顷，到 2050 年，小麦、玉米和蔬菜面积分别缩减 50.51 万公顷、84.59 万公顷和 27.16 万公顷；此外马铃薯面积、棉花面积也会缩减，到 2030 年，马铃薯面积缩减 5.07 万公顷，棉花面积缩减 1.26 万公顷，到 2050 年分别缩减 8.05 万公顷和 10.34 万公顷；在河北省种植结构优化过程中，谷子、高粱、莜麦、大豆、甘薯、花生、葵花籽、胡麻和瓜果的最优种植面积会增加，到2030年，各种作物的面积分别增加5.47万公顷、2.36万公顷、4.64万公顷、8.90万公顷、3.28万公顷、7.35万公顷、9.31万公顷、4.89万公顷和6.46万公顷，到2050年各种作物的面积分别增加12.38万公顷、7.52万公顷、6.93万公顷、23.31万公顷、8.53万公顷、13.37万公顷、9.80万公顷、8.09万公顷和14.13万公顷，最终达到各种作物的最优分配（表6-15）。

表6-15　河北省农业的种植结构调整　（万公顷）

作物	2018年	2030年	2050年
小麦	235.72	219.10	185.21
玉米	343.77	289.46	259.18
谷子	11.84	17.31	24.22
高粱	0.98	3.34	8.50
莜麦	11.40	16.04	18.33
大豆	8.76	17.66	32.07
马铃薯	16.31	11.24	8.26
甘薯	6.31	9.59	14.84
花生	25.81	33.16	39.18
葵花籽	5.18	14.49	14.98
胡麻	3.57	8.46	11.66
棉花	21.04	19.78	10.70
蔬菜	78.76	58.66	51.60
瓜果	7.39	13.85	21.52

数据来源：根据调查数据计算所得。

在各种作物中，面积变化最大的是小麦和玉米（图6-11），到2050年面积分别为185.21万公顷和259.18万公顷，缩减到2018年的78.57%和75.39%；大豆、谷子和高粱面积变化也较大，面积分别是2018年的3.66倍、2.05倍和8.67倍，随着旱作雨养的扩大，高粱、谷子、莜麦等杂粮必将是重要发展的杂粮作物；马铃薯种植面积的下降，甘薯种植面积有较大幅度的增加（图6-12）。河北省经济农作物中变化较大的是蔬菜和瓜果，蔬菜面积是原来的65.52%，瓜果面积增长了2.91倍，相对于蔬菜，瓜果的经济效益较高，而且水分生产力高，面积必然增加（图6-13）。

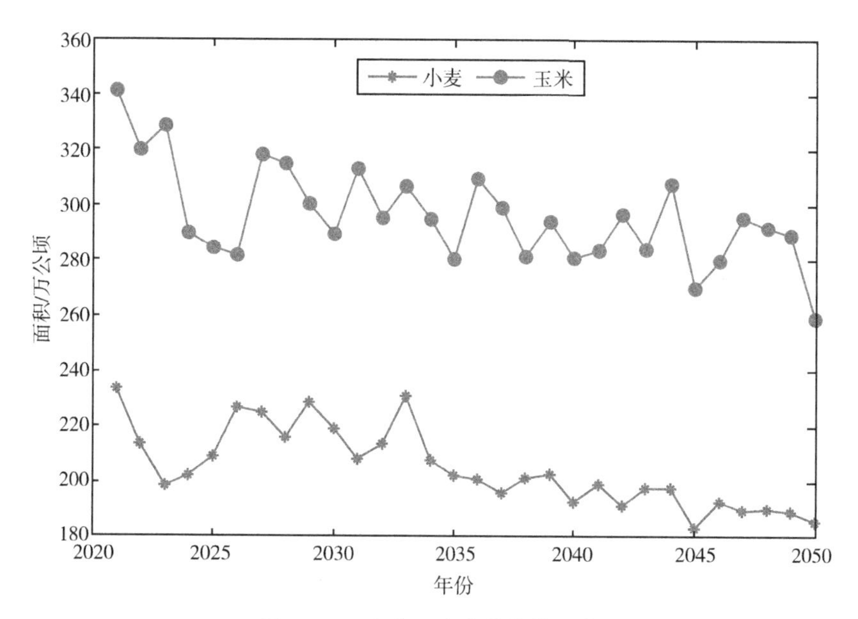

图 6-11　小麦玉米种植优化示意

（数据来源：根据调查数据计算所得）

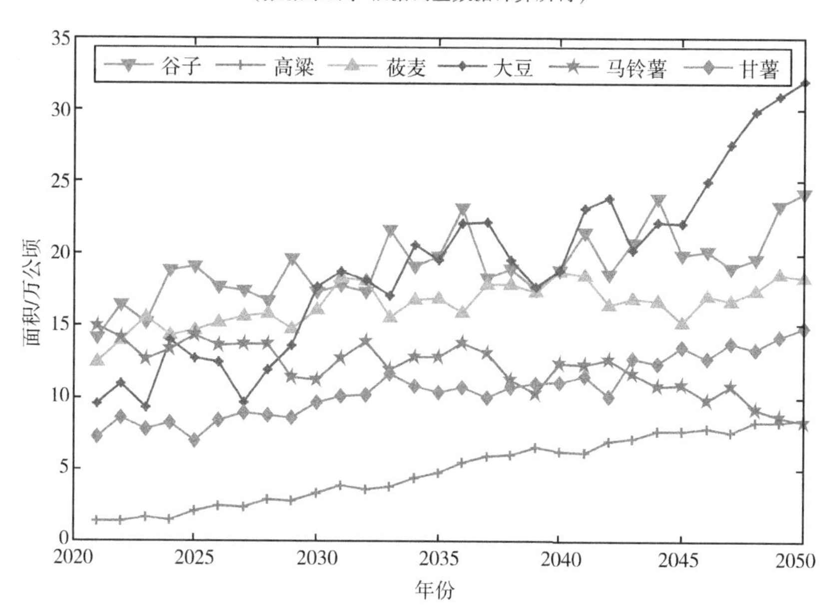

图 6-12　主要粮食作物种植优化示意

（数据来源：根据调查数据计算所得）

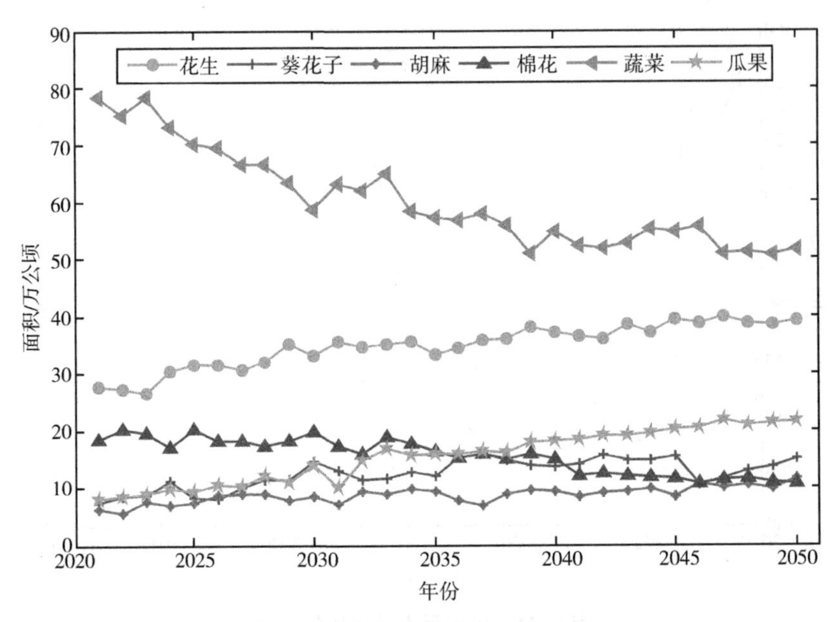

图 6-13　主要经济作物种植优化示意

（数据来源：根据调查数据计算所得）

从河北省农业用水分配优化调整结果看，农业灌溉用水更多分配给小麦、玉米和蔬菜。假设现有灌溉技术不变的情况下，到 2050 年，小麦的灌溉用水量从 60. 11 亿米^3 减少到 47. 23 亿米^3，玉米灌溉用水量由 25. 78 亿米^3 减少到 19. 44 亿米^3，蔬菜灌溉用水量由 28. 35 亿米^3 减少到 18. 58 亿米^3，小麦、玉米和蔬菜的节约用水量达到近 30 亿米^3；由于大豆和瓜果种植面积的增加，灌溉用水量分别增加了 1. 4 亿米^3、1. 2 亿米^3 和 2. 12 亿米^3，通过结构调整，2050 年对比 2018 年，农业用水量节约 24. 25 亿米^3。假设能够较大面积推广高效节水灌溉，在现有灌溉的基础上，节水 20%，则结构调整后可以节水 44. 67 亿米^3，如果节水 30%，则结构调整后可以节水 54. 88 亿米^3（表 6-16）。

表 6-16　高效节水下河北省农业用水结构调整　（亿米^3）

作物	2018 年	结构优化后用水	节水 20%	节水 30%
小麦	60. 11	47. 23	37. 78	33. 06
玉米	25. 78	19. 44	15. 55	13. 61

（续表）

作物	2018 年	结构优化后用水	节水 20%	节水 30%
谷子	0. 80	1. 63	1. 31	1. 14
高粱	0. 07	0. 57	0. 46	0. 40
大豆	0. 34	0. 55	0. 44	0. 38
马铃薯	0. 53	1. 92	1. 54	1. 35
甘薯	2. 69	1. 36	1. 09	0. 95
花生	0. 66	1. 56	1. 25	1. 09
葵花籽	2. 32	3. 53	2. 82	2. 47
棉花	0. 16	0. 45	0. 36	0. 31
蔬菜	0. 11	0. 35	0. 28	0. 24
瓜果	3. 31	1. 69	1. 35	1. 18
总用水量	126. 34	102. 09	81. 67	71. 46

数据来源：根据调查数据计算所得。

6.4　不同区域范围种植结构优化调整

6.4.1　黑龙港地区种植结构优化调整

河北省黑龙港地区是指包括邯郸、邢台、沧州、衡水地区的 45 个县，具体包括邯郸 10 个县（市、区），鸡泽县、邱县、曲周县、肥乡县、馆陶县、广平县、成安县、魏县、临漳、大名县；邢台 10 个县（市、区），临西县、威县、广宗县、平乡县、南宫市、清河县、巨鹿县、隆尧县、宁晋县、新河县；沧州 14 个县（市、区），泊头市、任丘市、黄骅市、河间市、沧县、青县、东光县、海兴县、盐山县、肃宁县、南皮县、吴桥县、献县、孟村回族自治县；衡水 11 个县（市、区），深州市、冀州市、枣强县、武邑县、武强县、饶阳县、安平县、故城县、景县、阜城县、桃城区，行政面积 34 162 千米^2。

河北省虽然地域面积只有河北省（187 693 千米^2）的 18. 2%，但耕地面积达到 318. 66 万公顷，占河北省总耕地面积（819. 70 万公顷）的 38. 63%。黑龙港地区主要以粮食作物和蔬菜瓜果为主，耗水量大，农业用水达到该地区用水总量的 78%。其中粮食作物小麦和玉米种植面积占黑龙港地区农作物总面积的 81.41%，蔬菜占农作物总面积的 6.53%，见图 6-14。

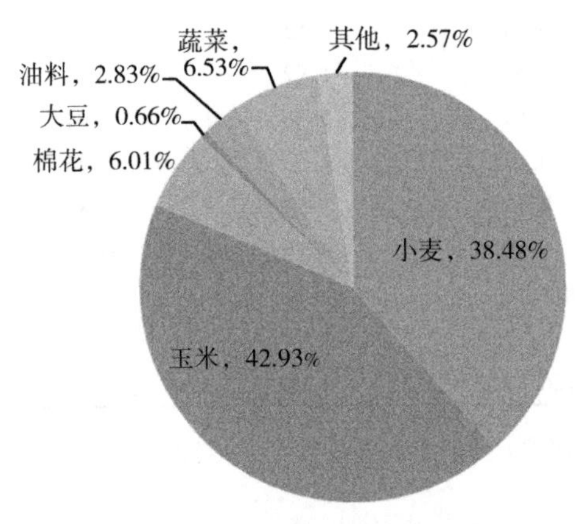

图 6-14　河北省黑龙港地区种植结构

（数据来源：根据调查数据计算所得）

黑龙港地区是河北省重要的粮食和蔬菜生产基地，粮食和蔬菜生产占据重要地位。黑龙港地区最重要的粮食作物就是小麦，种植面积为 121.84 万公顷，占河北省小麦种植面积（235.72 万公顷）的 51.69%；黑龙港地区玉米种植面积为 135.96 万公顷，占河北省玉米种植面积（343.77 万公顷）的 39.55%；棉花种植面积为 19.02 万公顷，占河北省棉花种植面积（21.04 万公顷）的 90.41%；大豆种植面积为 2.08 万公顷，占河北省大豆种植面积（8.76 万公顷）的 23.70%；蔬菜种植面积为 20.66 万公顷，占河北省蔬菜种植面积（78.76 万公顷）的 26.24%。

黑龙港地区农业灌溉主要依靠地下水开采，黑龙港成为最大的地下漏斗区。同时黑龙港地区砂质潮土分布广泛，这类土壤透水性强、保水保肥能力差，灌溉时水分下渗快，遇热蒸发快，对水资源的消耗非常严重。地下水资源的超采严重威胁着黑龙港地区生态环境，水资源的日益短缺，成为制约农业发展可持续发展的主要因素。区域节水农业发展的方向为实施休耕轮作、发展旱作雨养、节水增效等系列关键技术，逐步减少直至禁止地下水开采。

（1）高耗水粮食作物调整分析

增加季节性休耕规模。农业种植结构调整是黑龙港地区节水农业的主要措施。从2016年开始，河北省在黑龙港流域开始实施季节性休耕措施，重点执行区域是衡水、邢台、沧州和邯郸地区。2016—2020年，累计实施季节性休耕达到200万亩。

根据结构调整的方案，应该继续扩大季节性休耕面积，继续在河北低平原地下水漏斗区减少小麦种植面积，在已经休耕的200万亩的基础上，逐年增加，到2050年逐步减少种植面积达到300万亩，争取休耕地块两年一轮换，避免连续休耕，造成耕地抛荒、撂荒。休耕是一种保护性耕作措施，使土壤能够修养生息，但随着水资源的日益缺乏，仅通过土地休耕不能从根本上解决农业用水安全问题，在耕地的水资源管理是农业节水的关键一环，农业种植结构调整的重要问题在于调整农业种植结构，提高耕地水资源利用效率。

粮食种植结构优化。在保证小麦、玉米消费需求的情况下，进行粮食内部结构调整，适当缩减小麦和玉米的种植面积，增加大豆、谷子、高粱、甘薯等作物的种植面积，最大程度地实现旱作雨养。在现有基础上，在黑龙港流域增加大豆、谷子、高粱、甘薯共700万亩，其中谷子150万亩，高粱100万亩，甘薯100万亩，大豆350万亩。大豆是河北省粮食进口的重要构成，大豆的短缺是粮食安全的隐患。2018年河北省进口粮食5 187 226吨，其中大豆进口4 847 250吨，占粮食进口的93.45%，相比2001年大豆进口量963 029吨，河北省大豆进口增长了4倍。因此，我们要适度增加大豆的种植面积，保证粮食安全。重点在邢台、衡水和沧州地区，大面积推广大豆种植，具体到县域范围，在邢台的南宫、清河和宁晋，衡水的故城县、阜城县和武邑县，沧州的任丘、黄骅、沧县和东光等地区，在原有种植基础上，大力发展大豆产业。谷子和高粱是重要的粮食作物，而且也黑龙港地区旱作雨养的首选作物，黑龙港地区具有种植谷子和高粱的优势，其中邯郸市和邢台市具有谷子生产的良好基础，沧州市和衡水市具有优先发展高粱产业的基础，在这些地区大力发展高粱和谷子，并延长产业链条，依然可以获得较高的经济效益。甘薯也是重要的节水作物，黑龙港地区也有一定的种植规模，主要分布在邯郸市、邢台市和衡水市。

推广“粮改饲”。河北省地处华北平原，具有地势平坦、土壤较为肥沃、气候适宜的自然条件，位于黄淮海玉米优势产区，长期以来，河北省玉米播种面积和产量占全国8%左右，是全国第6大玉米主产区。玉米也是河北省第一大粮食作物，2019年全省玉米种植面积340.82万公顷，播种面积占粮食播种面积的52.68%，玉米产量占河北省粮食产量的53.13%，玉米在全省粮食作物中占有举足轻重的地位。从种植区域来看，2018年沧州市玉米种植面积最大，为49.90万公顷，占全省玉米种植面积的14.52%。其次是保定市（不含定州市）、邢台市和邯郸市，三市玉米种植面积分别为43.13万公顷、39.09万公顷和39.08万公顷，分别占全省玉米种植面积的12.55%、11.37%和11.37%。上述4市河北省玉米种植面积合计占河北省玉米种植总面积的49.81%，再加上石家庄市、衡水市和唐山市，7市玉米种植面积占全省的78.47%，成为河北省玉米种植的主要地区。

“粮改饲”，是农业部[①]开展的农业改革，主要是采取以养带种方式推动种植结构调整，促进青贮玉米、苜蓿、燕麦、甜高粱和豆类等饲料作物种植，收获加工后以青贮饲草料产品形式由牛羊等草食家畜就地转化，引导试点区域牛羊养殖从玉米籽粒饲喂向全株青贮饲喂适度转变。目前，保定地区已经推行了“粮改饲”，2017年完成“粮改饲”25.2万亩、67.5万吨；2018年完成青贮种植约50多万亩，90多万吨；2019年粮改饲22.4万亩，全株青贮玉米生产总量61.5万吨以上。保定市现有奶牛存栏12.1万头、肉牛存栏17.4万头、肉羊存栏286.5万只，每年需要200多万吨饲草料，通过“粮改饲”极大地推进了全株玉米专用品种的种植面积，提高青贮饲料产量。“粮改饲”不会影响经济收益。从2018年的情况看，籽粒玉米每亩产量平均2.8吨，专用青贮品种每亩平均产量3.8吨，增加了1吨，每吨多收入240元；籽粒玉米每亩纯收入500元，青贮玉米收购价每亩平均750元，比籽粒玉米每亩多收入250元。养殖场（户）通过饲喂青贮饲料，饲养成本降低8%以上，给青贮环节的补贴，缓解青贮资金压力，促进了畜牧业发展，能够获得良好的经济效益。因此，推广“粮改饲”，无论从经济

① 农业部.2018年3月机构改革，现为农业农村部。

效益，还是从节水生态效益，均可以实现收益最大化。在保证粮食安全的前提下，减少籽粒玉米面积，增加青贮玉米是黑龙港流域结构调整的重要选择。

（2）高耗水作物蔬菜调整分析

河北省蔬菜生产空间布局的调整方向应该是“南菜北移”，将蔬菜生产布局进一步向北方水资源禀赋（降水）优势区域集中，提高蔬菜生产布局与水资源禀赋的拟合度。调整方案具体包括：严格控制和缩减邢台、衡水、邯郸、沧州等黑龙港地区的蔬菜种植面积，减缓4个市的水资源特别是地下水资源的开采压力；进一步压缩张家口坝上地区的蔬菜面积，有些地方可以完全退出蔬菜生产。承德市降水充足、光热资源丰富，可以作为全省的“北菜园”重点培植和发展，通过“南菜北移”，既可满足北方市场蔬菜需求，又可为河北省农业节水作出更大的贡献。

黑龙港地区在调减蔬菜种植的基础上，还要关注结构调整的方向，“菜改菌”就是一个很好的结构调整方案。食用菌耗水量非常少，食用菌生产过程中用水主要在原料配方、出菇期补水和增加棚室湿度时用水。其中用水量较多的主要为平菇和双孢菇，每亩需水量为45米^{3}左右，需水量中等的有香菇等品种，每亩用水量为35米^{3}左右，需水量较小的有金针菇、杏鲍菇和白灵菇等品种，每亩用水量为13米^{3}左右。黑龙港地区“菜改菌”的可行性还包括以下几个方面。

食用菌栽培原材料丰富。根据2019年《河北农村统计年鉴》中的数据，2018年黑龙港地区的棉花种植面积为19.02万公顷，则皮棉产量达到为22万吨，根据一般的棉花生产水平，会产生10.5万吨左右的棉籽皮；黑龙港地区玉米种植135.96万公顷，会产生玉米芯509.79万吨。这些原材料正好是平菇生产所需要的栽培料，按照河北省魏县平菇栽培配方，玉米芯、棉籽皮和其他配料比为7∶2∶1。丰富的食用菌栽培材料，为黑龙港地区菜改菌提供了基础。

具备食用菌种植基础。黑龙港地区的食用菌种植面积约占河北省食用菌总种植面积的37.44%，产量约为32.45%，产值约为17.60%。平菇是黑龙港地区种植面积最广的食用菌品种，根据平菇的种植基础，可形成两个平菇生产带，一是以宁晋县、南宫市、广宗县为核心，带动周围平乡县、威县、巨鹿县和隆尧县等地，以蔬菜和食用菌种植大县宁晋县为试点进行“菜改菌”试验。二是以邱县、馆陶县、广宗县、魏县、成安县为核心，向周围蔬菜种植大县鸡泽县、曲周县、肥乡县扩散，以食用菌和蔬菜种植大县魏县和馆陶县为试点进行改造。根据两个平菇种植产业带的带动和引领，提高黑龙港地区平菇的种植面积和产量，形成以点带线，进而成面的平菇种植基地。姬菇的种植地区分布也较为广泛，黑龙港地区的北部、中部和南部都有姬菇的种植县，但是主要分布在中部。根据比较优势原则，构建以冀州市、南宫市、新河县为核心的姬菇种植产业带，带动周围枣强县、故城县、景县和武邑县等姬菇种植；以冀州市为试点进行菜改菌试验。黑龙港地区香菇种植面积较少，综合考虑种植基础、蔬菜分布以及原材料（青县、献县等地，以枣树、梨树、苹果树的枝干为原料栽培食用菌），构建以河间市、饶阳县、献县为核心，以青县、肃宁县和武强县为拓展区域的香菇产业带，以饶阳县为试点进行改造。此外，在稳定生产周期短的平菇、姬菇、香菇等品种的基础上，还可以发展双孢菇、白灵菇、金针菇等精特食用菌品种。

蔬菜种植大棚可直接利用。“菜改菌”结构调整中，蔬菜大棚可直接转化用来种植食用菌，既不浪费原有大棚，也不用新建食用菌棚室，这样投入小，成本低。根据经验数据，一个标准食用菌出菇棚包括镀锌管、木杆、遮阳网、塑料布、铁丝、架子、人工，大棚需投资约 5 000 元，集约化大棚需约 20 000 元。对原有蔬菜大棚改造为出菇棚，只需投入少量改造费用，大概占整个棚室的 1/5；也可以通过购入棉被、卷帘机、塑料布等，将蔬菜大棚改造为发菌棚，只需投入发菌棚 1/2 的费用。

投入产出经济效益显著。黑龙港地区种植面积最广的粮食作物，投入包括种子费、灌溉费、人工费、化肥和农药等农资费，销售价格不高，还受市场影响较大，经济效益低。蔬菜生产投入高，价格波动较大，经济效益不稳定。相对来说，食用菌产业是非耕地式、立体式、高效生态农业，可以充分利用各种土地进行栽培，栽培料主要是农业副产品、农业废弃物和加工业下脚料，市场价格也高出一般蔬菜，投入产出比较高。选用黄瓜、茄子、番茄为蔬菜代表，平菇、香菇、双孢菇为食用菌代表，对单位面积土地成本收益情况进行分析，发现食用菌每亩获得利润最低的香菇种植比蔬菜中每亩获得利润最高的黄瓜还要高出 7 000 元。因此，从投入产出效益分析，黑龙港地区更适合发展食用菌。

6.4.2 张家口坝上地区种植结构优化调整

张家口市坝上地区辖张北县、康保县、沽源县、尚义县、察北管理区和塞北管理区，总面积 13 816千米^2。区域内河流涉及潮白河、滦河和内蒙古高原东部内流区三个水系，多年平均水资源总量 5.29 亿米^3，其中地表水资源量 2.34 亿米^3，地下水资源量 3.77 亿米^3（地表、地下重复水量 0.82 亿米^3），地下水可开采量 1.03 亿米^3。2019 年坝上地区供用水总量 1.27 亿米^3，其中地表水供水量 0.08 亿米^3，占总供水量的 6%，地下水供水量 1.14 亿米^3，占总供水量的 90%，其他水源供水量 0.05 亿米^3，占总供水量的 4%。农业用水量 0.95 亿米^3，占总用水量的 75%；工业用水量 0.05 亿米^3，占总用水量的 4%；生活用水量 0.19 亿米^3，占总用水量的 15%；生态环境用水量 0.08 亿米^3，占总用水量的 6%。农业用水的 95.24%取用地下水，开采量 0.90 亿米^3。

2018 年区域内粮食作物播种面积 360 多万亩，其中，马铃薯 170 万亩、燕麦 120 万亩、莜麦 75 万亩；经济作物播种面积 210 万亩，主要以喜凉蔬菜为主，蔬菜种植面积 100 万亩。马铃薯、蔬菜作为该区域适宜的主导经济作物，在农村经济发展中起着重要的产业支撑作用。

区域节水农业发展的方向为因地适作、合理布局、调控结构，通过结构调整和节水技术推广，逐渐推进恢复水源涵养，实现生态环境全面改善。农业结构调整的主要方案为：实行退水还旱模式，积极退减水浇地面积，实行“退水还旱”。张家口坝上地区现有水浇地 120 万亩，其中蔬菜 74 万亩，水浇地马铃薯 40 万亩，灌溉用水量 1.31 亿米^3。2019 年，在坝上地区实施地下超采综合治理旱作雨养试点面积 21.694 1 万亩，关停农用机 3 332 眼。其中，张北县退减水浇地 4.078 万亩、关停农用井 443 眼；康保县退减水浇地 5.763 7万亩、关停农用井 981 眼；沽源县退减水浇地 5.090 5

万亩、关停农用井1 192眼；尚义县退减水浇地4.686 7万亩、关停农用井527眼；塞北管理区退减水浇地1.072万亩、关停农用井102眼；察北管理区退减水浇地1.003 1万亩、关停农用井87眼。

（1）水浇地马铃薯转旱地马铃薯

缩减张家口坝上地区水浇地马铃薯70万亩，转成旱地马铃薯，每亩节水量为100~120米^3，可共节水7 000万~8 400万米^3。但相对水浇地马铃薯，旱作马铃薯的经济效益偏低。根据张家口坝上地区的实际情况，水浇地马铃薯的成本包括生产资料费用、人工费用和机械费用，生产资料费用主要包括种子、化肥、农药，如果是滴灌设施灌溉，还需要额外加上设备材料费用，亩投入成本为750元，机械投入费用250元，人工投入400元，水浇地马铃薯产值为2 500元/亩，经济收益为1 100元/亩。旱地马铃薯生产资料费用为300元/亩，机械投入费用为100元/亩，人工投入600元，亩投入成本1 000元。旱作马铃薯的单产低于水浇地马铃薯，种植马铃薯的产值为1 500元/亩，经济收益为500元/亩。为了更好地推进水浇地马铃薯转化为旱地马铃薯，需要给予适当的补贴收入，避免由于结构调整带来农户收益的大幅下降。

（2）水浇地蔬菜转杂粮和油料作物

在坝上地区，退出的水浇地，大力发展旱作雨养作物，包括莜麦和胡麻籽等，总体增加100万亩。莜麦和胡麻籽是张家口特有的粮食作物和油料作物，也是抗旱作物的典型代表，是张家口地区实施“退水还旱”的主要作物；油葵种植主要用于榨油，在国内大豆短缺的情况下，适当增加油葵等作物的面积，是保证粮油安全的主要途径。2018年张家口莜麦种植面积170万亩，在此基础上，通过“退水还旱”调整增加面积50万亩，总面积达到220万亩；胡麻现有种植面积50万亩，通过“退水还旱”增加面积50万亩，总面积达到100万亩。

6.5 本章小结

（1）河北省农业产业结构偏水度平均值为0.4，呈小幅下降趋势，说明河北省用水效率有所提高；河北省用水结构粗放度的平均值为0.8，说明河北省农业用水粗放，效率偏低；从产业结构协调度值为0.4，协调度较差，河北省农业种植结构调整存在必然性。

（2）以农作物总收益、作物总产值、单位水效益和灰水足迹为目标函数，以耕地面积、农业用水总量、作物生产为约束条件，采用NSGA-Ⅱ遗传算法，对河北省农业种植结构进行优化，提出产业结构调整方向和路径，在缩减小麦、玉米和蔬菜种植面积的基础上，提高杂粮作物、豆类、薯类、油料作物以及瓜果的种植面积，实现种植结构的优化。

（3）种植结构的优化会带来水资源的优化配置，假设现有灌溉技术不变的情况下，到2050年，农业用水量节约24.25亿米^3，假设能够较大面积推广高效节水灌溉，在现有灌溉的基础上节水20%，则结构调整后可以节水44.67亿米^3，如果节水30%，则结构调整后可以节水54.88亿米^3。

（4）根据地缘的相近性和空间的相关性，针对黑龙港地区和张家口坝上地区，提出区域整体结构调整的具体方案。

7 基于节水技术采纳的农业用水效率提升路径分析

实现农业节水化，关键是要靠科技支撑，推广农业节水技术，提升农业用水的效率。本章重点通过结构方程揭示了影响农户采纳节水技术的影响因素，利用演化博弈分析了小农户采纳节水的条件和政府激励政策效果，并根据分析结果，提出节水技术集体化行为推进方案。

7.1 河北省农业节水效率悖论

7.1.1 主要节水灌溉技术及效果

（1）主要节水灌溉技术

夏军、左其亭等系统总结了 1978—2018 年中国水资源利用与保护发展过程，将水资源利用与保护划分出 3 个阶段，即开发为主阶段（1978—1999 年）、综合利用阶段（2000—2012 年）和保护为主阶段（2013—2018 年），并认为“保护为主阶段”将会继续延续一段时间。本文主要对综合利用阶段和保护为主阶段的节水灌溉进行论述，主要的节水灌溉技术有渠道衬砌技术、滴灌技术、喷灌技术、低压管道输水灌溉技术和水肥一体化技术。

渠道衬砌技术。最早的渠道衬砌可以追溯到 1965 年，一直持续到 1985 年，各种渠道衬砌技术发展迅速、样式繁多，包括防冻胀技术等一系列研究，为后期灌区尤其是大型灌区的配套奠定了基础。

滴灌技术。起步于 1972 年，当时墨西哥总统访华赠送了两套最初期的滴灌设备，其中一套送往了中国科学院，在北京郊区用于滴灌技术的研究与国产化。滴灌是迄今为止农田灌溉最节水的灌溉技术之一，是将具有一定压力的水，过滤后经管网和出水管道（滴灌带）或滴头以水滴的形式缓慢而均匀地滴入植物根部附近土壤的一种灌水方法。滴灌不产生地面径流，可以减少土壤水分的无效蒸发，且由于周围土壤水分含量低，减少耕地周围杂草的生长；但滴灌技术价格较高，而且由于滴头的流道较小，滴头易于堵塞等，滴灌技术仅用于高附加值的经济作物中。

喷灌技术。在1974—1988年做了大量关于喷灌技术的研究、产品的开发和标准规范的制定等。喷灌是借助水泵和管道系统或利用自然水源的落差，把具有一定压力的水喷到空中，散成小水滴或形成弥雾降落到植物上和地面上的灌溉方式。喷灌可以是固定式的，半固定式的或移动式的，具有节省水量、不破坏土壤结构、调节地面气候且不受地形限制等优点，但喷管投资费用较大。

低压管道输水灌溉技术。低压管道输水灌溉是以管道代替明渠进行输水灌溉的一种工程形式，灌水时使用较低的压力，通过压力管道系统，把水输送到田间沟、畦，仍然属于地面灌溉。我国低压管道输水灌溉的集中连片运用是在50年代以后，但快速发展时期在1979—1995年，随着连年干旱和水资源的日益紧张，从而得到大面积的推广。

水肥一体化技术。1996—2010年的水稻控制灌溉技术，而后是2000—2010年的激光控制平地技术，该技术属于“十一五”攻关项目之一。从2010年至今，水肥一体化技术和变量灌溉技术成为了热门研究。水肥一体化技术是根据作物不同生长阶段对水肥的不同需求，把精准施肥技术与节水灌溉相结合的新技术，实行滴灌施肥方式，可以达到减少过量施肥、节约用水、提高产量和品质、保护土壤结构、降低污染和病虫害等目的。

（2）节水灌溉技术投入产出分析

通过农业节水技术的推广应用，近20年河北省耕地灌溉面积增加了2 320万亩，农田灌溉用水总量下降了45亿米^{3}左右，亩均灌溉用水量由228.30米^{3}下降到162.95米^3，河北省农田灌溉有效利用系数从20世纪80年代的0.30~0.40提高到目前的0.56。比如华北山前平原种植的节水小麦，由1980年代灌溉6次、生育期亩均灌溉定额300米^{3}左右，现在降低到目前灌水2~3次、生育期灌溉定额150米^{3}左右，小麦亩产量由200千克提高到415千克以上，实现了生育期亩用水减少150米^3、亩产量提高200千克的突破[207]。河北省在蔬菜上大力推广水肥一体化技术，推广喷灌、滴灌高效节水技术，亩节水60~150米^3，平均每亩可有100米^{3}左右的节水潜力。

节水灌溉技术不但可以节水，还通过减少了灌水管护、拔草等劳动用工，节省了人工投入，而且通过水肥一体化，提高了肥料利用率，降低了农田的病虫草害发生，减少了农药化肥的使用，减少了肥料损失和底肥使用量[208]。本部分主要以张家口地区为例，分析大水漫灌和膜下滴灌的成本收益差距，选取张家口坝上地区的典型蔬菜作物白萝卜、生菜和大白菜为例进行分析。

①主要成本差异。经调查，张家口地区膜下滴灌亩均一次性投资包括首部施肥、过滤、水表等装置约32元，地下管件及排水设施约153元、地表支管部分约102元，滴灌带约200元，地膜约60元，亩均投入为约550元。按照有关技术规范，折旧年限分别是首部10年，地下管件及排水设施20年，地表支管部分8年，滴灌带2年，地膜1年，综合计算工程每年每亩的投资约为227元，大水漫灌的工程投入忽略不计。

根据实地调查数据，膜下滴灌和大水漫灌相比，亩节约用水达到50%~70%，见表7-1。三种蔬菜作物白萝卜、生菜和大白菜用水节约明显，分别节约了280米^3/亩、210米^3/亩和310米^3/亩，三种蔬菜作物实施膜下滴灌可节约成本为345.2元/亩、249元/亩、336.5元/亩，成本主要集中在人工、化肥、电费、农药和种苗等费用方面，白萝卜、生菜和大白菜的亩人工成本可节省196元/亩、152元/亩和187元/亩，化肥可分别节约80元/亩、50元/亩和70元/亩，电费可分别节约49.2元/亩、37元/亩和54.5元/亩，农药可分别节约30元/亩、10元/亩和40元/亩，种苗可分别节约20元/亩、30元/亩和25元/亩，但膜下滴灌的机械费用比大水漫灌多支出30元/亩。

表7-1 膜下滴灌与大水漫灌的灌溉成本

品种	灌溉类型	灌溉水量（米^3）	电费（度）	种苗（元）	化肥（元）	农药（元）	人工（元）	机械费（元）	小计
白萝卜	膜下滴灌	110	19.4	290	190	120	385	108	1 112.4
	大水漫灌	390	68.6	310	270	150	581	78	1 457.6

（续表）

品种	灌溉类型	灌溉水量（米^3）	电费（度）	种苗（元）	化肥（元）	农药（元）	人工（元）	机械费（元）	小计
生菜	膜下滴灌	100	17.6	100	260	45	356	100	878.6
	大水漫灌	310	54.6	130	310	55	508	70	1 127.6
大白菜	膜下滴灌	130	22.9	50	230	80	400	120	892.9
	大水漫灌	440	77.4	75	300	120	587	80	1 239.4

数据来源：2017—2019 年张家口调研数据所得。

②成本收益比较。白萝卜、生菜和大白菜节水设备的使用，不但会使亩成本大幅下降，而且膜下滴灌可以减少病虫害、节约土地，带来产品质量和产量的提升，膜下滴灌的正品率比大水漫灌高出 3%～10%，产品产量增产 5%～20%不等，主要蔬菜作物的膜下滴灌和大水漫灌的收益数据见表 7-2；白萝卜、生菜与大白菜膜下滴灌与大水漫灌的效益相比之比为 1.70、1.43 和 1.42，仅考虑经济成本收益，使用节水设施膜下滴灌的净收益均高于大水漫灌方式，见表 7-3。

表 7-2 不同灌溉类型亩收益数据

品种	灌溉类型	产量（千克）	正品率（%）	正品（千克/亩）	单价（元/千克）	产值
白萝卜	膜下滴灌	4 432	0.94	4 166.08	0.65	2 708
	大水漫灌	4 100	0.85	3 485	0.65	2 265
生菜	膜下滴灌	2 554	0.90	2 298.6	1.6	3 678
	大水漫灌	2 100	0.87	1 827	1.6	2 923
大白菜	膜下滴灌	5 761	0.90	5 184.9	0.56	2 904
	大水漫灌	5 250	0.85	4 462.5	0.56	2 499

数据来源：2017—2019 年张家口调研数据所得。

表 7-3 不同灌溉类型亩成本效益

作物品种	灌溉类型	节水设备亩均投资（元）	生产成本（元）	作物产值（元）	净收益（元）	与大水漫灌的效益比
白萝卜	膜下滴灌	227	1 112.4	2 708	1 368.6	1.70
	大水漫灌	0	1 457.6	2 265	807.4	1
生菜	膜下滴灌	227	878.6	3 678	2 572.4	1.43
	大水漫灌	0	1 127.6	2 923	1 795.4	1

（续表）

作物品种	灌溉类型	节水设备亩均投资（元）	生产成本（元）	作物产值（元）	净收益（元）	与大水漫灌的效益比
大白菜	膜下滴灌	227	902.9	2 904	1 784.1	1.42
	大水漫灌	0	1 239.4	2 499	1 259.6	1

数据来源：2017—2019年张家口调研数据所得。

综合以上分析，农业节水灌溉的推行，主要可以实现以下经济效益：第一，节水效益。通过分析计算出膜下滴灌与大水漫灌相比，平均每亩少用118度电，每亩节约电费40元。第二，省工效益。在大水漫灌情况下，一个管理人员最多控制25亩，采用膜下滴灌一个管理人员最多可控制100亩，另外，由于覆膜，减少锄草、打药等用工，该项每亩共计可节约资金180~200元。第三，节约化肥和农药效益。膜下滴灌将可溶性肥料和农药溶入施肥灌，随水直接注入作物根区的土壤中，减少了渠道损失追肥量和底肥使用量，膜下滴灌与大水漫灌相比，平均每亩少用化肥70元，减少农药25元。

7.1.2 节水灌溉效率悖论及原因

随着节水技术的进步，节水灌溉面积的增加，会减少水资源的使用量，减少单位面积的耗水量，获得更大的经济效益，从理论上会提高农业用水效率。但根据第5章测算结果，农业用水效率与节水灌溉面积呈负相关关系，说明随着节水面积的增大，导致更多的农田耗水量和更多的地下水抽取量，带来了农业用水效率的下降，出现了农业用水效率悖论。

农业用水效率悖论在很多国家都曾出现过，2018年8月24日刊出的《科学》（Science）发表了题为“灌溉效率悖论”（The paradox of irrigation efficiency）的论文，来自全球8个国家的11名自然科学家与社会科学家组成的多学科团队参与这项研究，指出世界各国采取提高灌溉效率的政策往往事与愿违，面临着提高灌溉效率却极少能降低耗水量的节水困境。本文是农业用水效率悖论问题的延续，节水技术的使用，未能降低生产作物的耗水量，转而带来了节水效率的降低，河北省节水效率悖论的出现，可能是源于以下几个方面的原因。

（1）高效节水灌溉面积比重较小

虽然农业有效灌溉面积和节水灌溉面积大幅度增加，但高效节水灌溉面积增加的幅度偏小，包括喷灌、微滴灌等节水技术还未能得到普遍应用，影响了河北省农业用水效率的提高。

（2）节水技术进步导致高耗水作物增加

由于对灌溉技术的使用进行补贴，节水灌溉发展迅速，而节水灌溉技术进步的同时，使农民种植更多的水资源密集型作物，以获取更大的经济收益，从而增大作物用水量与灌溉面积，减少回归水量。张家口地区最为明显，随着节水技术的进步，生产过程节省了大量的人工，促进了原来高耗水作物的大面积的增加，蔬菜产业成为坝上地区的主导产业，作为高耗水作物的蔬菜带来了张家口农业用水量的增加。

（3）“最后一公里”水资源浪费

实际中有很多节水项目，国家出资给予补助，铺设好节水设备，但农户觉得使用起来不方便，所以尽管铺设好管道，只是摆放不用；还有的农户因为滴灌设施出现问题，又不愿意出资维护，且没有专门的部门管理维护，所以也出现弃而不用的情况。还有的地区，项目出资为园区铺设好设备后，园区节约了用工，节省了肥料，但因为水费价格很低，依然毫无节制的用水。以上几种情况，均会导致水到了田间，却存在很大的浪费，如何实现“最后一公里”的水资源高效利用和及时维护，这个也是需要我们关注的。

（4）工程、农艺、管理节水锲合度低

河北省管理节水效率较低，主要表现在，第一，现有节水工程老化、标准低，年久失修，节水能力下降，多数工程实际上按管灌运行；第二，综合配套技术的普及没有真正到位。大部分地方节水技术运用单一，工程节水与农艺节水措施结合不紧密，管理节水滞后，综合运用各种节水技术措施的整体效应没有得到充分发挥。第三，节水管理不到位。总量控制与定额管理、用水计量和水价改革等工作都基本没有开展起来，普遍存在有制度不落实的现象。

（5）灰水足迹和地下水开采量的增加

在资源环境双重约束下，农业用水效率出现较大波动，农作物种植中大量使用化肥，会导致灰水足迹的增加，地表水资源短缺又会引起地下水开采量的持续增加，在农业用水效率的测算中，灰水足迹和地下水开采量均是非期望指标，这两项内容的增加，也会引起农业用水效率的下降。

由此可见，农户是否具有进行灌溉技术的改进的意愿，是否应用科学的灌溉制度，是否采用节水灌溉技术，来降低田间的灌水量，提高均匀性和有效性，是提高农业用水效率的关键一环。

7.2 农户节水技术采纳意愿与行为

节水在某种程度上具有生态性和公益性，是一项公共物品，更倾向于是国家行为、政府行为。国家关注的是粮食安全、供水安全、农民增收、节水减排（减少面源污染）等目标，而农民关心的主要问题是能不能增收，技术能不能省工而且方便。一项技术能否投入使用，能否被高效地利用，关键还是考察农户的采纳意愿和采纳行为。

7.2.1 结构方程模型构建

结构方程模型（Structural Equation Model），主要用于研究观测变量与潜变量，以及潜变量与潜变量之间的关系，包括测量模型和结构模型。

测量模型反映观测变量与潜变量之间的关系，其模型的表现形式为式（7-1）和式（7-2）。

$$X = \Lambda_x \xi + \delta \tag{7-1}$$

式（7-1）中，X 表示由 p 个外源指标组成的 $p \times 1$ 的向量；ξ 是由 m 个外衍潜在变量组成的 $m \times 1$ 的向量；Λ_x 表示指标变量 x 在 ξ 上的 $p \times m$ 的因子负荷矩阵；δ 是 p 个测量误差组成的 $p \times 1$ 的误差向量。

$$Y = \Lambda_y \eta + \varepsilon \tag{7-2}$$

式（7-2）中，Y 表示由 q 个内源指标组成的 $q \times 1$ 的向量；η 是由 n 个内衍潜在变量组成的 $n \times 1$ 的向量；Λ_y 表示指标变量 y 在 η 上的 $q \times n$ 的因子负

荷矩阵；ε 是 q 个测量误差组成的 $q \times 1$ 的误差向量。

将多个测量模型组合后，对潜在变量因果关系的探讨即成为结构模型。结构模型通常表示为式（7-3）

$$\eta = B\eta + \Gamma\xi + \xi \tag{7-3}$$

式中，η、ξ 分别表示为内衍潜在变量和外衍潜在变量；B 是 $n \times n$ 的系数矩阵，表示内衍潜在变量间的关系；Γ 是 $n \times m$ 的系数矩阵，表示外衍变量对内衍变量的影响；ξ 表示结构方程的残差项，反映了 η 在方程中未被解释的部分。

本研究通过建立结构方程（SEM）[209-212]，研究农户认知、节水技术采纳意愿及行为选择这三者之间的相互作用关系。其中农户特征（CF）、家庭特征（FC）、主观规范（SN）、节水认知（WSC）、节水意愿（WST）和节水行为选择（AST）这 6 个变量为 SEM 的潜在变量；4 个外生变量（CF、FC、SN 、WSC）和两个内生变量（WST、AST）之间的因果路径关系构成了 SEM 的结构模型；6 个潜在变量与 21 个观测变量之间的因果关系构成了 SEM 的测量模型；4 个外生变量之间的相互作用构成了 SEM 潜在变量之间的共变关系。综上所述，本文的研究概念模型见图 7-1。

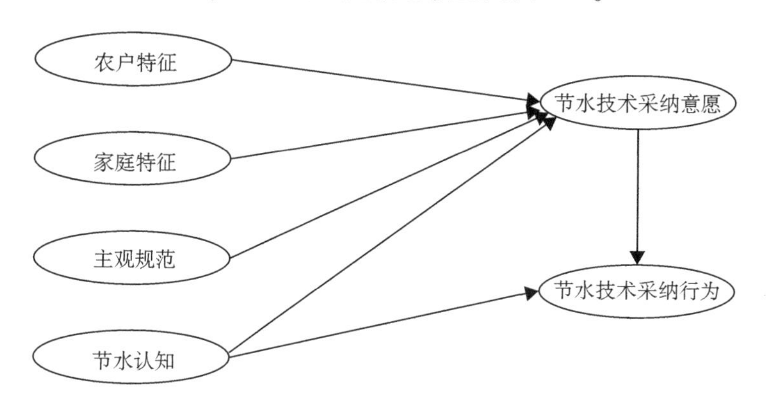

图 7-1　研究概念模型

基于此，本研究提出假说 H1～H6。

H1：农户特征（CF）可能对节水技术采纳意愿（WST）产生显著影响；

H2：家庭特征（FC）可能对节水技术采纳意愿（WST）产生显著

影响；

H3：主观规范（SN）可能对节水技术采纳意愿（WST）产生显著影响；

H4：节水认知（WSC）可能对节水技术采纳意愿（WST）产生显著影响；

H5：节水认知（WSC）可能对节水技术采纳行为选择（AST）产生显著影响；

H6：节水技术采纳意愿（WST）可能对节水技术采纳行为选择（AST）产生显著影响。

7.2.2 数据来源、样本描述与变量选择

（1）数据来源与样本描述

本研究数据来源于课题组 2018—2020 年对河北省衡水市、沧州市、邢台市、邯郸市和张家口市农户的问卷调研。调查采用直接入户和发送网络问卷相结合的方式，共发放问卷 788 份，有效问卷 729 份，问卷有效率为 92.51%（表 7-4）。

表 7-4 技术采纳问卷分布

所在市区	所在县	发放问卷	有效问卷	问卷有效率（%）
张家口	张北	96	92	95.83
	尚义	96	89	92.71
	沽源	60	54	90.00
邢台	清河	66	63	95.45
	巨鹿	72	66	91.67
邯郸	大名	86	80	93.02
	永年	75	69	92.00
衡水	武邑	99	90	90.91
	故城	75	66	88.00
沧州	南皮	63	60	95.24
	总计	788	729	92.51

数据来源：根据调查数据计算所得。

调查样本中，受访者个体和家庭特征（表 7-5）。在个体特征方面，受访者年龄范围为 23~73 岁，平均年龄 49.67。其中 51 岁以上受访者占比达

到 48.29%，这说明当前农业劳动力主要集中在四十岁以上。在 729 位有效受访者中，男性为 598 人，占总样本的 82.03%，仅有 17.97%的女性受访者。初中水平的受访者占 59.26%，说明整体的劳动力文化程度水平较高。党员/村干部占受访者人数的 11.93%，反映出选取的受访者主要是普通农户为主。受访者家庭人口数主要是 4 人，占比为 45.27%，家庭人口数是 5 人的占比最低，为 10.01%。在承包地特征方面，本次调研农户均为小农户，耕地面积相对较小，最大耕地面积为 11.5 亩，最小为 1.7 亩，平均耕地面积为 6.5 亩。调查农户耕地块数主要以 2～3 块耕地为主，占比为 75.31%。

表 7-5　问卷样本基本情况

变量	分类准则	频次（次）	频率（%）	变量	分类准则	频次（次）	频率（%）
性别	男	598	82.03	年龄	25～40 岁	147	20.16
	女	131	17.97		41～50 岁	231	31.69
党员/村干部	是	87	11.93		51～60 岁	238	32.65
	否	642	88.07		60 岁以上	114	15.64
文化程度	文盲	15	2.06	耕地块数	1 块	84	11.56
	小学	154	21.12		2 块	293	40.19
	初中	432	59.26		3 块	256	35.12
	高中	128	17.56		4 块	95	13.03
家庭人口	2 人	158	21.67	耕地亩数	1～5 亩	125	17.15
	3 人	168	23.05		5.1～8 亩	429	58.85
	4 人	330	45.27		8.1～10 亩	92	12.62
	5 人	73	10.01		10 亩以上	84	11.52

数据来源：根据调查数据计算所得。

（2）模型变量选择

本研究结构方程模型主要包括以下几个角度：①农户特征，包括年龄、性别、是否村干部和受教育程度等。②家庭生产特征，包括家庭人口数、耕地地块数、耕地面积和从业方式等。③主观规范情况，包括村委会主张、村中示范户的主张、亲朋邻里主张和家人的主张等。④节水认知情况，包括效益认知和实施认知两部分，其中效益认知包括补偿满意情况、粮食产量提升、节约土地、节约用工、节约用水，实施认知主要是指对节水技术采纳难度的认知和对节水技术投入产出认知等。⑤节水技术采纳意愿情况，包括主动采纳节水技术意愿、继续采用节水技术意愿和动员他人采纳节水技术意愿等。⑥节水技术采纳行为选择情况，包括主动学习节水知识、主动宣传节水知识、主动配合节水设备管护和阻止他人破坏节水设备行为等（表7-6）。

表7-6　模型变量表述

潜在变量	观察变量	解释	预期作用方向
农户特征（CF）	年龄（CF1）	农户年龄（实际调查）	-
	性别（CF2）	男性=1；女性=0	+
	是否党员/村干部（CF3）	否=0；是=1	+
	受教育程度（CF4）	未上过学=1；小学=2；初中=3；高中或中专=4	+
家庭特征（FC）	家庭人口数（FC1）	两人=1；三人=2；四人=3；五人及以上=4	-
	耕地地块数（FC2）	耕地地块数（实际调查）	-
	耕地面积（FC3）	耕地面积（实际调查）	+
	从业方式（FC4）	务农=1；雇主=2；自营=3；务工=4；公职=5	+
主观规范（SN）	村委会主张采纳技术（SN1）	很不同意=1；不同意=2；一般=3；比较同意=4；非常同意=5	+
	村中示范户的主张（SN2）	很不同意=1；不同意=2；一般=3；比较同意=4；非常同意=5	+
	亲朋邻里的劝说（SN3）	很不同意=1；不同意=2；一般=3；比较同意=4；非常同意=5	+
	家人愿意采纳技术（SN4）	很不同意=1；不同意=2；一般=3；比较同意=4；非常同意=5	+
	补偿满意度认知（WSC1）	很不同意=1；不同意=2；一般=3；比较同意=4；非常同意=5	+
	粮食产量提升认知（WSC2）	完全没作用=1；基本没作用=2；一般=3；比较有作用=4；非常有作用=5	+
节水认知（WSC）	节约土地认知（WSC3）	完全没作用=1；基本没作用=2；一般=3；比较有作用=4；非常有作用=5	+
	节约用工认知（WSC4）	完全没作用=1；基本没作用=2；一般=3；比较有作用=4；非常有作用=5	+
	农业节水认知（WSC5）	很没作用=1；基本没作用=2；一般=3；比较有作用=4；非常有作用=5	+
	对节水技术才难难度认知（WSC6）	完全没作用=1；基本没作用=2；一般=3；比较有作用=4；非常有作用=5	+
	对节水技术投入产出认知（WSC7）	完全没作用=1；基本没作用=2；一般=3；比较有作用=4；非常有作用=5	+

（续表）

潜在变量	观察变量	解释	预期作用方向
技术采纳意愿（WST）	主动采纳节水技术意愿（WST1）	很不同意=1；比较不同意=2；一般=3；比较同意=4；非常同意=5	+
	继续采纳技术意愿（WST 2）	很不同意=1；比较不同意=2；一般=3；比较同意=4；非常同意=5	+
	动员他人采纳节水技术意愿（WST 3）	很不同意=1；比较不同意=2；一般=3；比较同意=4；非常同意=5	+
技术采纳行为（AST）	主动学习节水技术（AST1）	很不同意=1；比较不同意=2；一般=3；比较同意=4；非常同意=5	+
	主动宣传节水技术（AST2）	很不同意=1；比较不同意=2；一般=3；比较同意=4；非常同意=5	+
	主动配合设备管护（AST3）	很不同意=1；比较不同意=2；一般=3；比较同意=4；非常同意=5	+
	阻止破坏设备行为（AST4）	很不同意=1；比较不同意=2；一般=3；比较同意=4；非常同意=5	+

7.2.3 模型运行及结果

（1）信度与效度检验

利用SEM对调研数据进行数据分析首先要先对调研数据进行描述性统计和质量检验。描述性统计主要分析观测变量的均值和标准差，质量检验主要分析模型数据的信度和效度。本研究利用SPSS19.0软件分别对农户特征（CF）、家庭特征（FC）、主观规范（SN）、节水认知（WSC）、节水意愿（WST）和节水行为选择（AST）6个潜在变量进行信度检验和效度检验（表7-7）。

表7-7 观测变量的描述性统计结果及信度、效度检验

变量	均值	标准差	Cronbach's α	KMO值	Bartlett值
农户特征					
年龄	49.47	10.908	0.810	0.512	128.460（P=0.000）
性别	0.48	0.386			
是否村干部	0.22	0.326			
受教育程度	2.92	0.618			

（续表）

变量	均值	标准差	Cronbach's α	KMO 值	Bartlett 值
家庭特征					
家庭人口数	2.437	0.9400	0.836	0.731	417.394（P=0.000）
耕地块数	2.493	0.8638			
耕地面积	6.573	2.2511			
从业方式	3.141	1.3372			
节水认知					
补偿满意度	3.94	0.780	0.856	0.839	589.567（P=0.000）
粮食产量提升	3.79	0.708			
节约土地	3.88	0.722			
节约用工	3.93	0.685			
节约用水	3.67	0.666			
技术采纳难度	3.76	0.683			
技术投入产出	3.89	0.716			
主观规范					
村委会的主张	4.00	0.661	0.861	0.797	360.169（P=0.000）
村示范户主张	3.98	0.657			
邻里行为主张	3.93	0.676			
家人的主张	3.98	0.664			
技术采纳意愿					
主动采纳意愿	4.49	0.703	0.825	0.608	300.638（P=0.000）
继续采纳意愿	4.38	0.755			
动员他人采纳	4.04	0.744			
技术采纳行为选择					
主动学习节水技术	4.35	0.694	0.867	0.820	371.815（P=0.000）
主动宣传节水技术	4.20	0.687			
主动配合设备管护	4.26	0.666			
主动阻止破坏行为	4.30	0.619			

数据来源：根据调查数据计算所得。

由表7-7可知，各潜在变量的 Cronbach's α 系数均在0.8以上，大于

0.6的阈值条件，信度检验通过；各潜在变量的KMO值均在0.6以上，大于0.5的阈值条件，且Bartlett球体检验的伴随概率均小于0.001，效度检验通过。

（2）模型稳健性检验

根据AMOS24.0软件运行结果，整理得到结构方程模型的拟合指数（表7-8）。模型各项拟合指标均满足阈值条件，表明构建的结构方程模型（SEM）拟合效果较好，模型稳健性通过检验。

表7-8 模型适配度检验结果

统计检验指标类型	适拟合优度统计量	适拟合优度统计值	标准值
绝对拟合优度指标	X2/df	2.170	<3
	GFI	0.845	>0.8
	AGFI	0.890	>0.8
增值拟合优度指标	RMR	0.058	<0.08
	NFI	0.838	>0.8
	RFI	0.904	>0.8
精简拟合优度指标	PGFI	0.611	>0.5
	PNFI	0.654	>0.5

数据来源：根据调查数据计算所得。

由表7-8可知，最终得到SEM及标准化估计结果（图7-2）。

（3）结构方程模型结果

结构方程模型结果如图7-2所示，涉及6个潜在变量和21个观测变量，单箭头"→"表示变量之间的因果关系，双箭头"↔"表示变量之间的相互作用关系；e1～e26表示观测变量的残差；e27、e28表示结构模型的误差项。

如图7-2所示，农户特征（CF）→技术采纳意愿（WST）、家庭特征（FC）→技术采纳意愿（WST）、主观规范（SN）→技术采纳意愿（WST）、节水认知（WSC）→技术采纳意愿（WST）、节水认知（WSC）→节水采纳行为选择（AST）、技术采纳意愿（WST）→节水采纳行为选择（AST）这6条路径的标准化系数分别是-0.141、-0.165、0.223、0.431、0.180、

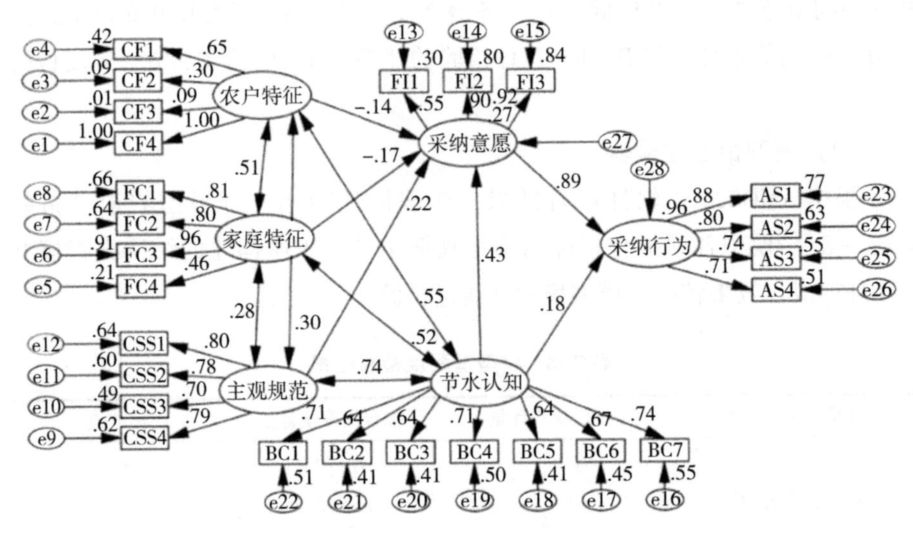

图 7-2 结构方程模型及标准化路径系数

（数据来源：根据调查数据计算所得）

0.887，且在 0.001 的水平显著，表明本研究提出的 6 条研究得到证实（表 7-9）。

表 7-9 结构方程路径系数与假说检验

路径	标准化路径系数	对应假说	检验结果
农户特征（CF）→技术采纳意愿（WST）	−0.141***	H1	未证实
家庭特征（FC）→技术采纳意愿（WST）	−0.165***	H2	未证实
主观规范（SN）→技术采纳意愿（WST）	0.233***	H3	证实
节水认知（WSC）→技术采纳意愿（WST）	0.431***	H4	证实
节水认知（WSC）→节水技术采纳行为选择（AST）	0.180***	H5	证实
采纳意愿（WST）→节水技术采纳行为选择（AST）	0.887***	H6	证实

注：*** 表示参数估计结果在 0.01 概率水平下显著水平。

从模型修正结果中发现对农户特征（CF）、家庭特征（FC）、主观规范（SN）、节水认知（WSC）之间有相互关系（表 7-10）。

表 7-10 结构方程模型修正及变量回归结果

模型	变量关系	标准化路径/载荷系数	是否显著
结构模型	农户特征（CF）→家庭特征（FC）	0.506	显著
	农户特征（CF）→主观规范（SN）	0.301	显著
	农户特征（CF）→节水认知（WSC）	0.551	显著
	家庭特征（FC）→主观规范（SN）	0.279	显著
	家庭特征（FC）→节水认知（WSC）	0.519	显著
	主观规范（SN）→节水认知（WSC）	0.742	显著
	农户特征（CF）→节水技术采纳意愿（WST）	-0.141	显著
	家庭特征（FC）→节水技术采纳意愿（WST）	-0.165	显著
	主观规范（SN）→节水技术采纳意愿（WST）	0.233	显著
	节水认知（WSC）→节水技术采纳意愿（WST）	0.431	显著
	节水认知（WSC）→节水行为选择（AST）	0.180	显著
	节水技术采纳意愿（WST）→节水行为选择（AST）	0.887	显著
测量模型	受访者年龄（CF1）←农户特征（CF）	-0.648	显著
	性别（CF2）←农户特征（CF）	0.302	显著
	是否村干部（CF2）←农户特征（CF）	0.807	显著
	受教育程度（CF3）←农户特征（CF）	0.999	显著
	家庭人口数（FC1）←家庭特征（FC）	0.814	显著
	耕地地块数（FC2）←家庭特征（FC）	-0.802	显著
	耕地面积（FC3）←家庭特征（FC）	0.955	显著
	从业方式（FC4）←家庭特征（FC）	0.461	显著
	村委会主张采纳技术（SN1）←主观规范（SN）	0.800	显著
	村中示范户的主张（SN2）←主观规范（SN）	0.777	显著
	亲朋邻里的劝说（SN3）←主观规范（SN）	0.698	显著
	家人的愿意采纳技术（SN4）←主观规范（SN））	0.785	显著
	补偿满意度认知（WSC1）←节水认知（WSC）	0.711	显著
	粮食产量提升认知（WSC2）←节水认知（WSC）	0.640	显著
	节约土地认知（WSC3）←节水认知（WSC）	0.636	显著
	节约用工认知（WSC4）←节水认知（WSC）	0.705	显著
	农业节水认知（WSC5）←节水认知（WSC）	0.638	显著
	对节水技术难度认知（WSC6）←节水认知（WSC）	0.672	显著
	对节水技术投入产出认知（WSC7）←节水认知（WSC）	0.742	显著
	主动采纳技术意愿（WST1）←技术采纳意愿（WST）	0.547	显著
	继续采纳技术意愿（WST2）←技术采纳意愿（WST）	0.897	显著
	动员他人采纳技术意愿（WST 3）←技术采纳意愿（WST）	0.918	显著
	学习节水技术知识（AST1）←技术采纳行为选择（AST）	0.877	显著
	宣传节水技术（AST2）←技术采纳行为选择（AST）	0.795	显著
	配合设备管护（AST3）←技术采纳行为选择（AST）	0.743	显著
	阻止破坏设备行为（AST4）←技术采纳行为选择（AST）	0.715	显著

数据来源：根据调查数据计算所得。

（4）结果分析

农户特征（CF）→技术采纳意愿（WST）、家庭特征（FC）→技术采纳意愿（WST）、主观规范（SN）→技术采纳意愿（WST）、节水认知（WSC）→技术采纳意愿（WST）、节水认知（WSC）技术采纳行为选择（AST）、技术采纳意愿（WST）→技术采纳行为选择（AST）这6条路径的标准化系数分别是-0.141、-0.165、0.223、0.431、0.180、0.887，而且都通过显著检验，与已研究结果和本文假设结果一致。其中农户特征、家庭特征对技术采纳意愿的标准化路径系数为负值，且达到0.01显著水平。

农户个人特征是影响农户采纳节水技术和行为的基本要素。根据数据模型分析结果可以看出，受访者年龄对农户特征的载荷系数为负值-0.648，表明农户年龄越大，接受节水技术的意愿越不显著，说明年龄对节水技术意愿的影响起到相反的作用。受访者受教育程度对农户特征的载荷系数达到0.999，说明受教育程度对农户选择节水技术的意愿具有正方向作用；是否村干部对农户特征的载荷系数为0.807，说明村干部能够很好地顺应国家政策的需要，落实好国家现有政策。耕地块数对农户特征的载荷系数为-0.802，耕地面积对农户特征的载荷系数为0.955，说明越是种植大户越关注农业节水技术的采用，而一般种植小户或者种植块数较多、比较分散的农户对采用节水技术的积极性不高。

家庭特征是农户采纳节水技术的主要要构成。其中家庭人口数是影响家庭决策的重要因素，通过调查研究分析，家庭人口数为4人的占总调研人口的45%，而通过AMOS模型分析家庭人口数对家庭特征的解释能力达到0.8，表明家庭人口数量越多，越有可能对节水具有不同认识，采取节水技术的可能性越大。通过耕地块数对家庭特征的解释能力（-0.802）观察可以得出，耕地块数越多，农户实施节水技术的越少，表明土地细碎化不利于节水技术的采纳实施。根据调查的问卷来看，耕地面积大多在5.1~8亩，占调查总体的50%，而耕地面积对家庭特征的解释能力也达到了0.95，这说明节水技术的实施更适合耕地面积大的地区。从业方式主要是表示农户是否从事非农业行业，通过调查发现，调查者主要是纯农户（是指不从事任何非劳动行业）。根据从业方式对农户家庭特征的解释能力来看，载荷系数只有 0.4，表明纯农户采纳并实施节水技术的水平还不够高。

主观规范是研究农户行为选择的一个重要角度。本次调查通过对受访者在节水技术采纳意愿和行为选择上是否受村委会的影响、村里示范大户的影响、亲朋邻里的影响和家人的影响，通过模型分析发现，村委会主张、村里示范大户的主张、亲朋邻里主张和家人的主张对农户采纳节水技术的影响分别达到 0.800、0.777、0.698、0.785。分析结果表明，农户采纳节水技术与否与主观规范有正向关系，村委会的主张和家人的支持是农户选择节水技术的重要因素。

节水认知是农户选择行为最重要的影响因素。节水认知指农户在采纳采纳节水技术时，考虑节水技术所带来的经济效益、社会效益以及生态效益。通过分析可以看出，农户对补偿满意度对节水认知的解释度为 0.711，表明对农户的节水设备给予一定补偿和补助有助于农户采取节水技术；节约用工认知对节水认知的解释能力较高，载荷系数为 0.705，这说明农户更加看重节水技术在节省人工和节省成本方面的作用；对节水技术投入产出认知的载荷系数最大为 0.742，说明只要能够使农户的收益不损失，农户还是愿意采纳节水技术；节约土地认知的载荷系数最小为 0.636，农户对节水技术采用可以节约土地的认知不足；此外，粮食产量提升认知、对节水技术难度认知的载荷系数分别为 0.640、0.672，均高于对节水认知的载荷系数，说明农户采用农业节水技术主要考虑的因素并不是为了节水。

7.2.4 主要结论

通过分析，农户在采纳节水技术过程中主要受到以下因素影响。

（1）节水科技推广与技术服务体系不完善

农户对缺水程度、节水技术采纳的节水效果、节水的成本收益等情况了解不够深刻，甚至有些农户没有听说过农业节水技术。

（2）节水补贴政策起到较大的激励作用

综合农户政策认知、技术认知及其对技术采用意愿影响程度的变化来看，现有节水灌溉技术补贴政策的确能够对农户技术采用起到一定的激励作用，但同时也发现这种激励作用可能与补贴政策的设计初衷并不完全相符。现行补贴政策在实践中仍然存在不足之处，这些不足与补贴标准、政策实施方式等有着直接联系，并影响着农户参与度。

（3）分散经营模式限制高效节水技术的应用

农户的分散经营，引起了经营的非均质性问题，削弱了集体行为，因此，要进行农民的能力建设，促进农业经营的规模化和产业化。

（4）工程建成后增加农民的主人翁感和责任感

要及时把工程产权移交给农民，让农民知道这是自己的工程。

7.3 节水灌溉小农户行为分析

7.3.1 小农户技术采纳博弈分析

为了论证激励补贴政策刺激小农户技术采纳的意愿选择，本部分通过利用演化博弈模型[213-215]，分析小农户的决策影响因素和政府激励的作用效果。

（1）模型基本假设

假设1：假设政府和农户是博弈参与主体，双方信息不对称，在决策中具有有限理性。政府追求社会福利最大化，不断平衡经济效益、社会效益和生态效益，根据水资源供求情况和承载力，采取各种措施推广节水灌溉技术，以实现综合效益最大化；农户更关注经济效益的大小，根据自己的认知和自身收益做出是否采用节水灌溉技术的决定。政府的策略选择为{进行激励，不进行激励}，农户的选择为{采纳节水技术，不采纳节水技术}。

假设2：假设为了农户采用节水技术设备，政府通过扩大宣传、加强推广等方式，额外支出治理成本，无论政府是否采取激励措施，此部分成本无法收回。政府的激励成本包括为农户购置节水设备、设备维修成本和节水奖励成本，政府在不同情况下，采取不同的激励措施；农户的不采纳行为主要包括不够买设备、安装设备后不积极维护，设备停用状态等。

假设3：节水灌溉技术的推广有利于节约农业灌溉用水，带来环境改善和正的生态效益；节水灌溉设备的投入会带来成本的增加，会给农户带来一定的经济损失。但同时节水灌溉可以实现节省人工投入、土地投入、作物增产，带来经济收入增长的正效益。

假设4：政府和农户双方博弈是动态的和相互影响的，双方根据每次博弈结果中自身"成本—收益"分析不断优化自身策略。政府根据农户的反应做出不同的激励机制，农户根据政府的反应，采取积极参与或者消极对待的选择。

（2）演化博弈模型构建

政府选择激励策略的概率为 x（$0 \leq x \leq 1$）；不采取激励的策略为 $1-x$；农户选择采纳技术策略的概率为 y（$0 \leq y \leq 1$）；选择不采纳技术策略为 $1-y$。

当节水技术被广泛采纳时，支出成本为节水设备购买和维护费用，损失为支出成本的增加带来经济损失值为 L_1；技术采纳的收益为水资源环境改善带来的生态收益 W_1 和由于人工投入减少和土地肥力增加带来的经济增加值 B_1。

政府选择不激励策略时收益为 G_0，额外成本为水资源环境恶化的成本 W_0；农户选择不采纳技术的收益为 F_0，不支出额外成本。

政府选择激励策略时，政府额外支出的成本为推广成本 C_0 和激励成本 λS，其中 λ 为激励成本系数，λ 的取值范围为［0，1］，随着 λ 的增加，政府的激励支出越大，政府会根据农户的响应调整激励支出；政府额外收益为激励政策带来的溢出收益 S_1。

农户选择积极参与时，额外支出成本为购买和维护设备费用为 C_1，额外收益增加值为 λS，即为政府的激励补贴；农户选择不积极参与时，没有额外支出和额外收益。

政府与农户的博弈支付矩阵如表7-11所示。

表7-11 政府与农户的博弈支付矩阵

政府	农户	
	采纳技术 y	不采纳技术（$1-y$）
激励 x	$G_0-C_0-\lambda S+S_1-L_1+B_1+W_1$；$F_0-C_1+\lambda S-L_1+B_1$	$G_0-C_0-W_0$；F_0
不激励（$1-x$）	$G_0-L_1+B_1+W_1$；$F_0-C_1-L_1+B_1$	G_0-W_0；F_0

政府选择激励策略的期望收益为：

$$G_{11}=y(G_0-C_0-\lambda S+S_1-L_1+B_1+W_1)+(1-y)(G_0-C_0-W_0)$$

政府选择不激励策略的期望收益为：

$$G_{12}=y(G_0-L_1+B_1+W_1)+(1-y)(G_0-W_0)$$

政府的平均期望收益为：

$$G=xG_{11}+(1-x)G_{12}$$

政府选择激励策略的复制动态方程为：

$$F(x)=\frac{\mathrm{d}x}{\mathrm{d}t}=x(G_{11}-G)=x[G_{11}-xG_{11}-(1-x)G_{12}]$$
$$=x(1-x)(G_{11}-G_{12})$$

将 G_{11} 和 G_{12} 代入复制动态方程，可得：

$$F(x)=\frac{\mathrm{d}x}{\mathrm{d}t}=x(G_{11}-G)=x[G_{11}-xG_{11}-(1-x)G_{12}]$$
$$=x(1-x)(G_{11}-G_{12})=x(1-x)(yS_1-y\lambda S-C_0)$$

农户采纳节水技术的期望收益为：

$$P_{11}=x(F_0-C_1+\lambda S-L_1+B_1)+(1-x)(F_0-C_1-L_1+B_1)$$

农户不采纳节水技术的期望收益为：

$$P_{12}=xF_0+(1-x)F_0=F_0$$

农户的平均期望收益为：

$$P=yP_{11}+(1-y)P_{12}$$

农户选择采纳技术的复制动态方程为：

$$F(y)=\frac{\mathrm{d}y}{\mathrm{d}t}=y(P_{11}-P)=y[P_{11}-xP_{11}-(1-y)P_{12}]$$
$$=y(1-y)(P_{11}-P_{12})$$

将 F_{11} 和 F_{12} 代入复制动态方程，可得：

$$F(y)=\frac{\mathrm{d}y}{\mathrm{d}t}=y(P_{11}-P)=y[P_{11}-xP_{11}-(1-y)P_{12}]$$
$$=y(1-y)(P_{11}-P_{12})=(x\lambda S-C_1-L_1+B_1)$$

令 $F'(x)=0$，$F'(y)=0$，可得：

$$x=0;\ x=1;\ y=\frac{C_0}{S_1-\lambda S}$$

$$y=0；\ y=1；\ x=\frac{C_1+L_1-B_1}{\lambda S}$$

因而，得到5个可能的均衡点（0，0）、（0，1）、（1，0）、（1，1）、（x^*，y^*），其中，$x^*=\dfrac{C_1+L_1-B_1}{\lambda S}$，$y^*=\dfrac{C_0}{S_1-\lambda S}$。

（3）政府与小农户的演化博弈分析

①演化趋势分析。对政府的演化路径进行分析，根据政府采取激励策略的复制动态方程，对 x 求偏导得：

$$F'(x)=\frac{\partial\frac{\mathrm{d}x}{\mathrm{d}t}}{\partial x}=(1-2x)(yS_1-y\lambda S-C_0)$$

当 $y=\dfrac{C_0}{S_1-\lambda S}$ 时，表示农户选择采纳技术的概率为 $\dfrac{C_0}{S_1-\lambda S}$ 时，恒成立，表明 x 取值不影响 $F'(x)$ 值，即 $F'(x)$ 恒等于0，政府任何水平的支持激励都可以达到稳定状态；

当 $y>\dfrac{C_0}{S_1-\lambda S}$ 时，即农户选择采纳技术的概率大于 $\dfrac{C_0}{S_1-\lambda S}$ 时，将 $x=1$ 代入算式得，$F'(x)<0$；将 $x=0$ 代入算式得 $F'(x)>0$，因此 $x=1$ 是稳定解，表示农户采纳技术的比例大于 $\dfrac{C_0}{S_1-\lambda S}$ 时，政府倾向于给予补贴激励，且随着比例的增加，最终稳定于给予完全补贴激励；

当 $0<y<\dfrac{C_0}{S_1-\lambda S}$ 时，表示农户选择采纳技术的概率小于 $\dfrac{C_0}{S_1-\lambda S}$ 时，将 $x=1$ 代入算式得，$F'(x)>0$；将 $x=0$ 代入算式得 $F'(x)<0$，因此 $x=0$ 是稳定解，表示农户采纳技术的比例小于 $\dfrac{C_0}{S_1-\lambda S}$ 时，政府倾向于不给予补贴激励，随着比例变小，最终稳定于不给予补贴激励。

对农户演化路径进行分析，根据农户采纳技术策略的复制动态方程，对 y 求偏导得：

$$F'(y)=\frac{\partial\frac{\mathrm{d}y}{\mathrm{d}t}}{\partial y}=(1-2y)(x\lambda S-C_1-L_1+B_1)$$

当 $x=\frac{C_1+L_1-B_1}{\lambda S}$ 时，表示政府选择激励措施的概率为 $\frac{C_1+L_1-B_1}{\lambda S}$ 时，$F'(y)=0$ 恒成立，表明 y 取值不影响 $F'(y)$ 值，即 $F'(y)$ 恒等于0，政府任何水平的支持激励都可以达到稳定状态；

当 $x>\frac{C_1+L_1-B_1}{\lambda S}$ 时，表示政府选择激励措施的概率大于 $\frac{C_1+L_1-B_1}{\lambda S}$ 时，将 $y=1$ 代入算式得 $F'(y)<0$；将 $y=0$ 代入算式得 $F'(y)>0$，因此 $y=1$ 是稳定解，表示政府选择激励措施的比例大于 $\frac{C_1+L_1-B_1}{\lambda S}$ 时，农户倾向于采纳节水技术，且随着比例的增加，最终稳定于完全采纳节水技术；

当 $0<x<\frac{C_1+L_1-B_1}{\lambda S}$ 时，表示农户选择采纳技术的概率小于 $\frac{C_1+L_1-B_1}{\lambda S}$ 时，将 $y=1$ 代入算式得 $F'(y)>0$；将 $y=0$ 代入算式得 $F'(y)<0$，因此 $y=0$ 是稳定解，表示政府选择激励措施的比例小于 $\frac{C_1+L_1-B_1}{\lambda S}$ 时，农户倾向于不采纳节水技术，随着比例变小，最终稳定于不采纳节水技术。

②演化稳定分析。系统均衡点不一定是演化稳定策略，均衡点的稳定性可通过分析雅可比矩阵的局部稳定性得到，如果某个均衡点满足 $Det(J)>0, Tr(J)<0$ 则该均衡点为复制动态方程的渐进稳定点，即演化稳定策略（ESS）。雅克比矩阵为对复制动态方程分别求偏导获得：

$$J=\begin{bmatrix}(1-2x)(yS_1-y\lambda S-C_0) & -x(1-x)(S_1-\lambda S)\\ y(1-y)\lambda S & (1-2y)(x\lambda S-C_1-L_1+B_1)\end{bmatrix}$$

矩阵 J 的行列式为：

$$Det(J)=(1-2x)(yS_1-y\lambda S-C_0)(1-2y)(x\lambda S-C_1-L_1+B_1)-xy(1-x)(1-y)\lambda^2S^2$$

矩阵 J 的迹为：

$$Tr(J) = (1-2x)(yS_1 - y\lambda S - C_0) + (1-2y)(x\lambda S - C_1 - L_1 + B_1)$$

将5个均衡点（0，0）、（0，1）、（1，0）、（1，1）、（x^*，y^*）代入雅可比矩阵的行列式与迹，结果如表7-12所示。

表7-12 均衡点行列式与迹符号

均衡点	$Det(J)$	$Tr(J)$
(0,0)	$C_0(C_1+L_1-B_1)$	$-C_0-(C_1+L_1-B_1)$
(0,1)	$[(S_1-\lambda S)-C_0](C_1+L_1-B_1)$	$(S_1-\lambda S-C_0)+(C_1+L_1-B_1)$
(1,0)	$C_0[\lambda S-(C_1+L_1-B_1)]$	$C_0+[\lambda S-(C_1+L_1-B_1)]$
(1,1)	$(S_1-\lambda S-C_0)(\lambda S-C_1-L_1+B_1)$	$-(S_1-\lambda S-C_0)-[\lambda S-(C_1+L_1-B_1)]$
(x^*,y^*)	$\frac{C_0(C_1+L_1-B_1)(\lambda S-C_1-L_1+B_1)(S_1-\lambda S-C_0)}{(S_1-\lambda S)^2}$	0

由于（x^*，y^*）的迹为0，则（x^*，y^*）为鞍点，文中不在讨论，只讨论均衡点（0，0）、（0，1）、（1，0）、（1，1）的稳定性。

（1）当 $\lambda S - C_1 - L_1 + B_1 < 0$，$S_1 - \lambda S - C_0 < 0$

$\lambda S - C_1 - L_1 + B_1$ 表示政府采取激励措施而农户采纳节水技术时的激励收益和经济收益与所支出设备的成本和经济损失之差，是农户采纳节水技术所能获得的净收益；$S_1 - \lambda S - C_0$ 为政府采用激励机制的政策溢出效益和支出成资本之差，是政府进行政策激励时的净收益。当 $\lambda S - C_1 - L_1 + B_1 < 0$ 表示政府采取激励措施的净收益为负，$S_1 - \lambda S - C_0 < 0$ 表示农户采纳节水技术的净收益为负，在此种情况下，博弈的均衡点（0，0）为演化稳定点，对应的演化稳定策略为（不激励，不采纳），如表7-13所示。

表7-13 行列式与迹符号分析（$\lambda S - C_1 - L_1 + B_1 < 0$，$S_1 - \lambda S - C_0 < 0$）

均衡点	行列式与迹	满足条件	稳定性
(0，0)	$Det(J) > 0$，$Tr(J) < 0$		EES
(0，1)	$Det(J) < 0$，$Tr(J) < 0$	$C_0 + \lambda S + S_1 > C_1 + L_1 - B_1$	不稳定
	$Det(J) < 0$，$Tr(J) > 0$	$C_0 + \lambda S + S_1 < C_1 + L_1 - B_1$	不稳定

（续表）

均衡点	行列式与迹	满足条件	稳定性
（1，0）	$Det(J)<0$，$Tr(J)>0$	$C_0+\lambda S>C_1+L_1-B_1$	不稳定
	$Det(J)<0$，$Tr(J)<0$	$C_0+\lambda S<C_1+L_1-B_1$	不稳定
（1，1）	$Det(J)>0$，$Tr(J)>0$		不稳定

（2）当 $\lambda S-C_1-L_1+B_1>0$，$S_1-\lambda S-C_0>0$

由表7-14可知，当政府采纳激励政策的净收益为正，同时农户采纳节水技术的净收益为正，博弈的均衡点（0，0）和（1，1）均为演化稳定点，对应策略为（不激励，不采纳）和（激励，采纳）。当演化策略收敛于（0，0）时，表示政府和农户均不采取积极行为；当演化博弈策略收敛于（1，1）时，表示政府与农户积极开展节水灌溉。代表的策略组合（激励，采纳）能够实现社会福利最大化。现实条件下，政府和农户双方都应该采取必要措施使此种策略组合的概率增加。

表7-14　行列式与迹符号分析（$\lambda S-C_1-L_1+B_1>0$，$S_1-\lambda S-C_0>0$）

均衡点	行列式与迹	满足条件	稳定性
（0，0）	$Det(J)>0$，$Tr(J)<0$	—	EES
（0，1）	$Det(J)>0$，$Tr(J)>0$	—	不稳定
（1，0）	$Det(J)>0$，$Tr(J)>0$	—	不稳定
（1，1）	$Det(J)>0$，$Tr(J)<0$	—	EES

将政府与农户复制动态相位图放置于一个平面坐标中，可以得到图7-3，ρ_1、ρ_2将整个平面分为四个象限，博弈最初可能分布在四个象限的任何一点。假设博弈初始状态在第一象限时，即政府选择激励和农户选择采纳技术的概率大于x^*、y^*时，演化稳定策略将收敛于（1，1），即政府和农户都将采取积极的合作策略；博弈初始状态在第二象限时，博弈的结果可能收敛于（0，0），也可能收敛于（1，1），博弈均衡与双方根据博弈阶段结果调整能力、反应能力有关；博弈初始状态在第三象限时，即政府选择激励和农户选择采纳技术的概率小于x^*、y^*时，演化稳定策略将收敛于（0，

0)，即政府和农户都将不采取合作策略；博弈初始状态在第四象限时，同样博弈的结果可能收敛于（0，0），也可能收敛于（1，1）。

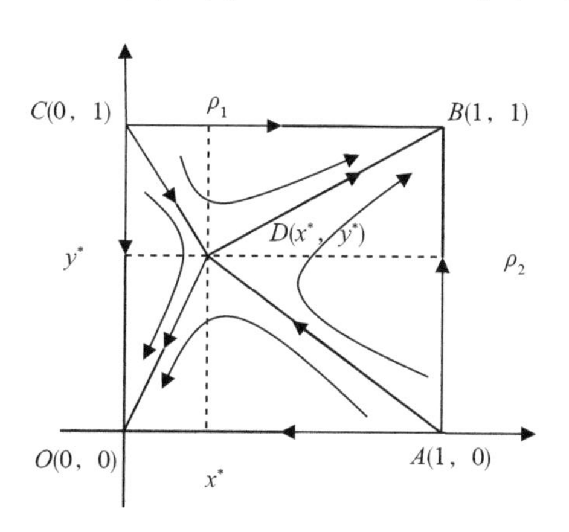

图 7-3　系统演化相

根据系统演化相图，四边形 $ABCD$ 表示政府与农户选择合作策略，最终演化博弈收敛于（1，1）达到双方合作均衡，S_{ABCD}代表政府和农户选择合作策略的概率，即政府与农户选择选择激励与采纳技术。

$$S_{ABCD} = 1 - \frac{1}{2}(x^* + y^*) = 1 - \frac{1}{2}(\frac{C_1 + L_1 - B_1}{\lambda S} + \frac{C_0}{S_1 - \lambda S})$$

$\frac{\partial S_{ABCD}}{\partial C_0} < 0, \frac{\partial S_{ABCD}}{\partial C_1} < 0, \frac{\partial S_{ABCD}}{\partial L_1} < 0, \frac{\partial S_{ABCD}}{\partial S} < 0, \frac{\partial S_{ABCD}}{\partial B_1} > 0, \frac{\partial S_{ABCD}}{\partial S_1} > 0$ 即当 C_0、C_1、L_1、S 增加时，S_{ABCD} 会减少，演化均衡收敛于（0，0），即政府与农户选择选择不激励与不采纳；当 B_1、S_1 增加，即博弈双方各自选择激励和采纳策略的额外收益增加时，S_{ABCD} 会增大，演化收敛于（1，1），政府和农选择合作策略；当 λ 增加，即政府激励支出增大，S_{ABCD} 会减少，演化收敛于（0，0）。

（3）当 $\lambda S - C_1 - L_1 + B_1 < 0, S_1 - \lambda S - C_0 > 0$

由表 7-15 可知，当政府采纳激励政策的净收益为正，同时农户采纳节水技术的净收益为负时，博弈的均衡点（0，0）为演化稳定点，对应策略为（不激励，不采纳）。

表 7-15　行列式与迹符号分析（$\lambda S - C_1 - L_1 + B_1 < 0$，$S_1 - \lambda S - C_0 > 0$）

均衡点	行列式与迹	满足条件	稳定性
(0，0)	$Det(J) > 0$，$Tr(J) < 0$		EES
(0，1)	$Det(J) > 0$，$Tr(J) > 0$		不稳定
(1，0)	$Det(J) < 0$，$Tr(J) > 0$	$C_0 + \lambda S > C_1 + L_1 - B_1$	不稳定
	$Det(J) < 0$，$Tr(J) < 0$	$C_0 + \lambda S < C_1 + L_1 - B_1$	不稳定
(1，1)	$Det(J) < 0$，$Tr(J) < 0$	$S_1 - C_0 - \lambda S > C_1 + L_1 - B_1 - \lambda S$	不稳定
	$Det(J) < 0$，$Tr(J) > 0$	$S_1 - C_0 - \lambda S < C_1 + L_1 - B_1 - \lambda S$	不稳定

（4）当 $\lambda S - C_1 - L_1 + B_1 > 0$，$S_1 - \lambda S - C_0 < 0$

由表 7-16 可知，当政府采纳激励政策的净收益为负，同时农户采纳节水技术的净收益为正时，博弈的均衡点（0，0）为演化稳定点，对应策略为（不激励，不采纳）。

表 7-16　行列式与迹符号分析（$\lambda S - C_1 - L_1 + B_1 > 0$，$S_1 - \lambda S - C_0 < 0$）

均衡点	行列式与迹	满足条件	稳定性
(0，0)	$Det(J) > 0$，$Tr(J) < 0$		EES
(0，1)	$Det(J) < 0$，$Tr(J) < 0$	$C_0 + \lambda S - S_1 > C_1 + L_1 - B_1$	不稳定
	$Det(J) < 0$，$Tr(J) > 0$	$C_0 + \lambda S - S_1 < C_1 + L_1 - B_1$	不稳定
(1，0)	$Det(J) > 0$，$Tr(J) < 0$	$S_1 - C_0 - \lambda S > C_1 + L_1 - B_1 - \lambda S$	不稳定
(1，1)	$Det(J) < 0$，$Tr(J) > 0$	$S_1 - C_0 - \lambda S > C_1 + L_1 - B_1 - \lambda S$	不稳定
	$Det(J) < 0$，$Tr(J) > 0$	$S_1 - C_0 - \lambda S < C_1 + L_1 - B_1 - \lambda S$	不稳定

经过分析，得到了政府与农户在农业节水灌溉的博弈过程中可能会实现的两种渐进稳定状态：（不激励，不采纳）与（激励，采纳）。（不激励，不采纳）是不良稳定情形，（激励，采纳）是理想稳定情形，政府政策执行力度、农户参与度、农户执行成本等参数决定着系统最终实现的稳定均衡状态。

7.3.2　小农户积极节水的演化博弈分析

此部分研究的农户主要是接受节水补贴的小农户生产主体，接受补贴需要执行严格的节水措施，但部分农户在达到省工省地的前提下，进行消极节水，仍然毫无节制地农田灌水。

假设1：假设政府和农户是博弈参与主体，双方信息不对称，在决策中具有有限理性。政府通过项目补贴的方式支持节水工程建设。政府的策略选择为｛严厉监督，不监督｝，农户的选择为｛积极节水，消极节水｝。

假设2：假设为了监督农户节水行为，政府付出较高的监督成本，政府执行交叉遵守政策，农户一旦积极执行节水政策，将会在其他项目上获得优先支持。

假设3：农户采纳节水灌溉技术，可以节省人工投入，提高土地利用率，提高经济效益，无论是否积极节水，农户均可以获得此部分经济效益。

假设4：政府和农户双方博弈是动态的和相互影响的，双方根据每次博弈结果中自身"成本—收益"分析不断优化自身策略。政府根据农户的反应做出不同的约束惩罚机制，农户根据政府的反应，采取合作或者不合作的选择。

政府选择严格监督的概率为 x（$0 \leqslant x \leqslant 1$）；不采取监督的策略为 $1-x$；农户积极节水策略的概率为 y（$0 \leqslant y \leqslant 1$）；消极节水策略为 $1-y$。

政府选择不监督策略时初始收益为 G_0；农户选择积极节水时，农户收益为初始收益 F_0和节水省工省地收益 B_1，政府额外收益为因农户节水引起的经济效益和生态效益；农户选择消极节水时，收益为初始收益 F_0和节水省工省地收益 B_1，额外成本为多支出的浇水的电费投入 C_1。

政府选择严格监督策略时，政府额外支出的成本为监督成本 C_0，当农户选择积极节水时，会增加农户获得其他项目补贴的机会 S_1，政府获得到政策溢出效应；当农户采取消极节水时，农户接受惩罚 βP，β 为惩罚成本系数，β 的取值范围为［0，1］，随着 β 的增加，农户受到的惩罚越大。

政府与农户的博弈支付矩阵如表7-17所示。

表7-17　政府与农户的博弈支付矩阵

政府	经营主体	
	合作 y	不合作（$1-y$）
严格监督 x	$G_0-C_0+B_0+W_0+W$；$F_1+B_1+S_1$	$G_0-C_0+\beta P$；$F_1+B_1-\beta P-C_1$
不监督（$1-x$）	$G_0+B_0+W_0$；F_1+B_1	G_0；$F_1+B_1-C_1$

政府选择严格监督策略的期望收益为：

$$G_{11}=y(G_0-C_0+B_0+W_0+W_1)+(1-y)(G_0-C_0+\beta P)$$

政府选择不监督的期望收益为：

$$G_{12}=y(G_0+B_0+W_0)+(1-y)G_0$$

政府的平均期望收益为：

$$G=xG_{11}+(1-x)G_{12}$$

政府选择严格监督策略的复制动态方程为：

$$\begin{aligned}F(x)&=\frac{\mathrm{d}x}{\mathrm{d}t}=x(G_{11}-G)\\&=x(1-x)(G_{11}-G_{12})\\&=x(1-x)(\beta P-C_0-y\beta P+yW_1)\end{aligned}$$

农户合作的期望收益为：

$$P_{11}=x(F_1+B_1)+(1-x)(F_1+B_1+W_1)$$

农户不合作的期望收益：

$$P_{12}=x(F_1+B_1-\beta P-C_1)+(1-x)(F_1+B_1-C_1)$$

农户的平均期望收益为：

$$P=yp_{11}+(1-y)P_{12}$$

农户选择采纳技术的复制动态方程为：

$$\begin{aligned}F(y)&=\frac{\mathrm{d}y}{\mathrm{d}t}=y(P_{11}-P)\\&=y(1-y)(P_{11}-P_{12})\\&=y(1-y)(x\beta P+xS_1-\beta P)\end{aligned}$$

令 $F'(x)=0$，$F'(y)=0$，可得：

$$x=0,\ x=1,\ y=\frac{\beta P-C_0}{W_1-\beta P}$$

$$y=0,\ y=1,\ x=\frac{\beta P}{S_1+\beta P}$$

因而，得到5个可能的均衡点（0，0）、（0，1）、（1，0）、（1，1）、$(x^*,\ y^*)$，其中，

$$x^* = \frac{\beta P}{S_1 + \beta P}, \quad y^* = \frac{\beta P - C_0}{W_1 - \beta P}$$

雅克比矩阵为对复制动态方程分别求偏导获得：

$$J = \begin{bmatrix} (1-2x)(-C_0 + \beta P - y\beta P + yW_1) & x(1-x)(W_1 - \beta P) \\ y(1-y)(S_1 + \beta P) & (1-2y)(x\beta P + xS_1 - \beta P) \end{bmatrix}$$

矩阵 J 的行列式为：

$$Det(J) = (1-2x)(-C_0 + \beta P - y\beta P + yW_1)(1-2y)(x\beta P + xS_1 - \beta P) - xy(1-x)(1-y)(W_1 - \beta P)(S_1 + \beta P)$$

矩阵 J 的迹为：

$$Tr(J) = (1-2x)(-C_0 + \beta P - y\beta P + yW_1) + (1-2y)(x\beta P + xS_1 - \beta P)$$

将5个均衡点（0，0）、（0，1）、（1，0）、（1，1）、（x^*，y^*）代入雅可比矩阵的行列式与迹，求得均衡点稳定性：

当 $C_0 > \beta P$，$\beta P > W_1$ 时，C_0 表示政府采取监督的成本，βP 表示政府采取惩罚措施的收益，W_1 表示政府采取严格监督时的政策溢出效应，当政府监督利润 $\beta P - C_0$ 为负，政策溢出效应小于征收惩罚时，博弈的均衡点（0，0）为演化稳定点，对应的演化稳定策略为（不监督，消极节水）（表7-18）。

表7-18　政府与农户的博弈支付矩阵（$C_0 > \beta P$，$\beta P > W_1$）

均衡点	行列式与迹	满足条件	稳定性
（0，0）	$Det(J) > 0$，$Tr(J) < 0$		EES
（0，1）	$Det(J) < 0$，$Tr(J) < 0$	$C_0 - W_1 > \beta P$	不稳定
	$Det(J) < 0$，$Tr(J) > 0$	$C_0 - W_1 < \beta P$	不稳定
（1，0）	$Det(J) > 0$，$Tr(J) > 0$		不稳定
（1，1）	$Det(J) < 0$，$Tr(J) < 0$	$C_0 - W_1 < S_1$	不稳定
	$Det(J) < 0$，$Tr(J) > 0$	$C_0 - W_1 > S_1$	不稳定

当 $C_0 < \beta P$，$\beta P < W_1$ 时，当 $C_0 < \beta P$，$\beta P < W_1$ 时时，政府监督利润 $\beta P - C_0$ 为正，政策溢出效应大于征收惩罚成本，博弈的均衡点（1，1）为

演化稳定点，对应的演化稳定策略为（监督，积极节水）（表7-19）。

表7-19　政府与农户的博弈支付矩阵（$C_0 < \beta P$，$\beta P < W_1$）

均衡点	行列式与迹	满足条件	稳定性
（0，0）	$Det(J) < 0$，$Tr(J) < 0$		不稳定
（0，1）	$Det(J) > 0$，$Tr(J) > 0$		不稳定
（1，0）	$Det(J) < 0$，$Tr(J) > 0$	$\beta P - C_0 < S_1$	不稳定
	$Det(J) < 0$，$Tr(J) < 0$	$\beta P - C_0 > S_1$	不稳定
（1，1）	$Det(J) > 0$，$Tr(J) < 0$		EES

经过分析，政府与农户在农业积极节水灌溉的博弈过程中可能会实现的两种渐进稳定状态不监督，也不积极节水和监督且积极节水，为了促进农业节水技术的采纳，现实的均衡状态更倾向于监督且积极节水，但对小农户的监督过于繁琐，政府会付出较高的监督成本，这种方案也是不可持续的。

综合来看，小农户是否采纳节水技术，取决于政府是否给予一定的节水技术补贴，而且在政府不监督的情况下，倾向于消极节水。个体分散经营小农户积极采纳节水技术的前提是政府付诸较大的政策支持补贴和监督成本。

7.4　节水灌溉集体行动分析

7.4.1　节水灌溉的集体行动内涵

小农户经营中，农业节水灌溉技术的推进需要逐步开展，但农业节水灌溉的最有效的方式是在规模化生产基础上，集体统一推进。当种植规模较大时，采纳节水灌溉设备的省工效益、省肥效益非常明显，在降低成本投入中的贡献也越发明显，规模化经营主体也就倾向于采纳节水技术，增加综合效益。

本研究认为节水灌溉集体行为的实施，具体有两个步骤。第一，结合高标准农田建设和小型农田水利工程建设等项目，政府补贴推进大型园区、规模化种植基地开展节水灌溉，可以引入社会资本参与节水项目建设，改变政府单一投入方式。此阶段主要起到示范作用，让更多的新型经营主体和农户认识到农业节水的重要性；第二，借力不断壮大的新型经营主体，鼓励成方连片发展，引导规模化经营主体主动采纳节水技术。调研过程中发现，家庭农场、农民专业合作社、农村集体经济和托管服务等产业化经营模式中采纳节水技术行为较为普遍，且积极主动，效果良好。

7.4.2 家庭农场经营的节水案例

石家庄市一家庭农场经营小麦，采用了喷灌技术，相比普通畦灌，经济效益和节水效益大大提高，刺激了农业节水设备的使用（表7-19）。2017年对其家庭农场进行了典型调研，访谈内容如下。

问：小麦节水采用了什么技术？

答：现在采用的是喷灌技术，原来采用的是普通畦灌。

问：采用节水技术后，需要灌溉用水量是多少？

答：小麦整个生育期需要灌溉4次，普通畦灌每次灌溉65米^{3}水，一季的总用水量是260米^{3}左右，喷灌每次灌溉用水40米^3，一季的总用水量是160米^{3}左右。

问：小麦喷灌技术的省工效益如何？

答：喷灌的最大成本的节约是省工，如果是普通畦灌，平整土地起畦需要15元，平整土地需要费用50元，灌溉看护费用25元，而喷灌不需要平整土地，节约了整地费用，看护时间缩短，相对普通畦灌节省十多元钱。

问：小麦喷灌技术还有哪些其他效益？

答：普通畦灌畦垄占地10%，喷灌节约了这部分土地，按每亩小麦平均500千克计算，小麦增产50千克。

问：小麦喷灌设备是您自己购买的，还是有项目支持？

答：我这里有400亩，全部是项目支持，减少了前期投入资金，尝试了之后才知道节水技术省工省肥省地。

问：如果后期没有项目资金支持了，您还会继续使用喷灌模式吗？

答：会继续持续使用喷灌技术，面积太大，畦灌工钱和水费增加了很多成本。

通过对调研资料的整理，家庭农场小麦的节水效益表 7-20，相对小农户经营，规模化经营每亩节省成本 82 元，产值增加 120 元，净收益增加 202 元；相对规模化经营，如果采用节水技术，成本减少 64 元，产值增加 120 元，净收益增加 184 元。成本的下降以及收益的增加，刺激了规模化的种植主体主动采用节水灌溉技术。

表 7-20　家庭农场小麦节水效益分析

小麦生产环节	小户经营	规模化经营	规模化节水经营	效益
旋耕	60	50	50	-10
肥料	120	105	94	-26
种子	90	70	70	-20
拌种	15	10	10	-5
撒肥	10	5	0	-10
播种	25	18	18	-7
农药	30	20	20	-10
小麦收割	60	50	50	-10
浇水	65	65	25	-40
人工成本	90	90	82	-8
总成本	565	483	419	-146
小麦收入	1 080	1 200	1 320	+240
净收益	515	717	901	+386

数据来源：根据调查数据计算所得。

7.4.3　专业合作社经营中的节水案例

唐山百信花生种植专业合作社成立于 2011 年，合作社拥有社员 316 户，土地入股 2 万亩，现在拥有大型农机具 300 多台套，通过探索花生节水技术，全部引入膜下滴灌，实现了花生成本下降和产量与效益的增加[216]。在对唐山百信合作社进行调研过程中，重点针对节水问题访谈了相关负责人，主要访谈内容如下。

问：花生灌溉采用了什么节水技术？

答：我们从 2017 年引入了膜下微滴灌。

问：为什么会主动采用膜下滴灌技术？

答：河北降水量很小，春天如果没有降雨，就不能播种，就会错过最佳播种时间，就会影响整个花生生长期的生长。用了膜下滴灌后，不用等雨，到了最佳播种时间就可以播种，膜下滴灌直接接上水，一按遥控器，就可以出水，及时浇水以后能做到苗齐苗状，这是前期解决春季无降雨问题。

在花期，如果没有降雨，也会影响产量，因为花生开的花越多，结的果越多，如果花期没有雨，那么开花就会少，产量就会下降。比如，今年播种后，在花生生长期有77天无降雨，出现严重缺水，很多地方没有水浇的条件，不仅影响了花生的产量，而且增加了虫害和病害，膜下滴灌可以随时浇灌给水，确保了花生稳产和高产。

问：花生节水省工效果怎么样？

答：我们采用的膜下微滴灌，节约了很多水。比如大水漫灌的一亩地用水量可以浇微滴灌的10亩地。膜下滴灌只需要打开遥控器就可以了，不用专门人工看护，解决了劳动力短缺的问题。

问：膜下滴灌能省肥情况如何？

答：前期播种少用10千克肥料，在中后期滴5千克的水溶肥，比复合肥效果好，成本低，对土壤污染小，所以中后期的水肥一体化是膜下滴灌的一个非常好的技术方案。还能针对性的缺啥补啥，比如花生到中后期缺钾缺钙，都会影响花生的成熟度和子粒饱满，膜下滴灌可以专门补上钾肥和钙，保证花生增产。

问：膜下滴灌的成本怎么样？

答：膜下滴灌的成本不高，一亩地连浇水费、工钱和材料钱，一共170元就够了。主管道多年可用，可以使用3~5年，每亩地折下来后可以节省20元的成本；微管道每年一换，但可以回收利用，到秋天收获的季节，撤下来的微灌道还可以再销售40~50元；这样折算下来，每亩地浇水的投入成本就是100元。

问：膜下滴灌每亩花生增产多少？

答：每亩增产100千克是没问题的，所以我们的投入是非常值得的。

问：您的节水技术设备采购有项目支持吗？

答：没有，我们自有的1万亩基地全部是自己出资。但是我们还托管了12万亩土地，这些托管的土地，没办法全部实施滴灌，因为老百姓不愿意出这部分托管费用。

在对百信花生种植专业合作调研过程中发现，合作社采纳节水技术很强，因为节水技术的采纳带来经济效益的大幅提升，但百信合作社所托管的土地中，却没办法全部实现膜下滴灌作业，因为老百姓部分地托管土地，认为农业用水免费，不必要支付额外的节水设备费，所以阻碍了托管土地中的节水设备采纳。

7.4.4 农村集体经济中的节水案例

河北省故城县位于河北省东南部，是传统的农业大省，也是衡水市水资源极度缺乏的贫困县。2018年故城县选择三郎镇居召村、河北召村作为试点，开始尝试新模式发展集体经济。由村党支部牵头，成立集体经济合作社，并组织农户将分散种植经营的土地成方连片入股到合作社，土地入股后由合作社统一经营，发展高效农业，同时协调龙头企业与村集体合作社签订订单合同，通过“两委贷”“地押云贷”等方式提供所需资金贷款，保险机构提供价格保险，最终形成适度规模的、新型的“村党支部+村集体合作社+农户+龙头企业+金融保险”五位一体模式。

村集体合作社通过托管形式将土地生产交由农业托管组织统一经营，促进了土地经营规模化、机械化、标准化，大大提高了土地产出效益，村集体年收入大幅增加，村集体收入5万元以上的村达到23个，占60.5%，典型试点村每年增加30万~40万元；农户获得500~800元的最低保证收益和村集体合作社收益的股份分成；龙头企业获得了安全可靠原材料，减少了与小农户谈判成本；2020年，故城推广“五位一体”模式的村达到180个，增加集体收入1 000万元以上，主要农作物化肥、农药利用率达到40%以上，大范围高效推广了膜下滴灌节水模式。

目前，居召全村1 075亩土地全面部入股合作社，其中发展草莓50亩，有机果树大棚20亩，油菜花和瓜果冬瓜轮作300亩，黄桃和冬瓜套种100

亩，玉米和芥菜轮作600亩，全部实现了节水灌溉。本次调研正值冬瓜生产时期，调研组与相关负责人关于节水问题进行了田间访谈。

问：咱们为什么想到要使用膜下滴灌？

答：膜下滴灌可以节水，省工，省肥，而且长草长的少，不怎么用除草。

问：膜下滴灌能节多少水？

答：大概可以节水2/3的水，冬瓜正常需要浇水7~8次，大水漫灌每次灌溉2个小时，大概灌溉80米^3，一季下来，需要灌溉500~600米^3，灌溉人工费30元，水费50~60元；膜下滴灌每次灌溉15~20米^3，一共需要灌溉100~150米^3，可以节约很多水。

问：膜下滴灌设备是谁来购买的？费用多少？

答：膜下滴灌的设备是合作社统一购买的，每亩地设备连人工200元，微管最后还可以0.5元一斤（1斤=500克）卖掉。

问：普通农户会愿意购买膜下滴灌吗？

答：普通农户没有这个意识，每家就一亩三分地，不值当购买。

在故城县农村集体经济节水案例中，农村集体经济合作社通过统一购买节水设备，统一推进农田灌溉节水，节约了成本，提高了效益。

通过节水灌溉集体行动的案例分析发现：农户主动采纳节水技术的条件有：第一，作物成方连片，实现规模化种植；第二，节水技术采纳的决策主体非一家一户的小农户，而是由新型经营主体统一决策。第三，政府支持节水灌溉的重要节点：支持经营主体带动下的农户，给予节水补贴支持，推进农业节水集体行为。

7.5 本章小结

本章从高效节水灌溉面积比重少、“最后一千米”水资源浪费、技术和管理节水锲合度低、灰水足迹和地下水开采量的增加等方面解释了农业用水效率悖论。

利用结构方程模型，分析影响农户节水技术采纳的因素，结果表明，节水补贴政策的实施和规模经营是技术采纳的主要影响因素。

小农户是否采纳节水技术，取决于政府是否给予节水技术补贴，而且在政府不监督的情况下，倾向于消极节水。个体分散经营小农户积极采纳节水技术的前提是政府付诸较大的政策支持补贴和监督成本。

公共水权下，推进节水技术采纳的主要方式是集体行动，让小农户加入专业化合作社、龙头企业、家庭农场或者集体经济，在实现规模化生产的基础上，实现节水技术的推广和应用。

8 主要结论与对策建议

8.1 主要结论

（1）河北省农业用水经济、环境和生态效率差异大，且存在空间自相关

通过利用SBM-DEA模型，测算2001—2018年河北省农业用水经济效率、环境效率和生态效率，测算结果表明：河北省农业用水经济效率相对较高，农业环境用水效率和生态用水效率偏低，表现为农业用水经济效率0.861 3高于农业用水环境效率0.735 2高于农业用水生态效率0.717 3；河北省农业用水效率具有空间自相关特征，农业用水经济效率存在显著的正空间自相关，但环境效率和生态效率只有低-低的空间集聚现象稳定。邢台、保定、衡水及邯郸农业用水效率提升潜力较大，应适当考虑周边地区的潜在影响，制定相邻地市之间的协同策略。

（2）结构变动和技术创新是影响农业用水效率的核心要素

结构变动因素和技术创新因素是影响河北省农业用水效率的核心因素。其中：①农业用水经济效率测算中，农业用水占比、粮食播种面积占比、蔬菜播种面积占比、地下水开采量对河北省农业用水经济效率产生正向影响，节水灌溉面积代表技术进步因素对河北省农业用水经济效率产生负向影响；②农业用水环境效率测算中，粮食播种面积占比、蔬菜播种面积占比、地下水开采量对河北省农业用水环境效率产生正向影响，农业用水占比、节水灌溉面积对河北省农业用水环境效率产生负向影响；③农业用水生态效率测算中，农业用水占比、粮食播种面积占比、蔬菜播种面积占比、地下水开采量和节水灌溉面积均对河北省农业用水生态效率产生负向影响。

（3）农户节水行为、种植结构与技术进步不协调，河北省农业用水存

在效率悖论

通过空间TOBIT模型测算，随着农业节水技术的应用，有效灌溉面积的增加，河北省农业用水效率呈现下降趋势，出现了“农业用水效率悖论”。其可能的原因：首先，技术进步与农户节水行为不协调，“最后一千米”水资源浪费问题严重；技术虽然进步，但配套的工程、农艺、管理节水锲合度低；其次，作物种植结构与水资源条件不相匹配，虽然节水技术进步，但高耗水作物增加，高效节水灌溉面积比重较少，同时导致灰水足迹和地下水开采量增加，也引起了用水效率的下降。

（4）农业种植结构调整是发展适水农业提升农业用水效率的关键步骤

河北省种植业用水占河北省农业用水量的90.74%，对河北省总用水驱动为60.23%，但种植结构的偏水度和用水结构的粗放度偏高，种植结构和用水结构不协调，调整种植业结构是发展适水农业和提升农业用水效率的关键步骤。根据NSGA-Ⅱ遗传算法，测算河北省种植业结构调整的方向为：适当减少小麦和玉米粮食作物面积，减少相对耗水作物棉花和蔬菜种植，增加杂粮杂豆的种植以及瓜果种植，并根据各种作物的效益、水分生产力和灰水足迹，模拟了各种作物最优调整规模。

（5）集体行动是农业节水技术推广提升农业用水效率的有效途径

在农业水资源公共水权下，小农户采纳节水技术缺乏积极性，政府激励成本和监督成本较高，推进农业节水的最有效的方式是集体行动，小农户加入专业化合作社、龙头企业、家庭农场或者集体经济，在实现规模化生产的基础上，实现节水技术的推广和应用进而提升农业用水效率。集体行动需要满足以下条件：第一，实现规模经营；第二，节水技术采纳的决策主体非一家一户的小农户，而是由新型经营主体统一决策。

8.2 对策建议

8.2.1 建立健全保障机制，推进结构优化调整

（1）实施合理补偿政策，引导农户进行结构调整

以政府支持为向导，建立合理的补偿政策是结构调整、优化水资源配

置的关键前提。农业种植结构的调整需要各方努力，尤其是政府方面的政策和资金支持。首先，政府需要对农业结构调整进行必要的宣传。由于小农户的种植习惯和短视性，在不了解新的作物的经济效益、社会效益和生态环境效益的情况下，不会轻易改变现有种植作物，因此需要让农民认识到结构调整的必要性和紧迫性。其次，政府要给予进行结构调整的农户一定的补贴，在实行结构调整的五年内给予相应的优势作物补贴，提高农户种植新作物的积极性。最后，相应的基础设施建设，政府可以鼓励龙头企业进行投资，对帮助农户建设大棚、提供设备的企业给予税收优惠。

（2）成立专门技术推广小组，加强对农户种植培训

成立专门的技术推广小组，加大科技推广培训力度，定期或者不定期在各村进行技术讲课和技术推广，通过培训、互动、交流和宣传单发放等多种形式进行技术的扩散，使农民掌握基本的种植技术。鼓励龙头企业、合作社做好试验、示范、技术推广、农民培训、原料供应等系列化服务，形成扩散效应；还要加强与其他县区、合作社、企业的交流与合作，不断引进新品种新技术。

（3）建立保险体系，保障农户利益

对于新的种植作物，农户既没有经验，又缺乏技术和管理，因此存在很大的风险，黑龙港地区和张家口坝上地区的种植结构调整在实行过程中也有很大的不确定性。因此政府要支持保险公司开发农作物保险项目，鼓励农户参保，在最大限度内保障农户的利益。

8.2.2 实施政策组合策略，推广高效节水技术

为了提高农业节水，本文提出三重组合的政策方案。引导型政策主要是政府部门通过宣传引导，将节水灌溉理念深入人心，使生产者自愿采取节水灌溉技术；激励型政策工具通过给予适当的经济补贴，引导生产者从成本收益角度改变其行为，采纳节水技术；惩罚型政策是指政府主管部门通过相关规定和要求，对农户生产环节进行直接监管，采取约束惩罚机制，促使农户采取节水灌溉技术。

（1）引导政策引导农户节水意识提升

农业节水灌溉的关键是从事农业生产的广大农户具有节水观念和节水

意识，因此要坚持把农业节水灌溉的宣传教育作为重要的举措。第一，加大农业节水灌溉技术的宣传和培训力度，建立起技术人员技术指导到农户、到田间的长效服务机制，并通过各种媒体和方式，采取电视讲座、培训班、散发资料等多种形式，普及农业灌溉节水知识，宣传节水农业的重大意义，增强农民节水的参与性、自觉性和主动性；第二，充分发挥村干部、村委会的影响和带动。可以通过对村干部进行系统高效的培训，然后通过村干部的理解吸收，使其转化为能够被邻里乡亲所能接受的语言，使农民能好得理解党和国家的方针政策，同时也能够更好的发挥村委会在工作中的协调组织作用。第三，发挥节水好典型的示范作用，多渠道示范农业节水新技术新模式，推广节水好典型、好经验，提高农户对农业节水技术的效益的认知，为发展和推广节水农业创造良好的社会氛围。总之，提升农户的节水意识，主要是采用社会引导性政策，使农户充分认识到节水中的重要性和紧迫性，并为了农业节水愿意放弃一定的生产收益。第四，农业节水和品种选育、机械化运营等相结合，最终使得节水不仅带来成本的增加，更是带了收益的增长，以刺激农户积极开展节水行为。

（2）激励补贴政策刺激小农户技术采纳

在我国，农业生产的主要经营主体有传统小农户、专业大户、家庭农场、合作社、农业企业等。这其中，传统小农户占据了绝大多数，而且这一比例在短期内不会有太大改变（黄祖辉和梁巧，2007；刘同山和李竣，2017）。因此，小农户仍然应该是未来补贴政策关注的重点，只有让传统小农户实现节水，才能使中国农业实现真正的节水。而考虑农业效益低下和农户的小农性，不能通过硬性的管理和倒逼刺激小农户节水，在加强宣传的同时，政府需以激励补贴政策为主，靠利益的驱动来提高农民或者是其他生产经营主体的节水的积极性。

（3）惩罚政策约束经营主体技术实施

惩罚型政策可以不必要实施完全命令控制型的政策，可以借鉴美国和欧盟实施交叉遵守制度，即政府下的各项补贴政策不再与生产挂钩，而是与是否遵守环境方面的要求相联系。欧美和美国均实施过交叉遵守政策，欧盟通过交叉遵守制度对基础性支付提出强制性环境要求，而美国则以环境要求作为受益面最广的作物保险的前提和基础，保证将绝大多数生产者纳入环境约束中。农业节水的交叉遵守政策主要针对接受节水项目补贴的龙头企业、专业合作社等新型经营主体，这部分生产者一方面接受了政府的资金补助，但由于没有监督惩罚措施以及没有农业水价的约束，部分经营者虽然安装了节水设备，但却毫无节制的进行农业用水灌溉。因此，本文提出交叉遵守政策，对节水的实施进行监督管理，并取消不积极节水的生产者在基础投入等其他方面的补贴，以这种强制性实施方式保证最低的农业灌溉节水要求。

8.2.3 培育新型经营主体，带动集体节水行为

我国大国小农的基本国情以及各地区资源禀赋的差异，决定了今后很长一段时期，小农户家庭经营仍将是我国农业的主要经营方式，小农户非均质性和经营的分散性，削弱了集体行动，使农业节水在推广过程中有一定的困难。在水资源公共属性下，最有效的方式是让小农户与新型经营主体有效结合，使节水成为一种集体行动，这样才能刺激节水的规模化推进。当前小农户与新型经营主体的链接模式主要有两大类，第一是产业组织带动型，包括“家庭农场+农户”“专业合作组织+农户”“龙头企业+农户”等主要模式，第二是社会服务带动型，包括“托管服务组织+农户”“村集体服务+农户”“农协+农户”等主要模式。因此，培育服务组织和产业组织等新型经营主体至关重要。

（1）大力培育产业化组织

扶持发展一批起点高、规模大、带动力强、成长潜力大的农民专业合作社和产业化龙头企业，各级政府、有关部门应当加大对产业化组织的扶持和帮助，在土地流转、基础设施配套、专项资金、用电、用水、用工等方面给予重点支持和奖励；统筹安排整合基地、龙头企业、专业合作经济组织、高效生态农业园区、循环农业等方面的财政专项支农资金，重点加大对产业组织培育的支出。在重视龙头企业和专业合作社的同时，还要特别关注家庭农场的发展，家庭农场是以家庭为基本生产经营单位，以土地适度规模化为基础，以企业化方式进行农业集约化生产、商品化经营的新

型农业经济组织形式。家庭农场既有家庭经营的优势，也有规模化经营的优势，既保证了家庭组织内部利益的高度一致，又有利于依托法人地位，提高科技要素和资金要素的投入，是具有较大发展潜力的新型经营主体。

(2) 不断完善社会化服务组织

随着农业产业化的发展以及节水技术的普及，农业节水技术服务体系也将不断发展完善。一方面是以托管为代表的服务组织的发展壮大，推动了小农户与现代农业的有机衔接，实施托管服务后，有利于统一节水技术的采纳。另一方面是建立农户用水协会，随着农业水权水价的建立和完善，农户用水将负担起对区域内的用水制度和用水权的民主协商，协会成员拥有协会的表决权和决定区域内水问题以及水权问题的权利，使农户自我拥有一定的决策权，共同协商灌区的水资源利用，协调设施管护。同时积极成立农业节水设备、农村供水企业、信息与自动化、农艺与化控节水、科普与高等教育等分会，提供多个方面的服务。

8.2.4 引入市场机制调节，落实水权水价改革

水资源具有经济学属性，需要引入市场机制，才能实现更有效的配置。因此，需要建立健全更加合理的水权制度，形成更加顺畅的水价机制，才能更好地合理配置和管理好水资源，因此，水权水价改革是提升农业用水效率的重要途径。

(1) 农业水权改革

推进水权改革的首要进行水权确权，我们耕地需要确权，水权也需要确权。给农户多少水权才能保证调动农户的积极性，这是水权确定的基础。第一，明确各个行政区域（市、县、乡镇和村）之间的水资源初始使用权的分配，将各级行政区域内的初始使用权进一步细化到农户，明确农户的用水权利、责任和义务。目前水权分配比较多的做法主要有：按照灌溉平均面积分配水权，根据具体区域不同特点分配水权，还有在基本水权的基础上农户通过缴纳不同的农业水权保险费获取不同的水权。第二，建立健全水权使用权交易制度，构建我国水的使用权转让的法规和政策体系，提高水使用权交易的技术支撑能力。

（2）农业水价改革

农业水价改革仍处于试点阶段，尚未全面展开，农民节水的激励约束机制没有有效建立起来，节水措施普及程度低。同时，现行农业水价依旧偏低，这也导致了灌溉用水的大量浪费，农户的节水意识并没有显著的提高，大田漫灌等高耗水的灌溉方式依然屡见不鲜。只有积极稳步推进水价改革，才能真正实现农业节水，从利益驱动角度促使广大小农户开展农业节水。农业水价改革最关键的一点是农业水价的制定，需要重点考虑以下几个方面：第一，农业水价不仅要考虑水资源的经济成本，即工程价值，还要考虑水资源的环境价值和资源价值，但目前大部分都是工程水价；第二，农民灌溉水价承受能力，这是在水价改革中必须考虑的重要因素，从支付能力和支付意愿等多角度进行研究；第三，实施阶梯水价是未来主要发展趋势，配额以内制定一个基础水价，超过配额的不同比例，征收不同的水价，甚至在配额内的用水也可以征收不同的水价，仿照以色列的累进收费制度，在用水额度60%以内水价最低，用水量超过额度80%以上水价最高。

8.2.5　集成配套节水措施，全面提升用水效率

农业节水包括农艺节水、工程节水和管理节水，只有各种节水措施齐头并进，相互协调发展，才能真正实现农业节水的目标。目前，河北省农业节水过程中，往往只注重单项的工程技术，缺乏农艺节水，管理节水，只有实现这些技术的综合集成，形成适合大面积节水高效应用的规范化、体系化的技术模式。

（1）稳固工程节水

首先，加大农业节水基础设施建设。从基础设施的角度，农业节水基础设施的建设如果只依赖于农户的自我投入和用水企业的单方面投资很难得以实现。政府对于农业节水基础设施的建设要重视。应主要以政府投资为主，政府为主要的出资方来负担公共物品的主要支出。政府可以利用转移支付手段鼓励民间资金进入基础建设领域，充分发挥市场配置所起的作用。其次，进一步推进田间工程节水，依靠工程技术手段，最大限度地减

少输灌水过程中水的损失，减少田间渗漏水量，提供水分利用效率的灌溉工程。重点是发展高效节水灌溉，大力推广管灌、滴灌等节水技术，集成发展水肥一体化、水肥药一体化技术，提升农业用水利用效率。

（2）加快农艺节水

充分重视农艺节水，实现单一节水灌溉技术向与农艺技术相结合转变，主要包括选育耐寒作物与节水品种，改良耕作方法和栽培技术，推广地面覆盖技术。大力推广耕种能够在雨季快速生长的作物，充分利用天然降雨；重视谷子、高粱、大豆、花生等作物品种的选育，推广高产优质的杂交品种，扩大覆盖推广面积；推广免耕技术，由多耕变为少耕，由浅耕转为深耕，由耕翻转为深松，由单一作物连作转为粮草轮作或适度休闲，此外通过种子包衣、基质栽培、地面覆盖等措施，从各个环节减少水资源利用。

（3）重视管理节水

第一，农业用水投资管理。目前，我国灌溉耕地和旱地基本上是各占50%。所以在进行灌溉农业用水管理的同时，也要考虑我们旱区农业节水的管理。在雨养农业体系中，一般有足够的降水量来满足生产的需要，问题是雨水常常在错误的时间才降临，造成干旱期，而且大部分雨水会白白损失掉，因此要加强对旱作雨养农业用水投资管理，包括雨水积聚、回归水利用等等。同时，进一步发展咸水和污水安全利用技术，提升再生水的利用[217]。第二，推广精准智慧灌溉。全球农业发展进入智慧农业发展新阶段，精准智慧灌溉成为衡量智慧农业发展的一个重要特征。精准智慧灌溉主要是基于物联网、3S技术、大数据、人工智能等现代技术方法，将信息处理、移动通讯、系统工程和自动控制领域的先进理念和产品融为一体，构建灌溉服务云平台，研发灌溉时间信息快速感知、实时传输、自动处理及精准控制的智慧灌溉系统，实现农作物精准灌溉。利用灌溉气象站、土壤墒情监测器，实现自动监测、远程传输、气象墒情预警、视频监控等功能，通过无人机和机器人机动灵活的特点采集园区水肥及作物长势信息，通过田间灌溉管理云平台控制喷灌机、智能施肥机实现对园区灌溉的精准控制等，实现农业节水信息化发展。第三，建立农业节水技术服务体系。

完善农业节水技术信息中心建设，加强土壤墒情、作物旱情、水源水情的实时监测和预报工作；构建技术推广、技术咨询和技术服务平台，保障技术服务与销售渠道的通畅；建立节水产品认证体系与市场准入制度，促进节水产品的质量控制与节水效益的提高。

参考文献

[1] Shinji Kaneko, Katsuya Tanaka, Tomoyo Toyota, Shunsuke Managi. Water efficiency of agricultural production in China: regional comparison from 1999 to 2002 [J]. International Journal of Agricultural Resources, Governance and Ecology, 2004, 3 (3/4): 231-249.

[2] Boubaker Dhehibi, Lassad Lachaal etc, Measuring irrigation water use efficiency using stochastic production frontier: An application on citrus producing farms in Tunisia [J]. AfJARE Vol 1 No 2, 2007 (9).

[3] Massimo Filippini, Nevenka Hrovatin, Jelena Zorić. Cost efficiency of Slovenian water distribution utilities: an application of stochastic frontier methods [J]. Journal of Productivity Analysis, 2008, 29 (2).

[4] Boyd W. Fuller. Surprising cooperation despite apparently irreconcilable differences: Agricultural water use efficiency and CALFED [J]. Environmental Science and Policy, 2009, 12 (6).

[5] X. MoS. Liu, Z. Lin, Y. Xu, et al. Prediction of crop yield, water consumption and water use efficiency with a SVAT-crop growth model using remotely sensed data on the North China Plain [J]. Ecological Modelling, 2004, 183 (2).

[6] Amy Lilienfeld, Mette Asmild. Estimation of excess water use in irrigated agriculture: A Data Envelopment Analysis approach [J]. Agricultural Water Management, 2007, 94 (1).

[7] Baris Yilmaz, Mehmet Ali Yurdusev, Nilgun B. Harmancioglu. The Assessment of Irrigation Efficiency in Buyuk Menderes Basin [J]. Water Resources Magement, 2009, 23 (6).

[8] Byrnes Joel, Crase Lin, Dollery Brian, et al. The relative economic efficiency of urban water utilities in regional New South Wales and Victoria [J]. Resource and Energy Economics, 2009, 32 (3).

[9] R Martinez-Lagunes J Rodríguez-Tirado. Water policies in Mexico [J]. Water Policy, 1998, 1 (1).

[10] Abdallah Omezzine, Lokman Zaibet. Management of modern irrigation systems in oman: allocative vs. irrigation efficiency 1 Paper published with the approval of the College of Agriculture, S. Q. U. as paper number 210497. 1 [J]. Agricultural Water Management, 1998, 37 (2).

[11] Jerry L. Hatfield, Thomas J. Sauer, John H. Prueger. Managing Soils to Achieve Greater Water Use Efficiency [J]. Agronomy Journal, 2001, 93 (2).

[12] Ruth Meinzen-Dick. What Affects Organization and Collective Action for Managing Resources? Evidence from Canal Irrigation Systems in India [J]. World Development, 2002, 30 (4).

[13] Shinji Kaneko, Katsuya Tanaka, Tomoyo Toyota, et al. Water efficiency of agricultural production in China: regional comparison from 1999 to 2002 [J]. International Journal of Agricultural Resources, Governance and Ecology, 2004, 3 (3/4).

[14] Bruce Lankford. Localising irrigation efficiency [J]. Irrigation and Drainage, 2006, 55 (4).

[15] Intizar Hussain, Hugh Turral, David Molden, et al. Measuring and enhancing the value of agricultural water in irrigated river basins [J]. Irrigation Science, 2007, 25 (3).

[16] J. C. Poussin, A. Imache, R. Beji, et al. Benmihoub. Exploring regional irrigation water demand using typologies of farms and production units: An example from Tunisia [J]. Agricultural Water Management, 2008, 95 (8).

[17] Mahdhi Naceur, Sghaier Mongi. The technical efficiency of collective irrigation schemes in south－eastern of Tunisia [J]. International Journal of Sustainable Development & World Policy, 2016, 2 (6).

[18] Caswell M, Zilberman D. The choices of irrigation technologies in California [J]. American Journal of Agricultural Economics, 1985, 67 (3): 224-234.

[19] Dinar A, Campbell MB, Zilberman D. Adoption of improved irrigation and drainage reduction technologies under limiting environmental conditions [J]. Environmental and Resource Economics, 1992, 2 (4): 373-398.

[20] Ariel Dinar, David Zilberman. Economics of Water Resources fhe Contributions of Dan Yaron: the Contributions of Dan Yaron. Kluwer Academic. Puhlishers, 2002.

[21] Thompson T L, PANG H, LI Y. The Potential Contribution of Subsurface Drip Irrigation to Water-Saving Agriculture in the Western USA [J]. Journal of Integrative Agriculture, 2009, 7 (8): 850-854.

[22] Berbel J, Martín C G, Díaz J A R. Literature Review on Rebound Literature Review on Rebound Effect of Water Saving Measures and Analysis of a Spanish Case Study [J]. Water Resources Management, 2015, 3 (29): 663-678.

[23] 宮下昌子. Assessment and analysis of the reality in diffusion of water-saving irrigation technology and the constraints in diffusion of Alternate Wetting and Drying in An Giang Province, Vietnam [J]. Journal of the Japanese Agricultural Systems Society, 2016, 32 (2).

[24] Muhammad Sajid, Lv Tao, Liufeng, et al. Farmers perspective adoption hindrances of high efficiency irrigation technologies in

Punjab－Pakistan. International Journal of Scientific & Engineering Research，2017（6）：303.

[25] Muhammad Sajid. Influencing factors and diffusion modeling of water and energy conserving irrigation technologies adoption－an example of punj ab province，Pakistan [D]. China Mining and Technology，2018.

[26] Julie Reints，Ariel Dinar，David Crowley. Dealing with water scarcity and salinity：adoption of water efficient technologies and management practices by california avocado growers [J]. Sustainability，2020.

[27] Raju K S，Kumar N. Multi－criterion decision making in irrigation planning [J]. Agriculture；Syst，1992，62：117－129.

[28] Shang Z，Shao M，Horton R. A model for regional optimal allocation of irrigation water resources under deficit irrigation and its application [J]. Agriculture Water Manage，2002，55：139－154.

[29] Prasad A S，Umamahesh N V，Viswanath G K. Optimal irrigation planning model for an existing storage based irrigation system in India [J]. Irrigation and Drainage Systems，2011，25（1）.

[30] Ajay Singh. Optimal allocation of resources for increasing farm revenue under hydrological uncertainty [J]. Water Resources Management，2016，30（7）.

[31] Arunkumar R，Jothiprakash V. A multi objective fuzzy linear programming model for sustainable integrated operation of a multireservoir system [J]. Lakes & Reservoirs：Research & Management，2016，21（3）.

[32] Rossella de Vito，Ivan Portoghese，Alessandro Pagano，et al. An index－based approach for the sustainability assessment of irrigation practice based on the water－energy－food nexus framework [J]. Advances in Water Resources，2017，110.

[33] Colby，B. C，K. Crandall，D. B. Bush. Water rightee transactions：

market values and price dispersionp [J]. Water Resources Researoh, 1993 (6): 1565-1572.

[34] Renato G. S., M. W. Rosegrant. Chilean water policyahe Role of water rights, institutions and markets [J]. Water Rources Development, 1996 (1): 33-48.

[35] Grimble R. J., Economic instruments for improving water use efficiency: theory and practice [J]. Agriculture Water Management, 1999, 40: 77-82.

[36] Perry, C. J. Charging for irrigation water: the issues and options, with a case study from Iran [R]. TWMI Research Report Series, 2001 (52): 26.

[37] Arid Dinar. lnstitutional linkages, transaction costs, and water institutional reforms: Analytical approach and cross-county evidences, lnternational Water Management Institute, 2003.

[38] Hellegers P, Perry C. J. Can irrigation water use be guided by market forces: theory and practice [J]. Water Resources Development, 2006 (1): 79-86.

[39] Maher O. Abu-Madi. Farm-level perspectives regarding irrigation water prices in the Tulkarm district, Palestine [J]. Agricultural Water Management, 2009, 96 (9).

[40] 王学渊，赵连阁．中国农业用水效率及影响因素——基于1997—2006年省区面板数据的SFA分析[J].农业经济问题，2008 (3): 10-18.

[41] 黄莺．农业灌溉用水效率及其影响因素研究[D].南京：南京农业大学，2011.

[42] 耿献辉，张晓恒，宋玉兰．农业灌溉用水效率及其影响因素实证分析——基于随机前沿生产函数和新疆棉农调研数据[J].自然资源学报，2014，29 (6): 934-943.

[43] 钱文婧，贺灿飞．中国水资源利用效率区域差异及影响因素研

究［J］. 中国人口·资源与环境，2011，21（2）：54-60.
［44］ 马海良，黄德春，张继国. 考虑非合意产出的水资源利用效率及影响因素研究［J］. 中国人口·资源与环境，2012，22（10）：35-42.
［45］ 杨扬，蒋书彬. 基于DEA和Malmquist指数的我国农业灌溉用水效率评价［J］. 生态经济，2016，32（5）：147-151.
［46］ 沈家耀，张玲玲. 环境约束下江苏省水资源利用效率的时空差异及影响因素研究［J］. 水资源与水工程学报，2016，27（5）：64-69.
［47］ 俞雅乖，刘玲燕. 中国水资源效率的区域差异及影响因素分析［J］. 经济地理，2017，37（7）：12-19.
［48］ 罗冲. 黑龙江省灌溉用水效率研究［D］. 哈尔滨：东北农业大学，2017.
［49］ 赵良仕，孙才志，刘凤朝. 环境约束下中国省际水资源两阶段效率及影响因素研究［J］. 中国人口·资源与环境，2017，27（5）：27-36.
［50］ 张云宁，陈金怡，欧阳红祥，等. 基于DEA-Malmquist的江苏省农业用水效率评价［J］. 水利经济，2020，38（3）：62-68，86.
［51］ 刘双双，韩凤鸣，蔡安宁，等. 区域差异下农业用水效率对农业用水量的影响［J］. 长江流域资源与环境，2017，26（12）：2099-2110.
［52］ 方琳，吴凤平，王新华，等. 基于共同前沿SBM模型的农业用水效率测度及改善潜力［J］. 长江流域资源与环境，2018，27（10）：2293-2304.
［53］ 张玲玲，丁雪丽，沈莹，等. 中国农业用水效率空间异质性及其影响因素分析［J］. 长江流域资源与环境，2019，28（4）：817-828.
［54］ 韩颖，张珊. 中国省际农业用水效率影响因素分析——基于静

态与动态空间面板模型［J］. 生态经济，2020，36（3）：124-131.

［55］丁绪辉，贺菊花，王柳元. 考虑非合意产出的省际水资源利用效率及驱动因素研究——基于SE-SBM与Tobit模型的考察［J］. 中国人口·资源与环境，2018，28（1）：157-164.

［56］孙才志，马奇飞，赵良仕. 基于SBM-Malmquist生产率指数模型的中国水资源绿色效率变动研究［J］. 资源科学，2018，40（5）：993-1005.

［57］李俊鹏，郑冯忆，冯中朝. 基于公共产品视角的水资源利用效率提升路径研究［J］. 资源科学，2019，41（1）：98-112.

［58］邓兆远. 基于三阶段超效率SBM-DEA模型的中国环渤海地区用水效率时空演化及影响因素分析［D］. 大连：辽宁师范大学，2019.

［59］黄程琪. 新疆农业水资源利用效率及影响因素分析［D］. 石河子：石河子大学，2019.

［60］姜坤. 水资源绿色效率测度与溢出效应研究［D］. 大连：辽宁师范大学，2018.

［61］郜晓雯. 中国水资源绿色效率影响因素研究［D］. 大连：辽宁师范大学，2019.

［62］刘渝，王兆锋，张俊飚. 农业水资源利用效率的影响因素分析［J］. 经济问题，2007（6）：75-77.

［63］李文，于法稳. 中国西部地区农业用水绩效影响因素分析［J］. 开发研究，2008（6）：60-63.

［64］许朗，黄莺. 农业灌溉用水效率及其影响因素分析——基于安徽省蒙城县的实地调查［J］. 资源科学，2012，34（1）：105-113.

［65］佟金萍，马剑锋，王慧敏，等. 中国农业全要素用水效率及其影响因素分析［J］. 经济问题，2014（6）：101-106.

［66］张雄化，钟若愚. 灌溉水资源效率、空间溢出与影响因素［J］.

华南农业大学学报（社会科学版），2015，14（4）：20-28.

[67] 廖冰，廖文梅，金志农．农业灌溉工程措施投入产出效率及其影响因素分析——以鄱阳湖生态经济区为例［J］．新疆农垦经济，2016（7）：10-17.

[68] 徐丽芸，鹿翠．山东省农业灌溉用水效率影响因素评价［J］．山西农业科学，2016，44（10）：1541-1545.

[69] 赵姜，孟鹤，龚晶．京津冀地区农业全要素用水效率及影响因素分析［J］．中国农业大学学报，2017，22（3）：76-84.

[70] 杜根，王保乾．新疆农业全要素用水效率动态演进及影响因素分析［J］．河北工业科技，2017，34（2）：96-102.

[71] 李玲，周玉玺．基于 DEA-Malmquist 模型的中国粮食生产用水效率研究［J］．中国农业资源与区划，2018，39（11）：192-199.

[72] 孙付华，陈汝佳，张兆方．基于三阶段 DEA-Malmquist 区域农业水资源利用效率评价［J］．水利经济，2019，37（2）：53-58.

[73] 许朗，陈玲红．地下水超采区农业灌溉用水效率影响因素分析［J］．人民黄河，2020，42（7）：145-150.

[74] 赵敏，刘姗．基于双前沿面 SBM-DEA 模型的农业用水效率评价［J］．水利经济，2020，38（1）：54-60.

[75] 王小军，张建云，贺瑞敏，等．区域用水结构演变规律与调控对策研究［J］．中国人口·资源与环境，2011，21（2）：61-65.

[76] 蒋桂芹，于福亮，赵勇．区域产业结构与用水结构协调度评价与调控——以安徽省为例［J］．水利水电技术，2012，43（6）：8-11，15.

[77] 钟科元，陈莹，陈兴伟，等．福建省用水结构与产业结构相关性的区域变化［J］．南水北调与水利科技，2015，13（3）：593-596，605.

[78] 贾程程，张礼兵，徐勇俊，等．基于信息熵的山东省用水结构与产业结构协调性分析 [J]. 水电能源科学，2016，34（5）：17-19.

[79] 刘洋，李丽娟．京津冀地区产业结构和用水结构变动关系 [J]. 南水北调与水利科技，2019，17（2）：1-9.

[80] 李欢，李景保．近十年来湖南省产业结构与用水结构的耦合协调关系 [J]. 水电能源科学，2019，37（7）：35-38，161.

[81] 苏喜军，纪德红．基于成分数据回归的河南省产业结构与用水结构协调关系研究 [J]. 华北水利水电大学学报（社会科学版），2020，36（2）：14-20.

[82] 王宝玉．节水型农业种植结构优化研究-以黑河流域为例 [D]. 杨凌：西北农林科技大学，2010.

[83] 赵永刚．石羊河流域农业需水量预测及水资源优化配置研究 [D]. 杨凌：西北农林科技大学，2011.

[84] 张金萍．宁夏平原种植结构调整对农业用水的影响分析 [J]. 干旱区资源与环境，2012，26（8）：57-61.

[85] 辛彦林．基于不确定性的大荔县节水型种植结构优化研究 [D]. 西安：西安理工大学，2018.

[86] 李明辉．山东粮食生产水资源配置及优化策略研究 [D]. 泰安：山东农业大学，2019.

[87] 李凯．气候变化背景下疏勒河流域基于农业种植结构调整的水资源优化分配 [D]. 兰州：兰州大学，2019.

[88] 李丰．稻农节水灌溉技术采用行为分析——以干湿交替灌溉技术（AWD）为例 [J]. 农业技术经济，2015（11）：53-61.

[89] 张彦杰．农户对节水灌溉技术采用的支付意愿及影响因素研究 [D]. 保定：河北农业大学，2018.

[90] 李曼，陆迁，乔丹．技术认知、政府支持与农户节水灌溉技术采用——基于张掖甘州区的调查研究 [J]. 干旱区资源与环境，2017，31（12）：27-32.

[91] 郭格，陆迁．基于TAM的内在感知对影响农户不同节水灌溉技术采用的研究——以甘肃张掖市为例［J］．中国农业资源与区划，2018，39（7）：129-136.

[92] 罗文哲，蒋艳灵，王秀峰，等．华北地下水超采区农户节水灌溉技术认知分析——以河北省张家口市沽源县为例［J］．自然资源学报，2019，34（11）：2469-2480.

[93] 王格玲，陆迁．社会网络影响农户技术采用倒U型关系的检验——以甘肃省民勤县节水灌溉技术采用为例［J］．农业技术经济，2015（10）：92-106.

[94] 雷云．社会网络不确定性对农户节水灌溉技术采用的影响研究［D］．杨凌：西北农林科技大学，2017.

[95] 乔丹．社会网络与推广服务对农户节水灌溉技术采用影响研究［D］．杨凌：西北农林科技大学，2018.

[96] 贺志武，雷云，陆迁．技术不确定性、社会网络对农户节水灌溉技术采用的影响——以甘肃省张掖市为例［J］．干旱区资源与环境，2018，32（5）：59-63.

[97] 张益，孙小龙，韩一军．社会网络、节水意识对小麦生产节水技术采用的影响——基于冀鲁豫的农户调查数据［J］．农业技术经济，2019（11）：127-136.

[98] 刘红梅，王克强，黄智俊．农户采用节水灌溉技术激励机制的研究［J］．中国水利，2006（19）：33-35.

[99] 刘军弟，霍学喜，黄玉祥，等．基于农户受偿意愿的节水灌溉补贴标准研究［J］．农业技术经济，2012（11）：29-40.

[100] 廖春华．浙江省水稻节水灌溉技术推广研究［D］．杭州：浙江工业大学，2016.

[101] 徐涛．节水灌溉技术补贴政策研究：全成本收益与农户偏好［D］．杨凌：西北农林科技大学，2018.

[102] 刘杰．农业灌溉用水管理及其使用权转让补偿研究［D］．北京：中国农业科学院，2002.

[103] 常红．贵州农业灌溉用水管理模式的研究［D］．杭州：浙江大学，2004.
[104] 武华光．山东省灌溉水资源利用管理研究．山东农业大学博士学位论文，2006
[105] 孟德锋，张兵．农户参与式灌溉管理与农业生产技术改善：淮河流域证据［J］．改革，2010（12）：80-87.
[106] 刘红梅，王克强，郑策．水资源管理中的公众参与研究——以农业用水管理为例［J］．中国行政管理，2010（7）：72-76.
[107] 陈杰．新疆农业高效节水农民参与式管理模式研究［D］．乌鲁木齐：新疆农业大学，2013.
[108] 王哲，赵邦宏（2014）农业高效节水模式研究——以河北省张北县为例，农业经济问题，2014（10）：41-45，
[109] 吴立娟．河北省井灌区农业节水管理机制研究［D］．保定：河北农业大学，2015.
[110] 汤美娜．上海农业灌区节水管理对策以及激励机制探讨［D］．上海：华东师范大学，2015.
[111] 郑航．初始水权分配及其调度实现［D］．北京：清华大学，2009.
[112] 王克强，刘红梅．中国农业水权流转的制约因素分析［J］．农业经济问题，2009，30（10）：7-13，110.
[113] 陈艳萍，吴凤平．基于演化博弈的初始水权分配中的冲突分析［J］．中国人口·资源与环境，2010，20（11）：48-53.
[114] 吴丹，吴凤平．基于双层优化模型的流域初始二维水权耦合配置［J］．中国人口·资源与环境，2012，22（10）：26-34.
[115] 胡洁，徐中民．基于多层次多目标模糊优选法的流域初始水权分配——以张掖市甘临高地区为例［J］．冰川冻土，2013，35（3）：776-782.
[116] 王婷，方国华，刘羽，刘飞飞．基于最严格水资源管理制度的初始水权分配研究［J］．长江流域资源与环境，2015，24

（11）：1870-1875.

［117］ 刘毅，张志伟．中国水权市场的可持续发展组合条件研究［J］．河海大学学报（哲学社会科学版），2020，22（1）：44-52，106-107.

［118］ 沈满洪．水权交易与政府创新——以东阳义乌水权交易案为例［J］．管理世界，2005（6）：45-56.

［119］ 陆文聪，覃琼霞．以节水和水资源优化配置为目标的水权交易机制设计［J］．水利学报，2012，43（3）：323-332.

［120］ 张戈跃．试论我国农业水权转让制度的构建［J］．中国农业资源与区划，2015，36（3）：98-102.

［121］ 牛文娟，王伟伟，邵玲玲，王慧敏，牛富．政府强互惠激励下跨界流域一级水权分散优化配置模型［J］．中国人口·资源与环境，2016，26（4）：148-157.

［122］ 吴凤平，王丰凯，金姗姗．关于我国区域水权交易定价研究——基于双层规划模型的分析［J］．价格理论与实践，2017（2）：157-160.

［123］ 刘钢，杨柳，石玉波，方舟，王圣．准市场条件下的水权交易双层动态博弈定价机制实证研究［J］．中国人口·资源与环境，2017，27（4）：151-159.

［124］ 田贵良，胡雨灿．市场导向下大宗水权交易的差别化定价模型［J］．资源科学，2019，41（2）：313-325.

［125］ 李丹迪，于翠松．基于水权分配下的动态协调农业水价模型研究［J］．节水灌溉，2020（3）：62-66.

［126］ 王兴，肖雪，史尚，罗文兵．江西省农业水价综合改革实践与探索［J］．人民长江，2020，51（3）：103-106.

［127］ 何刚．基于水资源资产价值的水价制定研究［D］．南京：河海大学，2006.

［128］ 杨振亚．农业水价定价与生产用水补偿耦合模型研究［D］．杨凌：西北农林科技大学，2017.

[129] 张艳霞，杨培岭，任树梅，等．西北地区提水灌区农业水价改革研究——以甘肃省工农渠灌区为例［J］．灌溉排水学报，2020，39（5）：138-144.

[130] 邹涛．我国农业水价综合改革的进展、问题及对策［J］．价格理论与实践，2020（5）：41-44.

[131] 周雨露，费基勇，张和喜．贵州省农业水价综合改革主要做法及存在问题［J］．灌溉排水学报，2019，38（S2）：119-122.

[132] 王凤，徐征和，潘维艳．模糊层次综合分析法在农业水价综合改革实施效果评价中的应用［J］．节水灌溉，2019（4）：81-85，89.

[133] 陈丹．南方季节性缺水灌区灌溉水价与农民承受能力研究［D］．南京：河海大学，2007.

[134] 陈菁，陈丹，褚琳琳，等．灌溉水价与农民承受能力研究进展［J］．水利水电科技进展，2008，28（6）：79-83.

[135] 刘甜甜．农业灌溉水价现状及农民承受能力分析［D］．南京：南京农业大学，2014.

[136] 王亮．河南省农业水价形成机制及综合改革模式研究［D］．郑州：华北水利水电大学，2019.

[137] 尹小娟，蔡国英．基于 CVM 的农户水价支付意愿及其影响因素分析——以张掖市甘临高三地为例［J］．干旱区资源与环境，2016，30（5）：65-70.

[138] 李颖，孔德帅，吴乐，等．农业水价改革情景中农户的节水意愿——基于河北省地下水超采区的实地调研［J］．节水灌溉，2017（2）：99-102，105.

[139] 赵永，窦身堂，赖瑞勋．基于静态多区域 CGE 模型的黄河流域灌溉水价研究［J］．自然资源学报，2015，30（3）：433-445.

[140] 景金勇，高佩玲，孙占泉，等．引黄灌区“提补水价”节水模式及阶梯水价模型研究［J］．中国农村水利水电，2015（2）：108-111.

[141] 陆秋臻．河北省桃城区“一提一补”水价改革政策评价研究［D］．北京：中国农业科学院，2018.

[142] 易福金，肖蓉，王金霞．计量水价、定额管理还是按亩收费？——海河流域农业用水政策探究［J］．中国农村观察，2019（1）：33-50.

[143] Shinji Kaneko，Katsuya Tanaka，Tomoyo Toyota，et al. Water efficiency of agricultural production in China：regional comparison from 1999 to 2002［J］. International Journal of Agricultural Resources，Governance and Ecology，2004，3（3/4）：231-251.

[144] Charlotte de Fraiture，David Molden，Dennis Wichelns. Investing in water for food，ecosystems，and livelihoods：An overview of the comprehensive assessment of water management in agriculture［J］. Agricultural Water Management，2009，97（4）：495-501.

[145] Charles D K. 环境经济学［M］．北京：中国人民大学出版社，2016：156-167.

[146] 秦大庸，陆垂裕，刘家宏，等．流域“自然-社会”二元水循环理论框架［J］．科学通报，2014，59（Z1）：419-427.

[147] 高明．中国农业水资源安全管理［M］．北京：社会科学文献出版社，2012：36.

[148] 王巧玲．水权结构与可持续发展——以黄河为例透视中国的水资源治理模式［M］北京：中国出版集团，2014：42.

[149] ［美］曼瑟尔．奥尔森《集体行动逻辑》，陈郁等译，［M］．上海：上海三联书店、上海人民出版社，1995：31-35.

[150] Clarkson M. A. Stakeholder framework for analyzing and evaluating corporate social performance［J］. Academy of Management Review，1995，20（1）：92-117.

[151] Mitchell R K，Agle B R，Wood D J. Toward a theory of stakeholder identification and salience：defining the principle of who and what really counts［J］. Academy of Management Review，1997，22

(4): 853-886.

[152] Frooman J. Stakeholder influence strategies [J]. Academy of Management Review, 1999, 24 (2): 191-205.

[153] Rowley T I, Moldoveanu M. When will stakeholder groups act? An interest and identity-based model of stakeholder group mobilization [J]. Academy of Management Review, 2003, 28 (2): 204-219.

[154] 王海宾，陈晓文，于婧 . DPSIR 框架研究综述 [J]. 经济研究导刊，2013 (19): 4-5.

[155] 孙才志，吴永杰，刘文新 . 基于 DPSIR-PLS 模型的中国水贫困评价 [J]. 干旱区地理，2017，40 (5): 1079-1088.

[156] 于伯华，吕昌河 . 基于 DPSIR 模型的农业土地资源持续利用评价 [J]. 农业工程学报，2008 (9): 53-58.

[157] 高波 . 基于 DPSIR 模型的陕西水资源可持续利用评价研究 [D]. 西安：西北工业大学，2007.

[158] 朱忠泰 . 基于 DPSIR 模型框架的江苏省大气污染防治研究 [D]. 南京：东南大学，2017.

[159] 曹小磊，周祖昊，邵薇薇，等 . 北方地区城镇化和工业化进程与农业用水相关性区域分析 [J]. 水利水电技术，2014，45 (10): 15-18.

[160] 邵薇薇，刘海振，周祖昊，等 . 东北地区城镇化、工业化进程中农业用水影响因素分析与对策 [J]. 水利经济，2015，33 (1): 1-3.

[161] 盖力强，谢高地，李士美，等 . 华北平原小麦、玉米作物生产水足迹的研究 [J]. 资源科学，2010，32 (11): 2066-2071.

[162] 王丹阳，李景保，等，一种改进的灰水足迹计算方法 [J]. 自然资源学报，2015 (12): 2121-2128.

[163] 张瑀桐 . 华北地区主要粮食作物生长水足迹及适水种植研究 [J]. 北京：中国水利水电科学研究院，2019 (5).

[164] 中国农业科学院土壤肥料研究所．中国肥料［M］．上海：上海科学技术出版社，1994.

[165] 徐鹏程，张兴奇．江苏省主要农作物的生产水足迹研究［J］．水资源与水工程学报，2016，27（1）：232-237.

[166] 刘俊国，曾昭，马坤等．水足迹评价手册［M］．北京：科学出版社，2012：1-147.

[167] 王丹阳，李景保，叶亚亚，等．基于不同受纳水体的湖南省农业灰水足迹分析［J］．水资源保护，2016，32（4）：49-54

[168] 大卫·莫登，水与可持续发展—未来农业用水对策方案及综合评估［M］．天津：天津科技翻译出版有限公司，2014（11）：36-38.

[169] 李英能．浅论灌区灌溉水利用系数［J］．中国农村水利水电，2003（7）：23-26.

[170] 胡振通，王亚华．华北地下水超采综合治理效果评估——以冬小麦春灌节水政策为例［J］．干旱区资源与环境，2019（5）：102-105.

[171] 郭传金，时丕生，张升堂．水资源内涵分析［J］．西北水利发电，2006，22（4）：68-70.

[172] 姜文来．水资源价值论［M］．北京：科学出版社，1999.

[173] 沈满洪，陈庆能．水资源经济学［M］．北京：中国环境科学出版社，2008.

[174] 吕翠美，吴泽宁，胡彩虹．水资源价值理论研究进展与展望［J］．长江流域资源与环境，2009，18（6）：545-549.

[175] 许振成，叶玉香，彭晓春，等．水资源价值核算研究进展［J］．生态环境，2006，15（5）：1117-1121.

[176] 姜文来，王华东．我国水资源价值研究的现状与展望［J］．地理学与国土研究．1996，12（1）：1-5.

[177] Charnes A，Cooper W W，Rhodes E. Measuring the efficiency of decision making units［J］. European Journal of Operational Re-

search, 1978, 2 (6): 429-444.

[178] Banker R D, Charnes R F, Cooper W W. Some models for estimating technical and scale inefficiencies in data envelopment analysis [J]. Management Science, 1984, 30: 1078-1092.

[179] Hu Jin-Li, Wang S C, Yeh F Y. Total-factor water efficiency of regions in China [J]. Resources Policy, 2006, 31: 217-230.

[180] Tone K. Dealing with Undesirable Outputs in DEA: A Slacks-Based Measure (SBM) Approach [R]. GRIPS Research Report Series, 2003-2005.

[181] Fare R, Grosskopf S, Lindergren B, et al. Productivity changes in Swedish Pharmacies 1980—1989: a nonparametric Malmquist approach [J]. Journal of Productivity Analysis, 1992, 3 (1): 85-101.

[182] 孙才志，马奇飞，赵良仕．基于SBM-Malmquist生产率指数模型的中国水资源绿色效率变动研究［J］．资源科学，2018，40（5）：993-1005.

[183] 王周伟，等．空间计量经济学现代模型与方法［M］．北京：北京大学出版社，2018，12.

[184] 沈体雁，等．空间计量经济学［M］．北京：北京大学出版社，2010.

[185] M. C. Jones, J. S. Marron, S. J. Sheather. A brief survey of bandwidth selection for density estimation [J]. Journal of the American Statistical Association, 2012, 91 (433): 401-407.

[186] 孙才志，李欣．基于核密度估计的中国海洋经济发展动态演变［J］．经济地理，2015，35（1）：96-103.

[187] 张桂铭，朱阿兴，杨胜天，等．基于核密度估计的动物生境适宜度制图方法［J］．生态学报，2013，33（23）：7590-7600.

[188] 孙才志，赵良仕，邹玮．中国省际水资源全局环境技术效率测度及其空间效应研究［J］．自然资源学报，2014，29（4）：

553-563.

[189] 鲍超，陈小杰，梁广林．基于空间计量模型的河南省用水效率影响因素分析［J］．自然资源学报，2016，31（7）：1138-1148.

[190] 陈洪斌．我国省际农业用水效率测评与空间溢出效应研究［J］．干旱区资源与环境，2017，31（2）：85-90.

[191] Anselin L. Local indicators of spatial association-LISA［J］. Geographical Analysis，1995，27（2）：93-116.

[192] Messner S F，Anselin L，Baller R D，et al. The spatial patterning of county homicide rates：an application of exploratory spatial data analysis［J］. Journal of Quantitative Criminology，1999，15（4）：423-450.

[193] Le Sage J，Pace R K. Introduction to spatial econometrics［M］. New York：CRC Press，2009：27-41.

[194] Harry Kelejian and Gianfranco Piras，Spatial Econometrics［M］. New York：Academic Press，2017.

[195] Kelejian，H. Prucha，I. On the asymptotic distribution of the Moran I test statistic with application［J］. Journal of Econometrics，2001，104：219-257.

[196] Xi Qu，Lung-fei Lee. LM tests for spatial correlation in spatial models with limited dependent variables［J］. Regional Science and Urban Economics，2012，42：430-445.

[197] 孙才志，韩琴，郑德凤．中国省际灰水足迹测度及荷载系数的空间关联分析［J］．生态学报，2016，36（1）：86-97.

[198] Anselin L. Local indicators of spatial association-LISA［J］. Geographical Analysis，1995，27（2）：93-116.

[199] Beer C，Riedl A. Modelling spatial externalities in panel data The Spatial Durbin model revisited［J］. Regional Science，2012，91（2）：299-318.

[200] 袁少军，王如松，胡聃等．城市产业结构偏水度评价方法研究[J]．水利学报，2004（10）：43-47.

[201] 蒋桂芹，于福亮，赵勇．区域产业结构与用水结构协调度评价与调控——以安徽省为例［J］．水利水电技术，2012，43（6）：8-11.

[202] 刘洋，李丽娟．京津冀地区产业结构和用水结构变动关系［J］．南水北调与水利科技，2019（4）：1-9

[203] 郭一萱．基于改进NSGA-Ⅱ算法的配电网分布式电源优化配置[D]．青岛：山东科技大学，2018.

[204] 吴普特．中国旱区农业高效用水技术研究与实践［M］．北京：科学出版社，2011.

[205] 任强，侯大道．人口预测的随机方法：基于Leslie矩阵和ARMA模型［J］．人口研究，2011，35（2）：28-42.

[206] 张现苓，翟振武，陶涛．中国人口负增长：现状、未来与特征[J]．人口研究，2020，44（3）：3-20.

[207] 石晨阳，王桂荣，王慧军，等．河北省种植业高效用水预测研究［J］．中国农学通报，2012，28（3）：218-224.

[208] 王哲，赵帮宏．农业高效节水模式研究——以河北省张北县为例［J］．农业经济问题，2014，35（10）：41-45.

[209] 谭永忠，练款，俞振宁．重金属污染耕地治理式休耕农户满意度及其影响因素研究［J］．中国土地科学，2018，32（10）：43-50.

[210] 俞振宁，谭永忠，练款，等．基于计划行为理论分析农户参与重金属污染耕地休耕治理行为［J］．农业工程学报，2018，34（24）：266-273.

[211] 张焱．云南南部边境山区农户种植业结构调整决策行为研究[D]．昆明：昆明理工大学，2016.

[212] 吴林海，侯博，高申荣．基于结构方程模型的分散农户农药残留认知与主要影响因素分析［J］．中国农村经济，2011（3）：

35-48.

[213] 高新伟，张增杰．后“煤改气”时代政府与居民清洁取暖行为演化博弈分析［J］．环境保护科学，2020，46（4）：16-24.

[214] 赵领娣，赵志博，李莎莎．白洋淀农业面源污染治理分析——基于政府与农户演化博弈模型［J］．北京理工大学学报（社会科学版），2020，22（3）：48-56.

[215] 徐水太，黄锴强，薛飞．基于演化博弈视角下的耕地重金属污染治理式休耕问题研究［J］．生态经济，2020，36（7）：120-125.

[216] 葛文光，史云，谢海英，等．现代农业发展有路径——河北省滦县百信合作社土地托管的实践考察［J］．林业经济，2017，39（10）：28-30.

[217] 王慧军，李科江，马俊永，等．河北省粮食生产与水资源供需研究［J］．农业经济与管理，2013（3）：5-11.

附录　河北农业用水现状调查问卷

尊敬的女士/先生：

您好，我是河北农业大学经济管理学院的学生，为了对河北农业用水现状问题进行研究和向相关部门提出政策建议，我们开展此项调查活动。麻烦您帮忙填写一份问卷，问卷内容主要包括农业生产和生活等有关方面的情况，您的回答无所谓对错，请据实回答即可。本次调研中的相关资料仅会用于学术研究，您的个人资料我们会严格保密，谢谢您的合作！

河北农业大学经济管理学院

一、受访者基本情况

1. 受访者所在地______市______县______乡/镇______村

2. 受访者性别______；年龄____岁

3. 受教育程度（　）。

【1】小学及以下　【2】初中　【3】高中/中专/职高/技校

【4】大专及以上

4. 从事的主要工作有（　）。

【1】纯务农　【2】务农+务工　【3】纯务工　【4】个体经营

【5】家务劳动　【6】丧失劳动力　【7】其他______

5. 如果您从事外出务工，务工地点是（　）。

【1】乡里　【2】乡外县内　【3】县外市内　【4】市外省内

【5】省外

6. 您是否为党员？　　【1】是　【0】否

7. 您是否是村干部？　【1】是　【0】否

8. 2019 年家庭农业生产情况

种植作物	种植面积（亩）	节水灌溉面积（亩）	作物亩产（千克）	作物产值（元）	投入成本（元）	灌溉费用（元）	灌溉用电（度）
冬小麦							
玉米							
马铃薯							
蔬菜							
其他____							
其他____							

9. 您家的人口数____人，其中从事或部分从事务农____人；其中男性____人；女性____人；外出务工有____人（其中男性____人；女性____人），每年在外打工____个月。

10. 家庭年收入______元，农业收入____ 元，其中：种植业____元；畜牧业____元。

11. 您家的种植模式______

【1】一年两季　【2】一年一季　【3】部分一年一季

【4】两年三季

12. 您家拥有耕地____亩，__块；其中旱地____亩，水浇地____亩；最大的一块____亩，最小的一块____亩；离家最近的是____，离家最远的是____。

13. 社会网络

请根据自己的经验对与下列人员的交流程度作答，在您所选择的选项下画“√”

交流对象	经常	比较频繁	一般	偶尔	从不
亲密朋友					
亲戚					
村干部					

（续表）

交流对象	经常	比较频繁	一般	偶尔	从不
邻居					
声望高的农户					
农业合作社或协会					
家庭成员					

14. 社会声望

14-1. 请根据自己的实际情况回答，在您所选择的选项下画“√”。

	经常	比较频繁	一般	偶尔	从不
您家有喜事，是否有亲戚朋友愿意帮助您					
您家盖房时，是否有亲戚朋友过来帮忙					
农忙时，其他人是否愿意过来帮忙					
当别人有重大事情要做决定，是否愿意找您商量					
别人家如果闹矛盾时，是否会找您帮忙					

14-2. 您觉得村里人对您的尊重程度（　）。

【1】非常不尊重　【2】比较不尊重　【3】一般

【4】比较尊重　【5】非常尊重

15. 社会信任

请您根据自己的经验对下列人员进行选择，在您所选择的选项下画“√”。

交流对象	非常相信	比较相信	一般	比较不相信	非常不相信
亲密朋友					
亲戚					
村干部					
邻居					
声望高的农户					
农业合作社或协会					

（续表）

交流对象	非常相信	比较相信	一般	比较不相信	非常不相信
家庭成员					
一般人					
陌生人					

16. 社会参与

请您根据自己的经验以下问题进行选择，在您所选择的选项下画“√”。

	经常	比较频繁	一般	偶尔	从不
如果村里有问题需要解决，您是否会号召其他农户一起					
您是否经常参加村中的集体活动					
您参加村干部选举是否投票					
您是否参与村中灌溉水方面的事务					
您在村中公共事务决策时是否提出意见或建议					
您是否愿意参加“一事一议”					

17. 信息获取渠道

请您根据自己的经验以下问题进行选择，在您所选择的选项下画“√”。

	非常同意	比较同意	一般	比较不同意	非常不同意
能够利用报纸书籍渠道获取信息					
能够利用大队广播获取信息					
能够利用亲友乡邻渠道获取信息					
能够利用电视渠道获取信息					
能够利用手机渠道获取信息					
能够利用计算机渠道获取信息					
能够利用政府部门渠道获取信息					

二、农业灌溉技术情况

18. 您认为您所在的村子水资源短缺吗？

【1】非常充裕　【2】不短缺　【3】一般　【4】短缺

【5】非常短缺

19. 现在采用的灌溉方式是？

【1】大水漫灌　【2】低压管灌　【3】喷灌　【4】滴灌

【5】微灌　【6】渗灌

20. 您对节水灌溉的了解程度。

【1】很不了解　【2】不了解　【3】一般　【4】了解

【5】很了解

21. 您是否愿意采用工程节水灌溉技术？

【1】非常不同意　【2】不同意　【3】一般　【4】同意

【5】非常同意

若不愿意，原因是 ？

【1】投资大　【2】地块不适用　【3】增产效果差

【4】后期维护费用高　【5】技术复杂　【6】其他________

若愿意，您最愿意采用哪种节水灌溉技术？

【1】滴灌　【2】喷灌　【3】微喷灌　【4】低压管灌

【5】其他________

22. 您的家人是否同意采用节水灌溉技术？

【1】非常不同意　【2】不同意　【3】一般　【4】同意

【5】非常同意

23. 您的亲朋邻里是否愿意采用节水灌溉技术？

【1】非常不同意　【2】不同意　【3】一般　【4】同意

【5】非常同意

24. 村委会或政府相关部门是否主张采用节水灌溉技术？

【1】非常不同意　【2】不同意　【3】一般　【4】同意

【5】非常同意

25. 您的亲朋邻里是否已经或正在使用节水灌溉技术？

【1】非常多　【2】比较多　【3】一般　【4】不多

【5】很少

28. 您认为采用节水措施可以节约用水吗？

【1】非常不同意　【2】不同意　【3】一般　【4】同意

【5】非常同意

29. 您认为采用节水技术可以节约用工吗？

【1】非常不同意　【2】不同意　【3】一般　【4】同意

【5】非常同意

30. 您认为采用节水技术可以提高产量吗？

【1】非常不同意　【2】不同意　【3】一般　【4】同意

【5】非常同意

31. 您是否同意主动学习节水技术

【1】非常不同意　【2】不同意　【3】一般　【4】同意

【5】非常同意

32. 您是否同意会主动宣传节水技术。

【1】非常不同意　【2】不同意　【3】一般　【4】同意

【5】非常同意

33. 您是否同意会主动配合节水设备管护行为。

【1】非常不同意　【2】不同意　【3】一般　【4】同意

【5】非常同意

34. 如果决定采用节水灌溉技术时，谁的建议对您起到重要或关键的作用？

____（多选，并按重要性排序）

【1】亲朋好友、邻居　【2】农业技术推广人员

【3】种植大户、示范户　【4】组长、队长或村干部

【5】高校专家　【6】电视、网络等媒体　【7】其他________

35. 村里是否有示范户、技术人员或用水者协会指导学习节水灌溉技术?【1】是【2】否

36. 如果您已经采取了节水技术，是否有补贴?【1】是，每年补贴______元;【2】否，您希望补贴______元。节水设备总投资______元，其中是由个人投资______元，由政府或其他机构补贴______元

37. 您家节水灌溉设施的维护单位是（　）。

【1】灌区管理局　【2】农户个人　【3】村委会

【4】用水者协会　【5】不维护

38. 您家节水灌溉设施维修是否及时?

【1】很不及时　【2】不及时　【3】一般　【4】很及时

【5】很及时

三、关于休耕调查（两季改一季，不种冬小麦，每亩每年补贴 500 元）

39. 您家是否参与了“两季改一季”的土地休耕?

【1】是　【2】否

40. 您家__________年开始参与休耕政策，2019 年的休耕面积为________亩。

41. 您家参与休耕的原因：

【1】地块离家太远，不便耕作　【2】身体原因，种不了地

【3】没有时间耕种　【4】有其他收入，无需种地

【5】粮食价格太低　【6】村委会要求休耕

42. 您参与休耕是否出于自愿?

【1】自愿　【2】不自愿，村里统一要求

43. 您认为休耕可以改善土壤，提升地力吗?

【1】非常不同意　【2】不同意　【3】一般　【4】同意

【5】非常同意

44. 您认为休耕可以提高小麦产量和品质吗?

【1】非常不同意　【2】不同意　【3】一般　【4】同意

【5】非常同意

45. 您同意休耕可以节约地下水资源的观点吗？

【1】非常不同意　【2】不同意　【3】一般　【4】同意

【5】非常同意

46. 谁在监督休耕任务完成情况？

【1】无人监督　【2】村民互相监督　【3】县乡镇村干部

【4】其他________

47. 您是否同意主动学习休耕政策。

【1】非常不同意　【2】不同意　【3】一般　【4】同意

【5】非常同意

48. 您是否同意会主动宣传休耕政策。

【1】非常不同意　【2】不同意　【3】一般　【4】同意

【5】非常同意

49. 您是否同意会主动配合休耕的管护行为。

【1】非常不同意　【2】不同意　【3】一般　【4】同意

【5】非常同意

50. 您是否同意会阻止他人破坏休耕行为。

【1】非常不同意　【2】不同意　【3】一般　【4】同意

【5】非常同意

51. 您认为当前的补偿标准［500元/（亩·年）］如何？

【1】满意　【2】不满意

52. 参与季节性休耕补贴政策后，您的家庭收入是否有变化？

【1】大大降低　【2】小幅降低　【3】基本没变

【4】小幅提高　【5】大大提高

53. 您认为休耕补贴资金发放是否及时？

【1】及时　【2】不及时

54. 如果可以选择，您觉得休耕补偿标准________元/（亩·年）合适？

55. 您希望是以何种形式补贴？

【1】实物补贴　【2】货币补贴　【3】实物补贴+货币补贴

56. 据您了解，是否有人存在领用了补贴但是私下偷种小麦的情况？【1】是　【2】否

57. 您是否愿意继续采用土地休耕政策吗？【1】是　【2】否

58. 您是否愿意动员他人采用土地休耕政策？【1】是　【2】否

四、冬小麦春灌节水政策：推广抗旱冬小麦品种，补贴：75元/（亩·年）

59. 您家是否享受过“冬小麦春灌节水”政策？

【1】是　【2】否

60. 实行“冬小麦春灌节水”政策后，您是否减少了灌溉次数？

【1】是　【2】否

61. 如果减少1次灌溉，则对小麦的产量有何影响？

【1】大大减产　【2】小幅减产　【3】增产　【4】没有影响

62. 与自家麦种相比，您认为项目麦种是否抗旱能力更强？

【1】是　【2】否

五、旱作雨养政策：种植抗旱作物，不抽取地下水灌溉，补贴800元/（亩·年）

63. 为保护地下水资源，您是否愿意种植抗旱雨养作物，不抽取地下水灌溉？

【1】非常不愿意　【2】不太愿意但可接受　【3】非常愿意

64. 您能推荐的最好的旱作雨养的种植调整方案是________改为________。

65. 您认为当前的补偿标准（800元/亩·年）高还是低？

【1】太低　【2】较低　【3】一般　【4】较高　【5】太高

66. 如果国家给予适当补贴的话，您觉得补偿标准________元/（亩·年）合适？

67. 请您根据已有的节水政策的节水效果进行评价，并对参与意愿进行排序：

序号	政策类型	政策措施	减缓地下水超采的效果评价	参与意愿排序
			A 很差 B 差 C 一般 D 好 E 很好 F 不清楚	
1	休耕	两季改一季，不种冬小麦 每亩每年补贴 500 元		
2	冬小麦春灌节水	采用抗旱小麦种子， 每亩地补贴 75 元		
3	旱作雨养	种植抗旱雨养作物，不抽取地下水灌溉，每年每亩补贴 800 元		

排序按序号填写 1、2、3

六、集体行动

68. 您听说过以下哪个农业用水组织吗？

【1】农村专业合作组织　【2】农村用水者协会

【3】乡村集体行动　【4】以上都不知道

69. 您所在的村庄是否成立了用水者协会？【1】是　【2】否

70. 您是否愿意加入用水者协会？【1】是　【2】否

71. 您了解乡村庄集体行动吗？

【1】完全不了解　【2】不太了解　【3】一般　【4】比较了解

【5】非常了解

72. 您平均每年参加（节水灌溉等）技术培训次数________。

73. 您对村庄（关于节水灌溉等）项目的出资金额________。

74. 您是否参加了龙头企业/合作社等组织？【1】是　【2】否

75. 您是否参加了任何形式的托管组织？【1】是　【2】否，您愿意将灌溉项目托管给服务组织吗？【1】是　【2】否

76. 您对村庄（关于节水灌溉方面等）的集体行动的评价。

集体行动效果评价内容	特别不好 1-----------特别好 5
增加收入效果	
改善村民间关系效果	
改善基础设施效果	
改善环境效果	
总体评价	